Die

Extra-Peritonäal-Methode

der

Ovariotomie.

Von

Dr. B. Stilling,
practischem Arzte und Operateur in Cassel.

Berlin.
Druck und Verlag von Georg Reimer.
1866.

Operations-Fälle

von

O v a r i o t o m i e.

Inhalts-Uebersicht.

Vorwort.

Bei der grossen practischen Bedeutung, welche die Ovariotomie einnimmt, und bei dem grossen Aufschwunge, welchen diese Operation in neuerer und neuester Zeit gewonnen hat, schien es mir passend, die von mir zu verschiedenen Zeiten und in verschiedenen Zeitschriften einzeln veröffentlichten Operationsgeschichten zusammenzufassen und dem grossen ärztlichen Publikum vorzuführen, hauptsächlich aber auch, um die von mir erfundene und ausgeübte Operationsmethode, welche ich die Extra-Peritonäal-Methode benenne, und welche ich als die rationellste aller bisher bekannt gewordenen Methoden betrachten zu dürfen glaube, den Aerzten und Wundärzten zugänglicher zu machen, als es bisher durch die beschränktere Mittheilung in Zeitschriften möglich war.

Der Umstand, dass meine auf diese neue Operationsmethode bezüglichen Mittheilungen, die ich vor fast dreissig Jahren gemacht habe, in einer Zeitschrift gleichsam vergraben lagen, konnte es dahin kommen lassen, dass meine Erfindung, zehn Jahre nach ihrer Veröffentlichung, von Duffin in England als etwas von ihm neu Erfundenes dargestellt, und in Deutschland wie anderwärts überall als eine englische Erfindung anerkannt wurde. Die folgenden Blätter werden die Priorität meiner Angaben in ihr Recht einsetzen.

Der vorliegenden ersten Decade von Operationsfällen gedenke ich, sobald die entsprechende Zahl derselben gesammelt ist, eine zweite und weitere Decade folgen zu lassen.

Cassel, im März 1866.

Dr. Stilling.

Einleitung.

Eine Aufgabe von hoher practischer und wissenschaftlicher Bedeutung wäre: eine umfassende pragmatische Geschichte der Ovariotomie. Sie wäre die allerbeste Einleitung zur Mittheilung einer jeden neuen Operationsmethode wie zur öffentlichen Mittheilung neuer Operationsfälle, welche auf dieses Capitel der operativen Chirurgie Bezug haben.

Unter einer solchen pragmatischen Geschichte der Ovariotomie verstehe ich aber eine solche, welche sich nicht blos die Aufgabe stellt, alle bekannt gewordenen Fälle systematisch in einer oder der andern Weise zu ordnen und zu verzeichnen, sondern ich verstehe darunter eine solche Geschichte, welche alle bekannt gewordenen Fälle mit critischer Schärfe in alle ihre Details verfolgt, welche alle bei der Diagnose, der Operation, der Vor- und Nachbehandlung vorgekommene Verhältnisse, die auf die Rettung oder auf den Tod der Operirten irgend wie einen wesentlichen Einfluss geübt haben, mit unpartheiischer, sachkundigster Critik präcisirt, welche also alle guten und glücklichen Verfahrungsweisen eben so wie alle Missgriffe und nicht zu billigenden Thaten der Aerzte und Chirurgen klar darlegt, welche ferner das sorgsamste Augenmerk auf die verschiedenartigen pathologischen Veränderungen richtet, welche bei den Cystovarien und anderweiten Erkrankungen der Eierstöcke, die zur Anwendung der Ovariotomie geführt haben oder dazu führen können, in den verschiedenen Stadien vor und nach der Operation beobachtet werden.

Eine solche Geschichte der Ovariotomie wäre begreiflicher Weise der beste Führer für einen jeden Arzt und Wundarzt, welcher Cystovarien in Behandlung hat, eine solche Geschichte würde der beste Schutz vor Fehlgriffen für jeden denkenden Operateur, sie würde der beste Rathgeber in allen zweifelhaften Fällen, sie würde ein Heil für die betreffenden Leidenden sein.

Aber, eine solche Geschichte ist eine Arbeit von grossem Umfang, von grosser Schwierigkeit, um so mehr, als das Material zu derselben nicht durchweg ein klares und zuverlässiges ist, vieles nur mit grossen Zweifeln und Vorbehalten betrachtet werden kann, und erst das Material aus den letzten Jahrzehenten ein brauchbares im Allgemeinen genannt werden darf.

Ein Jeder wird mir zugeben, dass eine Geschichte der Ovariotomie, welche den eben von mir bezeichneten Postulaten entspricht, bis heute noch ein pium desiderium ist. Wir haben eine ganze Reihe von Versuchen zu einer Geschichte der Ovariotomie im Laufe der letzten Jahrzehnte auftauchen gesehen, und ich bin fern davon, das Verdienstliche, welches alle diese Arbeiten in mehr oder minder grossem Maasse beanspruchen dürfen, irgendwie gering zu achten. Wir haben vielmehr in den Schriften Lee's[1]), Simon's[2]), Köberlé's[3]), Dutoit's[4]) und vieler Andrer recht brauchbare Beiträge zur Geschichte der Ovariotomie anzuerkennen; aber nur Lee hat ein kleines Stückchen pragmatischer Geschichte geschrieben, seine Nachfolger haben das critische Raisonnement weniger zum Zweck ihrer Arbeit gemacht, als die einfache historische Zusammenstellung zerstreuter Mittheilungen.

Ich würde mich glücklich schätzen, die nachfolgende Mittheilung meiner Operationsfälle von Ovariotomie durch eine solche Geschichte dieser Operation einleiten zu können, wie mir dieselbe als Ideal vorschwebt, um daran genauer darzulegen, auf historischer Basis gleichsam, wie die von mir erfundene neue Methode der Ovariotomie nothwendig hervorgehen musste aus der critischen Betrachtung der Erfolge resp. der Misserfolge der früheren Methoden dieser Operation. Die

---

[1]) Thomas Safford Lee, von den Geschwülsten der Gebärmutter u. s. w. Preisschr. a. d. Engl. übersetzt. Berlin 1848. 8.

[2]) Simon, 64 in Deutschland theils ausgeführte, theils versuchte Ovariotomien, in Scanzoni's Beiträgen zur Geburtskunde, III. 1858.

[3]) E. Köberlé, de l'Ovariotomie. Paris, Baillière et fils, 1865. 8.

[4]) Dutoit, die Ovariotomie in England, Deutschland und Frankreich. Würzburg 1864. 8.

Die ältere Literatur über Ovariotomie ist sehr zerstreut. S. z. B. Universal-Repertorium der deutschen med.-chirurg. Journalistik des 19. Jahrhunderts, von Dr. E. Pfeiffer. Cassel 1833, p. 175. 176. 311. 312. 363. Berliner medicin. Centralzeitung, 1836, p. 831. Critik über: Quittenbaum, de Ovarii exstirpatione. Rostock 1835, (wahrscheinlich von Nevermann). Rust's Magazin, 51. Band, p. 77. Warren, über Diagnose und Cur der Geschwülste, deutsch von Bressler. Berlin 1839. p. 348. Dr. Mussey in American Journal of the medical Sciences, Febr. 1838. p. 380. Fricke u. Oppenheim's Zeitschr. 1838. No. 11.

mir zu karg zugemessene Muse zu literarischen Arbeiten gestattet mir aber zu meinem grossen Bedauern nicht, diese historische Darstellung in solcher Weise auszuführen, und so muss ich mich denn begnügen, das Ziel angedeutet zu haben, welches auf vorliegendem Felde zu erreichen ist, und muss dessen Erreichung andern Kräften überlassen.

Es bleibt mir daher nur übrig, mit einigen wenigen Zügen zu skizziren, welche Motive mich veranlassten, eine, von den bisherigen Methoden der Ovariotomie wesentlich verschiedene Methode dieser Operation zu ersinnen, ihre practische Ausführung zu empfehlen und solche selbst in's Werk zu setzen.

Bekanntlich hatten die Cystovarien-Kranken von alter Zeit her bis zum Jahre 1837 resp. 1841 in der Regel das Schicksal, entweder durch innerlichen und äusserlichen Gebrauch von sogenannten auflösenden Arzneimitteln (Abführungen, Jod-, Quecksilber- und andre dergleichen Mittel) allmählig zu Tode gebracht zu werden, oder dieselben wurden, nachdem man das Vergebliche der Medicationen zum Schaden der Kranken eingesehen hatte, durch Punktionen der Cyste geopfert, die die Kräfte der Kranken durch Säfteverlust noch rascher erschöpften, wenn sie nicht gleich nach dem ersten Versuche durch Peritonitis tödteten, oder die Kranken wurden durch Jodinjectionen in die Cyste einem raschen Siechthum mit bald nachfolgendem Tode preisgegeben, oder endlich: sie wurden der Radicaloperation unterworfen und durch die damit in der Regel verbundene Nachblutung in der Bauchhöhle und nachfolgende Peritonitis purulenta einem nur ausnahmsweise nicht sicheren Tode geweiht.

Eine Heilung nach der Ovariotomie bildete eine so seltene Ausnahme und der Tod war die fast sichere Folge der Ovariotomie, dass diese Operation in dem dritten und vierten und selbst — noch im — fünften Decennium unseres Jahrhunderts fast allgemein in Misscredit gekommen war, dass man die Ovariotomie für ein in der Regel nicht zu rechtfertigendes Wagestück hielt, dass man dieser Operation das Bürgerrecht in der Chirurgie abzusprechen wagte [1]), dass man sie für eine Henkerarbeit erklärte [2]).

Es waren daher verhältnissmässig nur wenige Chirurgen, die es unternahmen, eine Ovariotomie auszuführen; und als ich im Jahre 1837 in die Lage kam, diese Operation zu unternehmen, so geschah es in

---

[1]) Cruveilhier u. Velpeau, in der Sitzung der Pariser Akademie der Medicin, 1856, vergl. Köberlé, l. c. p. 3. 4. Dutoit, l. c. p. 3. Die betreffenden Verhandlungen finden sich in: Bullelin de l'académie de médecine, 1856, 1857.

[1]) Moreau, ibid.

dem vollen Bewusstsein der Gefährlichkeit derselben. Da aber die betreffende Kranke jung und kräftig, und übrigens ganz gesund war, so glaubte ich aus diesen günstigen Umständen Hoffnung auf einen günstigen Erfolg ziehen zu dürfen. Meine Hoffnung wurde aber getäuscht, und zwar durch eine secundäre Hämorrhagie in die Bauchhöhle aus dem unterbundenen Stiele.

Meine erste Idee richtete sich daher auf die Frage, wie eine Blutung aus dem unterbundenen Stiele, und ein secundärer Bluterguss aus demselben in die Bauchhöhle mit absoluter Sicherheit zu vermeiden sei.

Die Erreichung dieses hochwichtigen Zieles schien mir dadurch gesichert, dass man den unterbundenen Stiel des Ovariums, nach Abtrennung des letzteren, nicht in die Bauchhöhle zurückbrachte, sondern ausserhalb der Bauchhöhle behielt und ihn so zwischen den Bauchwandungen resp. deren Wundrändern befestigte, dass man ihn unter den Augen hatte und zugänglich für die Hand. Trat alsdann nach der Operation eine Blutung aus dem unterbundenen Stiele ein, so war sie eine rein äusserliche, das Blut kam nicht in die Bauchhöhle, und der Wundarzt konnte zur Quelle der Blutung gelangen, konnte sie mit den passenden Mitteln stillen.

Meine folgende Idee war auf die Frage gerichtet: auf welche Weise die nach der Unterbindung des Ovarialstiels absterbenden Theile des letzteren, die aus diesem sich ergiessende Brandjauche und die nachher sich nothwendig bildende Eiterung von dem Cavo peritonaei absolut fern gehalten werden könnten? Denn — so lehrte die Erfahrung —, wenn die Kranken nicht an der Nachblutung in den ersten Tagen nach der Operation starben, so gingen sie an der nachfolgenden Peritonitis zu Grunde, welche durch den Erguss von Brandjauche und Eiter aus dem Ovarialstiele in das Cavum peritonaei erzeugt wurde.

Auch dieses nicht minder wichtige Postulat musste erreicht werden, wenn die ganze Wundfläche des Ovarialstiels nicht in der Bauchhöhle, sondern ausserhalb der Bauchhöhle nach der Operation belassen und daselbst zur Vernarbung gebracht wurde.

Die Ausführung dieser Idee bedingte natürlicher Weise ein ganz neues, bisher unbekanntes, noch weniger jemals ausgeführtes Operationsverfahren, welches ich die Extra-Peritonäal-Methode der Ovariotomie benenne. Wie ich dasselbe auseinandergesetzt, öffentlich zur Prüfung vorgelegt und practisch ausgeführt habe, das sollen die folgenden Blätter bezeugen.

In den hier folgenden Mittheilungen findet der Leser diejenigen Aufsätze, welche ich nach und nach im Laufe der letztverflossenen dreissig Jahre veröffentlicht habe, nach der Reihenfolge ihres Erscheinens. Ich habe, zur Vermeidung von Wiederholungen, manches weggelassen, was nicht streng auf das vorliegende Thema Bezug hatte, insbesondre aus dem ersten Aufsatze in den Holscher'schen Annalen vom Jahre 1841, in denen ich physiologisch-pathologische Erörterungen über Schmerzempfindung u. s. w. mitgetheilt hatte.

Erster Fall.

Multiloculaeres Cystovarium von mehrjähriger Dauer. Ovariotomie nach der alten Methode. Tod am dritten Tage nach der Operation durch Nachblutung in die Bauchhöhle.

Die Beschreibung dieses Operationsfalles gab ich in Holscher's hannoverschen Annalen, Neue Folge, 1841, 3. Heft, p. 281 bis 311, und 4. Heft, p. 393 bis 448, wie folgt.

Geschichte einer Exstirpation eines krankhaft vergrösserten Ovariums, nebst einigen Bemerkungen über diese Operationen im Allgemeinen und physiologischen und pathogenetischen Erörterungen über Erbrechen u. s. w.

Zur Mittheilung der folgenden Blätter fühle ich mich aus verschiedenen Gründen veranlasst: Erstens soll von einer im Ganzen doch seltenen und bedeutenden Operation ein unglücklich abgelaufener Fall nicht verschwiegen bleiben; zweitens mögen die Kunstgenossen aus der Operationsgeschichte sich die möglichst nützlichen Corollarien ziehen; und drittens will ich am Schlusse Gelegenheit nehmen, auf einige Punkte, die mir in einer oder der anderen Beziehung für Kunst und Wissenschaft wichtig erschienen sind, besonders aufmerksam zu machen. — Ich bemerke noch Folgendes: Die bisher bekannt gewordenen Fälle dieser Operation, deren Zusammenstellung nicht hierher gehört, die man aber ohne besondere Mühe haben kann, geben, im Ganzen genommen, ein günstiges Mortalitätsverhältniss. — Von versuchter und von wirklicher Exstirpation krankhaft vergrösserter Eierstöcke sind bis jetzt über 30 Fälle bekannt geworden; die Todten verhalten sich zu den Genesenen wie 1 : 1. — Man wird dieses Verhältniss über die Maassen günstig finden. Ich gestehe, dass ich überrascht davon war, und dass ich es noch jetzt sein würde, wenn ich nicht glaubte, dass gar mancher ungünstig abgelaufene Fall dem Forum der Oeffentlichkeit vorenthalten worden sei[1]). — Man weiss, dass Lizars die Laparatomie für einen nicht sehr bedeutenden Eingriff auszugeben sich veranlasst fand, und wenn auch dessen Aussprüche in dieser Hinsicht Hyperbeln sind, so ist es denn doch auffallend, erstaunlich auffallend, dass im Ganzen genommen der Organismus den scheinbar so furchtbar störenden Eingriff einer Laparatomie, und gar Eierstocksexstirpation, mit einem so geringen Mortalitätsverhältniss erträgt. — Man hatte alle Ursache, noch mit Verwunderung die Vis conservatrix und medicatrix naturae anzustaunen, wenn von acht Operationsfällen solcher Art nur ein einziges Individuum am Leben erhalten würde. — Dieser Umstand springt noch mehr in die Augen, wenn man auch in manchen Fällen, zu denen die ungünstigsten Complicationen gesellt sind, wo die Operation als das gefährlichste, kaum zu rechtfertigende Wagestück von Seiten des Wundarztes wie der Kranken, erscheint, dennoch das Leben fortbestehen und jene Gefahr überwinden sieht.

Kann irgend etwas bestimmend zur Unternehmung einer bedeutenden Operation auf den Wundarzt wirken, so ist es zweifelsohne ein günstiges Mortalitätsverhältniss, namentlich, wenn andere Umstände und Verhältnisse, die in der Krankheit und den Kranken selbst liegen, im höchsten Grade einen günstigen Erfolg versprechen. — Ich muss gestehen, dass diese Umstände auch mich zur Ausführung einer solchen

---

[1]) Mir selbst ist eine nicht geringe Anzahl von Ovariotomieen bekannt, die — mit Ausnahme eines einzigen Falles — unglücklich ausliefen, bisher aber von den betreffenden Wundärzten nicht publicirt worden sind.

Operation bestimmten, die ich anfangs für ein mir widerstrebendes Wagstück hielt. — Die folgenden Zeilen, von meinem Freunde, dem Herrn Dr. Bode, jetzt Amtsphysikus, Brunnenarzt und Operateur zu Nauheim, verfasst, geben die Geschichte dieser Operation.

Operationsgeschichte. Louise Völkner aus Fritzlar, 22 Jahre alt, litt seit 3½ Jahren an einer Geschwulst in der rechten Unterbauchgegend, die ungeachtet einer fortgesetzten medicinischen Behandlung immer an Umfang zugenommen hatte und allmälig den ganzen Bauch erfüllte.. — Die dadurch veranlassten mannigfachen Beschwerden brachten das übrigens blühende, gesunde, kräftig constitutionirte Mädchen zu dem Entschlusse, um jeden Preis durch eine Operation von ihrem Uebel befreit zu werden. — Sie wandte sich deshalb an Dr. Stilling in Cassel, der nach einer Consultation mit den Herren Ober-Medic.-Räthen Harnier, Mangold und Stracke sich zu der Operation entschloss.

Am 30. April 1837 wurde dieselbe in Gegenwart der oben genannten Herren und der Doctoren Schulz, Schütte, Wehr jun., der Wundarzte Knyrim und des Referenten ausgeführt. — (Morgens 8 Uhr.)

Nachdem zuvor der Mastdarm durch ein Klystier und die Blase durch freiwilliges Harnlassen entleert worden waren, wurde die Kranke auf einen Tisch gelagert. Referent umfasste den Leib zu beiden Seiten der Linea alba mit beiden Händen, um die Bauchdecken gegen die Geschwulst anzudrücken, und sowohl den Vorfall der Gedärme, als auch den Eintritt von Blut etc. in die Bauchhöhle zu verhüten. Die Herren Harnier und Stracke unterstützten ihn hierbei. Der Operateur machte nun den Schnitt in die Linea alba vom Nabel abwärts, 4" lang durch die etwa ¾" dicken Bauchdecken. — Alsbald präsentirte sich die Geschwulst als eine glänzend weisse Membran, mit blauen Venen durchzogen, im Grunde der Wunde. Die hierauf eingeführte Hand des Operateurs entdeckte nirgends Adhäsionen mit der Bauchwandung, konnte aber wegen grosser Empfindlichkeit des Bauchfells nicht bis zum Stiele der Geschwulst gelangen. — Um durch Verkleinerung der Geschwulst Raum zu gewinnen, wurde nun das Scalpell in die Geschwulst eingestossen. Es floss eine citronengelbe, zähe, gelatinöse Masse aus. Dicht neben dem Einstiche, der eine Cyste der Geschwulst geöffnet hatte, zeigte sich eine Scheidewand in der Geschwulst. Auch diese nach links gelegene Cyste wurde angestochen und aus ihr floss oder sprang vielmehr eine gelbbraune, schmutzige, schleimige Flüssigkeit hervor. Auf solche Weise wurden noch mehrere Fächer der Geschwulst angestochen und ihr Inhalt entleert. Nach geschehener, bedeutender Verkleinerung der Geschwulst ward nun der anscheinend leere Sack durch abwechselndes Einsetzen scharfer Haken an und vorgezogen. Eine andre mehr nach oben gelegene Cyste, die jetzt zum Vorschein kam, wurde ebenfalls angestochen und sie entleerte einen ähnlichen Inhalt, wie die vorige. — Da jedoch die Bauchwunde für den mehr compacten Rest der Geschwulst noch zu klein erschien, so wurde dieselbe nach oben, den Nabel umgehend, noch um 2″ erweitert. Dann wurden abermals vermittelst der eingesetzten Doppelhaken allmälige Tractionen vorgenommen, und so nach und nach die ganze Geschwulst, die jetzt noch die Grösse eines Mannskopfes hatte, vorgezogen. Sie war durch den rechten Eierstock gebildet, kenntlich durch die anhängende Tuba und hing durch das breite Mutterband und ein fingerdickes Gefässbündel mit dem Uterus zusammen. — Dicht unter der Geschwulst wurde der Stiel mit einer breiten Nadel, in welche eine doppelte, feste seidene Ligatur eingefädelt war, durchstochen und die Ligaturen zu beiden Seiten fest zusammen geknüpft. Der Stiel wurde darauf über der Ligatur durchschnitten und die Geschwulst völlig entfernt. — Es floss kein Blut mehr aus den Gefässen des unterbundenen Stieles. — Es waren während der Operation keine Gedärme vorgefallen, weder Blut noch andere Flüssigkeit in die Bauchhöhle gelangt; es war kein Erbrechen, keine Ohnmacht, oder sonst ein übler Umstand eingetreten; Patientin hatte die Operation mit musterhafter Standhaftigkeit ertragen — wir alle waren hoch erfreut über das glückliche Gelingen. — Es war sowohl hinsichtlich der Beschaffenheit der Geschwulst und namentlich ihres Stieles, als auch hinsichtlich des Vorgangs der Operation selbst, der glücklichste Fall aller von uns voraus bedachten Möglichkeiten eingetreten.

Nach Entfernung der Geschwulst wurden die Ligaturenden zum unteren Wundwinkel herausgeführt, die Wunde der Bauchdecken durch vier (Gräfe'sche) Fadenbändchen geschlossen. Der Verband bestand aus Cirkularheftpflastern um den Leib, Charpie auf die Wunde, starken Longuetten zu beiden Seiten derselben und einem breiten Handtuche um den Leib. — Operation und Verband dauerten $\frac{3}{4}$ Stunden.

Kurz nach der Operation klagte Patientin über brennenden Schmerz in der Bauchwunde, aber bald verlor sich dieser. Patientin war sehr heiter und erfreut über das gute Gelingen der Operation. Ihr Leib ist allenthalben bei der Berührung schmerzlos; weder ihr Aussehen, noch ihr Puls, noch ihre Stimmung lassen eine Kranke vermuthen. Nur von Zeit zu Zeit tritt ein leichtes Hüsteln ein, welches nach Aussage der Kranken seit ein paar Tagen zugegen sein soll; — wir hatten es vorher nicht bemerkt. — Zu irgend einem therapeutischen Verfahren finden wir keine Indication und beschränken unsere Thätigkeit nur auf Entfernung jeder möglichen Störung. — Deshalb haben Stilling und ich uns so eingerichtet, dass einer von uns entweder im Kranken- oder dem anstossenden Zimmer zugegen ist. Dreimal täglich wollen die oben genannten Herrn Ober-Medic.-Räthe sich zur Consultation einfinden. —

Der Kranken wurden heute nur Apfelsinen, Zuckerwasser und Abends eine Tasse Haferschleim gereicht. — Urinabgang erfolgte von selbst.

Den 1. Mai. Diese Nacht verlief nicht so unbedingt günstig als der gestrige Tag. Der Husten wurde häufiger und lästiger; eine eigenthümliche Unruhe liess die Kranke nur wenig schlafen und gegen Morgen kündigen Vomituritionen, Spannung und Empfindlichkeit des Leibes, kleiner, härtlicher, frequenter (100 Schläge) Puls den Eintritt der unter diesen Umständen wohl unvermeidlichen Peritonitis an. — Zwei eröffnende Klystiere gingen ohne Faeces ab; eine Venaesection bewirkte Linderung der Schmerzen, doch keine Verminderung der Frequenz des Pulses. — Es waren 16 Unzen Blut gelassen, dasselbe bildete einen kleinen Blutkuchen ohne Entzündungshaut und enthielt auffallend viel Serum. — Der Verband wurde etwas gelüftet, um etwa vorhandenes Extravasat zu entleeren; die Wunde war schön vereinigt. Vorsichtig wurde sie in dem unteren offengehaltenen Winkel etwas erweitert; allein es floss nichts aus. Es wird eine Salmiaklösung und ein Vesicator auf die Brust verordnet.

Die nachträgliche Untersuchung des entarteten Eierstocks ergab, dass derselbe 6 Pfd. wog. Das Gewicht der während der Operation entleerten und aufgefangenen Flüssigkeit betrug gegen 18 Pfd.; zusammen also 24 Pfd.

Das Gefässbündel im Stiele enthielt zehn Venen und zwei kleinere Arterien. —

Die Kranke hat fast den ganzen Vormittag ruhig und sanft geschlafen und war nach dem Erwachen heiter und voll der besten Hoffnungen für ihre baldige Genesung. — Jetzt um 3 Uhr Nachmittags ist der Husten seltener und lockerer, der Schmerz im Leibe bedeutend geringer, der Puls mässig frequent und weich, Uebelkeit ist nicht mehr zugegen. Der Blick ist frei und das Gesicht zeigt nicht mehr die heute früh unverkennbaren Abdominalzüge. Die Lage wird abwechselnd bald auf dem Rücken, bald auf den Seiten mit geringer Beschwerde genommen. Eine Tasse Kalbfleischbrühe wird mit grossem Behagen getrunken.

Abends. Gegen 5 Uhr stellt sich eine Fieberexacerbation mit

grosser Unruhe ein; die Kranke wirft sich im Bett umher. Das Hüsteln kommt wieder häufiger; Patientin hütet sich aber, kräftig aufzuhusten. Dabei klagt sie nicht über Schmerz im Leibe und man kann ziemlich tief drücken, ohne Schmerzen zu erregen. Der Puls ist gleichmässig voll und macht 100 Schläge; der Durst ist mässig. Verordnet wird:

R. Merc. dulcis
Sulph. aur. Ant. $\overline{aa}$ gr. vi.
Extr. Hyoscyami gr. xii.
Pulv. Succi Liquir.
Sacch. albi $\overline{aa}$ ʒ i.
M. f. pulv. divide in xii. part.
aeq. S. stündlich 1 Pulv. z. n.

R. Rad. Gramin. ℥ β.
fiat decoct. Libr. i.
col. adde.
Mellag. Gram. ℥ i.
M. d. s. Zu Getränk.

Da die Kranke Abneigung gegen das Einnehmen von Pulvern hat, so wird eines in Oblaten gehüllt gereicht. Dennoch trat unmittelbar darauf heftiges Würgen und Erbrechen ein, wodurch das genossene Getränk und unverdaute Stücke der gestern gereichten Apfelsine entleert werden. Endlich schlief die sehr erschöpfte Kranke ein und erwachte erst nach zwei Stunden. Dann klagte sie über unerträgliche Hitze und war sehr unruhig. — Da das Pulver auch in getheilten Gaben gereicht, Erbrechen erregt, so wird nur die Salmiakmixtur fortgegeben.

Den 2. Mai. Die Nacht über ist Patientin sehr unruhig gewesen und hat fast gar nicht geschlafen. Heftiges Würgen mit Erbrechen veranlasste um Mitternacht die Darreichung eines Brausepulvers (R. Natri bicarbon. ʒ ii, Acid. tart. ʒ i, Elaeos. Citri ʒ ii. M. f. pulv. D. in Scat.). Gegen Morgen kehrte aber das Würgen mit erneuter Heftigkeit zurück. Vier, während der Nacht applicirte, Klystiere aus Wasser mit Salz gingen ohne Erfolg ab. Ricinusöl wurde augenblicklich weggebrochen. — Das Würgen kam häufiger, und mit Mühe ward etwas Schleim entleert. Selterser Wasser mit Milch und Zucker erregte zwar zuweilen auch Erbrechen, gab aber im Ganzen noch die beste Erquickung.

Um 8 Uhr wurde in Gegenwart der zur Consultation versammelten Herren Harnier, Mangold und Stracke der Verband erneuert. — Am unteren Wundwinkel war die Charpie von blutigem Serum durchdrungen. — Gestern war hier das unterste Fadenbändchen etwas gelockert worden, deshalb stehen die Wundränder etwas von einander; nach Oben sind dieselben jedoch in genauer gegenseitiger Berührung und sehen sehr gut aus. — Der Leib erscheint im Ganzen, jedoch nur sehr mässig, angeschwollen; ist aber allenthalben weich und nur bei tiefem Drucke empfindlich, am meisten nach rechts und nach unten. — Nachdem neue Cirkularheftpflaster angelegt sind, wird der Verband, wie vorgestern (Charpie über die Wunde, Longuetten zu beiden, Seiten und ein breites Handtuch um den Leib) bestellt. — Der Puls hatte nach dem Verband 124 Schläge, war ziemlich leer und klein. — Das Aufstossen kommt immer noch häufig und geht dann gewöhnlich in lästiges Würgen über.

Um endlich eine Darmentleerung zu bewirken und die hochgesteigerte Sensibilität herabzustimmen, wird verordnet: R. Herb. Belladonn. ℈ β, inf. Aq. bullient q. s. ad col. ℥ iii adde Oxymel. simpl. ℥ β. M. D. S. Zu einem Klystier. Ferner: R. Mercur. dulcis gr. vi. Pulv. Alth. Syr. simpl. āā q. s. ut fiant pil. Nro iii. Consp. D. Um 10½ Uhr wird zuerst das Klystier applicirt, dann die Pille in Zwischenräumen von 5 zu 5 Minuten gegeben und auf inständiges Bitten der Kranken zuweilen ein wenig Halb- oder Füllbier mit Zucker gereicht. — Es erfolgte darauf einiges Aufstossen; doch weder Würgen noch Erbrechen.

Um 12 Uhr. Die Kranke hat mit Unterbrechungen geschlafen und zweimal die Bettschüssel verlangt. Es ging aber jedesmal nur eine geringe Menge jumentösen Urines ab.

Abends um 7 Uhr. Es ist noch immer kein Stuhlgang erfolgt. — Ein heute Nachmittag applicirtes Klystier mit Tart. stib. gr. iv nahm nur das Klystier von heute früh mit weg, entleerte aber keine Faeces; ebenso unwirksam bleiben noch 2 Calomelpillen zu gr. ii. p. d. Der Puls hat jetzt 130 — 140 Schläge und wird ungleich. Patientin hat ein paar Mal über flüchtigen Leibschmerz geklagt, den sie Krampf nennt. Die Zunge ist weislich belegt und feucht; der Durst ausserordentlich gross. Doch erregen alle, selbst die blandesten Getränke, Brechreiz. — Die Kräfte sind im Verhältniss zum Puls noch gut. Verordnet wird: Rp. Ol. Crotonis gtt. ii, Sapon. medic., Extr. Taraxaci āā q. s. ut fiant pil. viii, Consp. D. S. Alle ¼ Stunde eine Pille zu nehmen. R. Tart. tartaris. ℥ iii. D. S. Zu Klystieren.

Nachts um 12 Uhr. Die erste der obigen Pillen erregte zwar unmittelbar kein Erbrechen, wurde aber mit sichtbarem Widerwillen genommen. Ein Klystier blieb ohne Erfolg. Nach einiger Zeit wurden der Kranken, um die Häufigkeit des Einnehmens zu vermindern, zwei Crotonpillen zugleich gegeben und abermals nach einer halben Stunde wieder zwei Pillen. — Jetzt artete das gewöhnlich nach dem Einnehmen eintretende Würgen in heftiges convulsivisches Erbrechen aus, wodurch fast 1 Pfd. einer trüben braunen Flüssigkeit entleert wurde, die nach dem genossenen Bier roch und auf deren Oberfläche Fettaugen (von dem Ricinusöl heute früh) schwammen. Patientin war dadurch aufs äusserste erschöpft und schlief bald darauf ein. Zwei Stunden später trat abermals Erbrechen einer ähnlichen Masse mit gleicher Heftigkeit ein und Patientin empfand, dass ihr etwas durch die Wunde abging. Es war Blut, welches Charpie und Verband durchdrungen und sich zwischen den Schenkeln angesammelt hatte. Seine Menge mochte 6 Unzen betragen; es war dünnflüssig, wenig gerinnbar und von Farbe so, als wenn venöses Blut mit einer helleren Flüssigkeit vermischt wird. Dabei wurde der Puls anfangs noch kleiner und frequenter; doch fehlten die übrigen Symptome der Anämie. — Um das Erbrechen zu stillen, wurden 10 Tropfen Laudanum in Zuckerwasser gegeben. — Als der Verband von unten etwas gelüftet wurde, sahen wir das Blut an der Stelle, wo gestern die Wunde oberflächlich getrennt, in der Tiefe aber vereinigt gefunden war, hervordringen. Doch hörte es schon auf, auszufliessen.

Aus der Beschaffenheit des Blutes, und da Patientin sich unmittelbar nach der Blutung erleichtert fühlte, schlossen wir, dass dasselbe schon vorher — bei der Operation — in die Unterleibshöhle gelangt sei, und bisher die übeln Zufälle veranlasst habe. Wir sahen seine Entleerung deshalb als etwas Günstiges an, zumal da sich die Frequenz des Pulses allmälig zu vermindern anfing.

Den 3. Mai. Etwa eine Stunde mochte das Opium Nachlass des Erbrechens bewirkt haben; nachher stellte sich aber dasselbe wieder ein, theils von selbst, theils durch den Husten erregt, theils nach dem Genusse einer jeden, von der Kranken sehnlichst begehrten Flüssigkeit. — Die Kranke hatte Brustthee gewünscht; es war deshalb Flor. Malvae ℥i, Rad. Liquir ʒii zum Thee verordnet worden; allein auch dieser erregte augenblicklich nach dem Genusse Erbrechen.

Die drei noch übrigen Crotonpillen wurden in warmem Wasser aufgelöst, demselben eine ansehnliche Menge Tart. tartarisat. zugesetzt und als Klystier injicirt; allein auch dieses ging ab ohne Faeces.

Morgens um 8 Uhr. Die ganze Nacht hindurch hat Patientin nicht geschlafen. In grösseren und kleineren Zwischenräumen folgt heftiges Würgen und Erbrechen, und dann geht gewöhnlich noch etwas Blut durch die Wunde. Patientin ist dadurch auf das Aeusserste entkräftet; der Puls oft kaum zu fühlen — pulsus myurus —; sie klagt über Brausen vor den Ohren, über Oppression der Brust und Schmerz im Hals.

In Gegenwart der zur Consultation versammelten Herren wird der Verband gewechselt. Der Leib ist mehr als gestern angeschwollen, doch weich, wenig schmerzhaft und nicht tympanitisch. Ein elastischer

Katheter wird in die unten offen erhaltene Wunde eingeführt, um mittelst einer Saugspritze das etwa noch vorhandene Extravasat zu entleeren. Es floss jedoch nichts aus. — Die Fadenbändchen in der Bauchwunde wurden darauf gelöst und ausgezogen; der Verband übrigens, wie gestern, mit Cirkularpflastern etc. besorgt.

Die Kräfte, das freie Bewusstsein und der Lebensmuth der Kranken stehen, wie schon oben bemerkt, in auffallendem Contraste mit dem überaus frequenten, unregelmässigen, kleinen, oft kaum fühlbaren Pulse. Dieser, sowie das durch nichts zu stillende Erbrechen und das Hippokratische „oculus alter, altero minor, lethalis“ (seit heute früh bedeckt das linke Augenlied das Auge viel mehr als das rechte) lassen leider an dem baldigen unglücklichen Ausgang kaum zweifeln; allein worin der Grund dieser Erscheinungen liegt, bleibt ein unergründetes Räthsel. — Die nach der Operation folgende traumatische Reaction war gering und verlor sich nach der Venaesection; der Puls wurde darauf aber frequenter und kleiner. — Woher kommt das Blut im Unterleibe? Bei der Operation selbst kann nur äusserst wenig hinein gelangt sein; — ausser dem durchschnittenen Stiele ist durchaus keine andere Verletzung erfolgt, welche Blutung veranlassen könnte, und der Stiel ist gehörig und sehr fest unterbunden. Woher kommt das nicht zu stillende Erbrechen?

Die Beschaffenheit des Pulses sowie das Brausen vor den Ohren lassen allerdings auf Anämie schliessen; allein durch das beständige Erbrechen kann auch der Schlund gereizt, die Tubae Eustachii angeschwollen und dadurch das Ohrenbrausen veranlasst sein. — Als Hauptindication erscheinen jetzt: Erhaltung der Kräfte und Stillung des Erbrechens; letzteres durch Wiederherstellung der peristaltischen Bewegung des Darmkanals. Zu dem Ende wird verordnet: R. Tinct. Vanill. ʒ β, Aq. Flor. Naphae ℥ iβ, Syr. Amygdal. ℥ β. M. D. S. Theelöffelweis zu geben. R. Ol. Lini Libr. i. D. S. Zu einem Klystier.

Das Klystier wurde gegeben und ging ohne Erfolg ab; die Arznei wurde genommen und das Erbrechen dauert fort! Dabei fangen die Kräfte an schnell zu sinken; der Athem ist schnell und ungleich; der Puls nicht zu fühlen; die Extremitäten erkalten; die Stirn ist mit kaltem Schweiss bedeckt. — Es wird Champagner gegeben — ein Esslöffel voll. Erst erquickt er die Kranke, macht ein angenehmes Gefühl von Wärme in der Magengegend; dann klagt sie plötzlich über Krampf im Schlund, Doppeltsehen, spricht irre mit lallender Stimme. — Allmälig erholt sie sich ein wenig, betet, hofft immer noch auf Genesung und endlich um 11½ Uhr macht der Tod ihrem Leiden ein Ende. —

Den 4. Mai. Mittags um 12 Uhr ward die Section der auffallend bleichen, blutleeren Leiche gemacht. Während der Nacht und vorzüglich beim Transport der Leiche in das zur Section bestimmte Gartenhäuschen, war eine beträchtliche Menge Blut aus der Bauchwunde ausgeflossen. Deshalb fanden wir auch nach Zurückschlagung der Bauchdecken nur wenig geronnenes Blut rechts in der Beckenhöhle und auf dem rechten Darmbeine. Das Bauchfell war an der Bauchwunde schon stellenweis fest vereinigt, so dass einige Gewalt angewendet werden musste, um es zu trennen. Uebrigens war die Bauchwunde noch nicht verwachsen; die Schnittflächen sahen aber gut aus. Um die Wunde war das Bauchfell einige Zoll im Umkreis mässig entzündet. Die Därme und der Magen waren stark von Luft ausgedehnt und man bemerkte an ihnen nur geringe Hyperämie. Das grosse Netz lag ganz nach rechts und war nach unten mit dem erwähnten Blutcoagulum so fest verbunden, dass es anfangs zweifelhaft erschien, ob dieses von dem Netze oder dem abgeschnittenen Stiele der Geschwulst entstanden sei. — Aus den in den Magen und die Gedärme gemachten Einstichen floss eine grosse Menge gelblicher Flüssigkeit, sowie sie im Leben ausgebrochen war. — Sie wurden unterbunden und nach ihrer Herausnahme genauer untersucht. Im Rectum war die Flüssigkeit ein wenig consistenter und roch nach Koth. — Entzündung war nirgends; ebenso wenig irgend eine andere Abnormität zu finden. —

Der Uterus war an seiner vorderen Fläche entzündet und sein Peritonaealüberzug hatte eine Pseudomembran ausgeschwitzt. Das an der Schnittfläche des Stieles fest anhängende coagulirte Blut macht es wahrscheinlich, dass ungeachtet der fest einschnürenden Ligatur aus seinen beiden Arterien die Blutung erfolgt ist. — Die inneren Geschlechtstheile wurden aus der Leiche genommen und aufbewahrt. — Uebrigens ergab die Section weder in der Bauchhöhle noch in der Brust, mit Ausnahme einer geringen Verwachsung der linken Lunge mit der Pleura costalis, irgend eine Abnormität.

Cassel, im Mai 1837. Dr. Bode.

Ich erlaube mir nun, dieser Operationsgeschichte noch die Eingangs versprochenen Bemerkungen hinzuzufügen, — die theils epikritisch sein, theils über die Operation im Allgemeinen handeln werden.

Beschaffenheit der Geschwulst. — Ausser dem, was oben in der Operationsgeschichte schon mitgetheilt ist, bemerke ich noch Folgendes: Die Wände der Geschwulst waren dem Gewebe der Dura mater ganz gleichzustellen; nur waren sie mehr als doppelt so dick, auch an den dünnsten Stellen. — Zwei Drittheile des Eierstocks mochten wohl sich in dieser krankhaften Metamorphose befinden. Das andere Drittel sass, als kleines Rudiment, am unteren Theile dieser Geschwulst, nahe an den Fimbrien der Tuba Fallopii, und zeigte eine ganz normale Beschaffenheit. Die Geschwulst enthielt sehr viele Fächer, durch dichte, derbe, dicke, unregelmässige Scheidewände von einander getrennt; alle aber communicirten mit einander. Die ursprüngliche Bildung des Ovariums liess sich darin nicht verkennen. — Eine mikroskopische Untersuchung des Gewebes konnte ich zu meinem Bedauern nicht vornehmen. — Die Gefässbündel, welche die Geschwulst versorgten, waren ziemlich stark; die Arteria spermatica interna mochte wohl eine Linie im Durchmesser haben. — Die Venen waren von bedeutend grösserem Durchmesser. Die Wände der Geschwulst waren nicht gefässreich; im Gegentheile arm an Blut und Blutgefässen — Die Tuba Fallopii dieser Seite war von der Dicke eines kleinen Mannsfingers, bot jedoch nichts anderweit Bemerkenswerthes dar. — Ueber die Bildung und Entwickelung dieser Geschwulst lässt sich mit Sicherheit keine ätiologische Ansicht aufstellen. — Eine krankhaft gesteigerte Bildung in dem grössten Theile dieses Eierstocks, eine Hypertrophie seiner festen und flüssigen Theile — ist der Grundcharakter der Genesis dieser Geschwulst.

Ueber die Anwendung der Ligatur. In den meisten glücklich abgelaufenen Fällen unserer Operation wurde eine starke Ligatur um den Stiel gelegt, und über derselben der Stiel mit dem Messer von der Geschwulst getrennt. — Ich hatte daher auch in meinem Falle zu diesem Verfahren mich entschlossen. — Die Ligatur bestand aus mehreren Seidenfäden und umgab den Stiel sehr fest; so fest, dass alle Anwesenden mit Freude die Vortrefflichkeit der Schlinge anzuerkennen sich bewogen fühlten. — Die Schlinge lag $1\frac{1}{2}$ Zoll von dem Uebergange der Tuba in den Uterus entfernt, und der Rest des Stiels zwischen Ligatur und dem abgeschnittenen Ende betrug reichlich $\frac{1}{2}$ bis $\frac{3}{4}$ Zoll.

Betrachten wir die verschiedenen Verfahrungsweisen, die man zur Trennung des Stiels von der Geschwulst in Anwendung gebracht hat, so bietet keine eine exquisite Sicherheit vor Nachblutungen, einem Ereignisse, das man nach dieser Operation am meisten zu fürchten hat. — Die Ligatur in Masse ist bekanntlich weniger sicher, als die Ligatur eines jeden einzelnen Gefässes; man sagt dies und denkt an die mittelbare Unterbindung von Fleischwunden, in denen Zellstoff, Fett, Muskeln etc. in die Ligatur mit eingeschlossen werden. — Anderseits sieht man mittelbare Unterbindungen in Menge vom besten Erfolge begleitet.

So unterbindet z. B. Lisfranc bei der Castration immer den ganzen Saamenstrang und die guten Erfolge lassen ihn dies Verfahren der isolirten Unterbindung der Saamenarterie vorziehen. — Ich selbst kenne günstige Erfahrungen von dieser Methode. — Ist das nicht die beste Analogie für die Unterbindung der Ligamenta Ovariorum? Die günstigen Erfahrungen von M'Doval u. A. sprechen noch mehr dafür. — Und wenn in der neuesten Zeit Dohlhoff (Rust's Magazin, l. c.) der isolirten Unterbindung der im zertrennten Stiele befindlichen Arterien das Wort redet, so hat seine Ansicht a priori alles Recht für sich, doch seine Erfahrung wurde nicht ganz reif; seine Operirte starb leider; freilich nicht an Verblutung, sondern mehr an nervöser Erschöpfung nicht lange nach der Operation; doch ist hiermit noch nicht ausgemacht, dass eine Verblutung nicht später hätte eintreten können, wenn die Ligaturen sich gelöst. — Ich glaube, dass man andere Gesichtspunkte zur Betrachtung und Aufklärung dieser Verhältnisse nehmen muss. —

Eine Nachblutung aus einer unterbundenen Arterie kann aus folgenden Ursachen eintreten: 1) Die Ligatur ist schlecht oder an unpassender Stelle angelegt; 2) die Arterienhäute sind krank und 3) die Beschaffenheit des Blutes ist abnorm. Die ersten beiden Ursachen kennt man hinreichend, und ich will von denselben hier nichts weiter äussern; da ich aber glaube, dass die dritte in den meisten der hierher gehörigen unglücklich abgelaufenen Fälle (mit Verblutung) wirksam gewesen ist, so will ich mit einer nähern Betrachtung derselben mich beschäftigen.

Aus der Bildungs- und Entwicklungeschichte des Blutpfropfs in verletzten Blutgefässen, einem der wichtigsten Gegenstände der Chirurgie, ist es bekannt, dass der Blutpfropf sich um so früher in einem Gefässe bildet, je kleiner dessen Lumen ist, und je gerinnbarer und ruhiger das in ihm enthaltene Blut ist; — dass aber der Blutpfropf um so später seine Ausbildung erreicht, je weniger gerinnbar, d. h. je weniger reich an Faserstoff und Blutkügelchen dasselbe ist, oder je mehr dasselbe Serum enthält. — Bildet sich ein Blutpfropf rasch, so gehen auch dessen Metamorphosen rasch von Statten, er verwächst bald mit der inneren Gefässwandung, und bietet, auch nach dem Abfallen der Ligatur, einen vollständigen Schutz gegen die Nachblutung dar. Je reicher das Blut an gerinnbaren und festeren Bestandtheilen ist, je weniger es Serum enthält, um so eher bildet sich ein Thrombus, der das Gefässende in grosser Strecke ausfüllt, und oft in viele kleine Nebenäste sich hinein erstreckt und sie obliterirt. Dieser grosse Schutz vor einer Nachblutung findet begreiflicherweise nicht Statt, oder bei weitem nicht in dem Maasse Statt, wenn der Serumgehalt des Blutes über Faserstoffgehalt und Blutkörperchen desselben abnorm vorwiegend ist. Man wird aus diesen Prämissen schon ersehen, was ich daraus zu folgern im Begriffe bin:

Wenn bei einer Kranken, der man das Ovarium exstirpirt, das Blut leicht gerinnbar, reich an Faserstoff und Blutkügelchen ist, so ist die grösste Hoffnung da, dass die mittelbare Ligatur um den ganzen Stiel (Tuba, Ligamentum Ovarii, Vasa spermatica etc.) von dem besten Erfolge begleitet sein, und vor einer Nachblutung hinreichend sicher stellen wird. Denn in diesem Falle sind wenige Stunden hinreichend zur Bildung des Thrombus in dem verschlossenen Gefässe, dessen innere Wandungen vielleicht nicht an allen Stellen gleichmässig und scharf zertrennt sind, wie das durch eine feine Ligatur bei unmittelbarer Unterbindung geschieht, dessen innere Wandungen vielleicht nur einfach, ohne Zerreissung, durch die Ligatur aneinandergedrückt werden. Das Gefässende wird sich hier sehr bald und leicht entzünden, die einander berührenden inneren Wandungen desselben werden bald verwachsen, der gebildete Thrombus wird bald seine Adhäsionen eingehen, die immer fester werden, und so den Schutz gegen die Nachblutung bilden, auch wenn das organische Gewebe in der Schlinge durch deren Druck immer mehr rarefacirt, hinweggedrückt wird, und die Schlinge endlich nur noch einen sehr unbedeutenden Druck auf die Gefässe ausübt.

Dahingegen das Verhältniss sich ganz anders gestaltet, wenn man die Operation an einem Subjecte gemacht hat, dessen Blut vorwaltend reich an Serum und arm an Blutkügelchen und Faserstoff ist. In diesem Falle wird der Thrombus sich sehr spät bilden, um so später, je grösser die Menge des Serums ist; der Thrombus wird das Gefässende entweder gar nicht oder nur eine sehr kleine Strecke weit ausfüllen; die Neigung, mit den Gefässwänden Adhäsionen einzugehen, wird geringer sein und viel später eintreten, die einander berührenden Gefässwände haben weniger Neigung mit einander zu adhäriren und sich zu entzünden, und nach kurzer Zeit, wenn die, anfangs auch noch so fest angelegte Ligatur die organische Masse mehr oder weniger aus der Schlinge herausgedrängt hat, und demzufolge weniger zusammenpresst, nach kurzer Zeit, sage ich, wird das in den Arterienstumpf durch den Herzstoss eindringende Blut innerhalb der Schlinge immer mehr Raum gewinnen, die anfangs zusammengepresste Arterie wird sich immer mehr in der Schlinge durch das dünne, andringende, nicht gerinnende Blut auszudehnen Gelegenheit finden (und dies um so leichter, da bei schwer gerinnendem, serösen Blute, auch die übrige organische Substanz weich, leicht dem Drucke nachgiebig ist), — endlich dringt das fast nur aus Serum an dieser Stelle bestehende Blut durch die unterbundene Stelle hindurch, der Durchgangspunkt, anfangs ganz unbedeutend, wird immer grösser im Durchmesser, die Stockung des Bluts im Gefässende ist dadurch immer mehr aufgehoben und die Bildung des Thrombus um so mehr verhindert, und zuletzt bildet sich die vollständigste Hämorrhagie aus, indem in der Schlinge die anderweiten organischen Theile, ausser der Arterie, zusammengepresst, in ihrer Masse vermindert sind, die Arterie aber durch die Kraft und Elasticität des andringenden Blutstroms von Innen nach Aussen immermehr ausgedehnt, den Raum einnimmt, welchen die anderen organischen Theile in der Schlinge immer mehr verlassen.

In diesen Fällen sieht man leicht ein, dass die unmittelbare Unterbindung fast eben so leicht Nachblutungen zur Folge haben wird, als die mittelbare. Man wird mir einwerfen: Wenn in diesem Falle die inneren Arterienhäute zerrissen sind und die plastische Lymphe, nach bekanntem Vorgange, aussondern, so wird dadurch die Obliteration des Gefässes und zum Theil auch die Bildung des Thrombus rascher befördert. Ich glaube, dass der günstige Fall unter diesen Umständen die Ausnahme bildet, der ungünstige aber die Regel. Denn an den Tagen, wo die Ligatur durch Ulceration des Gefässendes sich löst, ist die Thrombusadhäsion mit den Gefässwänden entweder noch gar nicht vorhanden, oder so schwach entwickelt, dass die Kraft der Blutcirculation hinreichend ist, die schwachen Adhäsionen auseinander zu reissen. Die Ulceration des Gefässes (wie im Körper überhaupt bei solcher Constitution, wo leicht Ulceration, aber plastische Entzündung schwer oder nur sehr langsam zu Stande kommt, indem das Material dazu im Blute mangelt) bildet sich hier sehr rasch, und sind mehrere Arterien im Stiele unterbunden, so ist die Neigung zur Ulceration durch die fremden Körper (die Ligaturfäden) in der unmittelbaren Umgebung der Arterien vielleicht und wahrscheinlich noch grösser, als bei der mittelbaren Ligatur, die doch die Arterienwand selbst nicht beleidigt und deren Ulceration befördert. Die Ligatur in jeder Form ist also ein missliches Mittel bei der Beschaffenheit des Blutes in der angegebenen Weise, und macht die Furcht vor Verblutung nicht im Mindesten geringer.

Giebt es nun aber Mittel, die Beschaffenheit des Blutes vor der Operation zu erkennen, und g i e b t e s f e r n e r h i n M i t t e l, s i c h g e g e n d i e n a c h t h e i l i g e n F o l g e n d e r s e l b e n n a c h d e r O p e r a t i o n z u v e r w a h r e n?

Ich glaube unbezweifelt ja, was die erste Frage betrifft; u n d w a s die zweite betrifft, so beantworte ich sie durch den Vorschlag eines neuen Verfahrens bei der Entfernung der Geschwulst, welcher hiermit der Erörterung der Kunstgenossen übergeben werden soll.

Erstens: Zur Erkennung der Blutbeschaffenheit eines Individuums, an dem man eine so gefährliche Operation in Bezug auf Nachblutungen unternehmen will, kann man wohl nicht in allen Fällen von dem äusseren Habitus auf die Beschaffenheit des Blutes mit voller Sicherheit schliessen. Ich will nicht behaupten, dass bei allen Individuen mit Eierstockshypertrophie u. dgl. die Masse des Bluts überhaupt vorher schon krankhaft beschaffen ist, ehe die Anomalie im Eierstocke sich ausbildet; es liesse sich mit Recht aber wohl sagen, dass es bei vielen so ist. Eine krankhafte Plasticität könnte man wohl eher vermuthen, als eine krankhafte Serosität, namentlich bei jugendlichen, anscheinend blühenden, kräftig constitutionirten Subjecten, wie in unserm Falle; während bei kachektisch aussehenden, schlecht genährten etc. Individuen die Vermuthung einer krankhaften Serosität sich eher rechtfertigen liesse. Die Lebensart, besteht sie in kräftiger Diät, oder in schlecht nährenden Stoffen, ist sehr hierbei zu berücksichtigen und vor Allem sind durchgreifende Arzneimittel, oder anhaltende mit Hunger oder strenger antiphlogistischer Diät verbundene, vor der Operation unternommene Curen als ein wichtiges Moment zur Herbeiführung einer krankhaften Serosität des vorher sehr plastischen Blutes zu betrachten; namentlich war dies bei unserer Operirten der Fall, die lange Zeit Jodine und das ganze Heer der resolvirenden Mittel viele Monate lang mehr oder weniger anhaltend gebraucht hatte; dessenungeachtet aber frische, rothe Wangen, sehr gute Ernährung, und den ganzen Schein blühender Gesundheit und Kraft beibehalten hatte.

Diese wenigen Bemerkungen, die nur eine flüchtige Andeutung der hier in Betracht zu ziehenden ätiologischen Verhältnisse sind, mögen die Wichtigkeit meines oben angeführten Satzes zeigen, dass man sich vor einer solchen Operation über die Blutbeschaffenheit des Individuums Ueberzeugung verschaffen müsse.

Es geschieht dies, meines Erachtens, am besten durch einen Probeaderlass von einigen Unzen. Nach Schulz's, Magendie's und Anderer Vorgang, füllt man das noch flüssige Blut, ehe es zum Gerinnen kommt, in einen 8—12 Zoll schmalen Glascylinder. Hier scheidet sich, wenn der Cylinder gehörig verschlossen und das Blut vor dem Einflusse der Luft verwahrt ist, das Blut in seine verschiedenen Bestandtheile und man kann nach Maass und Gewicht annäherungsweise bestimmen, wie die einzelnen Bestandtheile, vornämlich aber feste und flüssige, Serum und Blutkügelchen mit Faserstoff, sich zu einander verhalten, ob die festen vorwiegen oder die flüssigen. Das normale Verhältniss muss man natürlich vorher kennen, oder sich durch einige leicht anzustellende Versuche bekannt gemacht haben.

Ergiebt diese Untersuchung ein krankhaftes Vorwiegen der Serosität im Blute des zu operirenden Individuums, so wird man hierin Anlass genug finden, vor der Operation die Mischung des Bluts durch roborirende Diät etc. zu verbessern, das Blut plastischer zu machen, und ob diese Absicht von Erfolg begleitet, können später angestellte Probeaderlässe über allen Zweifel erheben. Die allgemeine Therapie lehrt, was man bei Ausführung der roborirenden Curmethode zu beobachten habe; wir dürfen also hierüber keine Worte verlieren.

Gelingt es aber nicht, ein zu seröses Blut plastischer zu machen, gehört diese Blutbeschaffenheit nun einmal zur Individualität der Kranken, wirkten Diät und roborirende Arzneimittel nicht verbessernd auf die Blutkrasis hin, so würde die Ausführung des Vorschlags, welchen ich sehr empfehlen zu dürfen glaube, dennoch eine vollkommene Sicherheit gegen Nachblutungen gewähren; noch muss ich die Bemerkung hinzufügen, dass bei Individuen mit plastischem Blute statt der Ligatur die einzelnen Arterien mit grösserer Sicherheit torquirt werden können, wenn sie klein sind; und haben sie mehr als eine Linie Durchmesser, so würde die Gefässdurchschlingung vor den übrigen Methoden der Gefässverschliessung den Vorzug haben. Der Stiel müsste natürlich vorher in Masse unterbunden werden, und nach Verschliessung der Arterienenden würde diese provisorische Ligatur wieder hinweggenommen.

Zweitens: Der Vorschlag, dessen ich erwähnt habe, besteht nun in Folgendem: Ist die Geschwulst des Ovariums an keiner andern Stelle der Unterleibshöhle befestigt, als an der Stelle ihres Ursprungs — und diese Fälle sind ja die gewöhnlichen — oder sind die übrigen Adhäsionen der Art, dass sie nach der Lösung keine anderweite Rücksicht auf Blutstillung und auf Nachblutung erheischen, so dass also nur die Ursprungsstelle, Ligamentum Ovarii und Tuba Fallopii, die Hauptberücksichtigung in Beziehung auf Blutstillung und Nachblutung auf sich zieht, so würde man auf folgende Weise verfahren: Man zieht die Geschwulst aus der Bauchhöhle hervor, und — (gewöhnlich besteht sie aus Zellen, deren Wände dickes fibröses Hautgewebe bilden, wie in unserm Falle, und die wenig Blutgefässe enthalten, —) trägt den grössten Theil der Geschwulst ausserhalb der Bauchhöhle mit dem Messer ab, *indem man an dem Stiele ein rundes etwa faustgrosses Stück des vergrösserten Ovariums* (— grösser oder kleiner, je nach Umständen —) *einen Art Teller, sitzen lässt, dasjenige, in welchem die grössten und bedeutenden Arterienverzweigungen,* wie in der Placenta die Nabelschnurgefässe, *enthalten sind.*

Die hiernach entstehende Blutung stillt man, je nach den Verhältnissen, durch Torsion, Ligatur oder durchs Glüheisen, dessen Anwendung hier ganz unschmerzhaft sein würde (denn die verschiedenen Einstiche und Einschnitte, das Einsetzen von Haken in die Geschwulst waren in unserm Falle durchaus schmerzlos, und sind es gewöhnlich bei allen parasitischen Geschwülsten), und das mir vor den übrigen blutstillenden Mitteln den Vorzug zu verdienen scheint; denn erstens wirkt es schnell, was hier sehr zu beachten ist, indem man die Unterleibshöhle zu schliessen sich beeilen muss, und zweitens befördert es die Entzündung, Eiterung und spätere Vernarbung des Restes der Geschwulst.

Ist auf der Schnittfläche des Ovariumrestes die Blutung gestillt, *so legt man ihn in den unteren Winkel der Bauchwunde, so, dass die ganze Schnittfläche desselben nach aussen liegt, frei, in gleicher Ebene mit der vorderen Bauchwandung, oder vielmehr wie ein Pfropf hervorstehend.*

Alsdann vereinigt man die Bauchwunde vom oberen Winkel anfangend, nach unten zu, durch starke, nahe aneinander angelegte Fadenbändchen; natürlich muss man während der ganzen Zeit die grösste Vorsicht anwenden, Vorfall der Eingeweide neben dem Reste der Geschwulst zu verhüten.

Macht es die Localität, die Länge der Tuba und des Ligamentum Ovarii, mit einem Worte, die Länge des Stiels, möglich, die ganze Geschwulst ausserhalb der äusseren Haut hervorhängen zu lassen, um so besser, so vereinigt man die Bauchwunde so eng um den Stiel, als es nur immer möglich ist.

Ist aber der Stiel zu kurz, so dass der Rest der Geschwulst nicht über die Fläche der Hautbedeckung hervorgezogen (— und das kann ja nicht mit Gewalt geschehen, sondern nur so, dass Tuba etc. keine Zerrung und Anspannung erleidet —) werden kann, ohne Utererus etc. zu sehr zu zerren und in seiner Lage zu beeinträchtigen, *so kann man die Ränder des Geschwulstrestes auf beiden Seiten mit den Rändern der Bauchwandungen mittelst der Nath vereinigen, und fest vereinigen, so dass die Fläche des Ovariumrestes den unteren Wundwinkel ausfüllt, denselben, wie der Pfropf eine Flasche, verstopft.*

Ein einfacher Verband zur Beförderung der Heilung der Wunde in den Bauchdecken per primam intentionem und der Granulation und Vernarbung des Geschwulstrestes am untern Wundwinkel würde nachher die einzige Sorge ausmachen. Die Sorge einer bedenklichen Nachblutung fällt hier ganz weg. Man würde, wenn sie wirklich eintreten sollte, was jemals kaum zu erwarten sein möchte, *die blutende Stelle klar vor Augen haben,* und mit den nachdrücklichsten Mitteln unzweifelhaft günstig dagegen wirken können, wie das leicht ein Jeder einsehen wird.

Eine Einwendung gegen diese vorgeschlagene Operationsmethode scheint auf der Hand zu liegen, und diese muss besprochen werden. Es ist die Sorge, dass durch Ausführung des Vorschlags der Uterus und seine Anhängsel eine andere Richtung erhalten, nach der Bauchwandung in der Richtung des Wundwinkels hingezogen werden, dass diese Zerrung oder Dehnung nachtheilige Folgen haben könnte.

Ich glaube dieser Einwendung vollkommen zu begegnen, wenn ich anführe, dass der prolabirte, oder in einer Hernia befindliche, oder gar invertirte und prolabirte Uterus eine Situation hat, die bei weitem mehr Abweichung von der normalen Lage bietet, als die geringe Vor- und Seitwärtsbeugung, die der Uterus in einem nach unserem Vorschlage ausgeführten Operationsverfahren anzunehmen gezwungen wird. Dass sich ein Prolapsus etc. langsam bildet, die Lagenveränderung in unserem Falle aber zu plötzlich geschehe, um als solche unschädlich zu bleiben, ist ebenfalls kein haltbarer Einwurf; ich erinnere an den Prolapsus, an die Inversio nach Geburten; nach tagelanger Dauer werden sie meist ohne weiteren Schaden zurückgebracht, oder der Prolapsus bleibt; in unserem Falle würde die Lage sehr bald so gut ausgeglichen sein, wie in den eben angeführten Fällen. Die elastischen Organe accomodiren sich, sie gewöhnen sich an die Dehnung, und es gibt Beispiele in Menge, die beweisend dafür stimmen; sie sind zu bekannt, als dass wir solche (z. B. Lage des Darms in Hernien, im Anus artificialis u. s. w.) näher auseinandersetzen.

Einen anderen gewichtigen Einwurf gegen den gegebenen Operationstypus könnte ich kaum auffinden und so wünsche ich denn, dass der Vorschlag einer ernsten Prüfung gewürdigt werden möchte.

Bemerkungen über den ersten Verband. Im Allgemeinen wird man den Verband, den wir in unserm Falle in Anwendung zogen, nur ganz passend finden können; eine Frage möchte man aber wohl thun, die nämlich, warum kein geöltes Leinwandläppchen in den unteren Wundwinkel der Bauchwandungen gelegt wurde, um die allenfalls ausgesonderte Wundflüssigkeit, den vom unterbundenen Stiele zu erwartenden Eiter etc. nach Aussen zu leiten. Ich finde die Frage ganz am rechten Orte, und versuche darüber genügende Auskunft zu geben: diese liegt darin, dass die Enden der Ligatur durch den unteren Wundwinkel nach Aussen geleitet worden waren. Die sämmtlichen hier durchgeleiteten Enden (vier an der Zahl), die aus etwa zwölf einzelnen Fäden bestanden, ersetzten wohl hinreichend das Leinwandläppchen, was zu dem genannten Endzwecke nun einmal die chirurgische Sanction erhalten hat. Eine Oeffnung wurde also dadurch unterhalten, und mehr hätte man auch durch ein Leinwandläppchen nicht erreicht. Letzteres entspricht übrigens keinem andern Zwecke, und es ist bei Wunden keineswegs geeignet, durch seine Capillarität Exsudate von Innen nach Aussen zu leiten. Gewöhnlich trocknet das äussere Ende desselben an der Haut an und saugt keine Flüssigkeiten auf, während das in dem Wundcanale selbst liegende Ende doch nur den Ausfluss befördert, nachdem man es gänzlich ausgezogen hat. Uebrigens ist das Unterlassen des Einlegens eines Leinwandläppchens keineswegs als eine chirurgische Ketzerei zu betrachten. Denn bei der ersten glücklichen Operation dieser Art, die Macdowal machte, hatte er ebenfalls kein Leinwandläppchen eingelegt.

Bemerkungen über die Beschaffenheit des Blutes, welches am ersten Tage nach der Operation aus einer Armvene entzogen wurde, und über die Behandlung an diesem Tage.

Die Symptome, welche dem Aderlass vorhergingen, werden gewiss die Anwendung dieses Mittels rechtfertigen. Die Kranke hatte während der Operation keine zwei Unzen Blut verloren, man hätte die Operation eine unblutige nennen können; um so mehr stand eine heftige traumatische Reaction zu erwarten, und der Complex der Symptome deutete, scheinbar unzweideutig, auf eine Entero-Peritonitis.

Die Beschaffenheit des Aderlassblutes war aber eine ganz entgegengesetzte, als die, welche man unter diesen Umständen hätte erwarten dürfen; — ein Blut, ohne alle Zeichen von Plasticität, mit auffallend viel Serum und ohne freies Fibrin, bei sehr wenigen Blutkörperchen. — Dieser Umstand gab mir die erste Besorgniss über die vorhandene Gruppe krankhafter Symptome, und der Zweifel, dass eine Entero-Peritonitis nicht vorhanden sei, bestärkte sich immer mehr. Der Puls nahm keine günstige Veränderung an, das Allgemeinbefinden besserte sich zwar anfangs, doch nur kurze Zeit. Dies gab mir Anlass, den Verband zu lüften und den untern Wundwinkel zu eröffnen, um allenfalls extravasirtes Blut zu entleeren. Warum kein Blut zum Vorschein kam, ist mir nicht begreiflich geworden (denn von einem reichlichen Ergusse desselben zur Zeit, während welcher derselbe vermuthet wurde, wird ein Jeder überzeugt sein). Dieser Umstand aber schien wieder für die entzündliche Natur der Symptome zu sprechen, und so erklärt sich denn die Anwendung der am 1. Mai verordneten Arzneimittel hinreichend. Es liesse sich ex post hierüber manche Kritik anbringen. Die Vermehrung des Erbrechens in Folge der ersten Calomelpulver, in denen man die Quantität des Goldschwefels zu gross nennen könnte, möchte leicht zur Verstärkung der Hämorrhagie aus dem unterbundenen Stiele (in der oben angeführten Weise) beigetragen haben. Man könnte grosse Dosen von Opium hier am rechten Orte finden wollen u. s. w. Doch ist tadeln leicht, und besser machen schwer! Darum will ich mich auf eine weitere Besprechung der Behandlung durch die angegebenen Mittel nicht weiter einlassen. Deren Wahl geschah nach reiflicher Ueberlegung und Besprechung durch mehrere und erfahrene Männer; die Blutbeschaffenheit unserer Operirten klärt den Ausgang hinreichend auf, und kein Mittel konnte denselben umändern, wie ich das durch die, bei Besprechung der Wirkungen einer Ligatur gegebenen Bemerkungen wahrscheinlich gemacht zu haben glauben darf. Dass der Husten ein bedeutendes Moment abgab zur Verstärkung der Hämorrhagie, ist eine nicht zu bezweifelnde Thatsache.

Ueber die erste Stuhlentleerung nach der Ovariotomie.

In allen Fällen von Exstirpation der Ovarien oder von Kaiserschnitt können die Operirten als auf dem Pfade der Rettung betrachtet werden, sobald Stuhlentleerungen eintreten. Bei Durchlesung von Operationsgeschichten solcher Art wird man diese unsere Bemerkung fast durchgängig bestätigt finden. Wir wollen nur jetzt versuchen, den

Grund dieser Erscheinung aufzufinden, und auf sein physiologisches Grundverhältniss zurückzuführen. Nach einer grossen Verwundung, sei sie nun durch Künstlerhand oder durch anderweite Verletzung, z. B. in der Schlacht etc. herbeigeführt, sehen wir gewöhnlich nicht allein eine grosse Verminderung, Schwächung der Verdauung, sondern in den schwereren Fällen sogar ein gänzliches Aufhören dieser Function auf kürzere oder längere Zeit entstehen. Wir sehen wie verwundete Soldaten nach 3—4 Tagen die Speisen ganz unverdaut, ja unverändert wegbrechen, die sie am Tage der Verletzung genossen hatten. Wir identificiren diesen Zustand mit einer mangehaften Action des Vagus; denn nach Durchschneidung der Vagi sehen wir ebenfalls die genossenen Nahrungsmittel unverändert im Magen bleiben. — Will man Genaueres über diesen Punkt, so verweisen wir auf die Versuche Brachet's und dessen Werk „sur les fonctions du système ganglionaire (Paris 1837)". Man sagt in der heutigen Sprache der Physiologie, dass der Reiz von der Verwundung die Innervation von den Magennerven und dem Vagus ableite, und auf solche Weise also die Verdauung verhindere. Wir sehen leicht ein, dass hierdurch noch nichts erklärt ist, wenngleich wir zugestehen müssen, dass unsere mangelhaften Kenntnisse der Nervenaction in der Erklärung viel weiter zu gehen allerdings noch nicht erlauben. Indess versuchen wir eine möglichst specielle Zergliederung der Wirkung einer Verwundung auf die Verdauung. Sobald eine Verwundung solche Theile getroffen hat, die reich an sensitiven Nerven sind, oder der grosse Umfang des Wundgebiets eine Verletzung einer grossen Anzahl sensitiver Nerven bedingt, so entsteht jedenfalls eine mehr oder weniger bedeutende abnorme centripetale Leitung von den verletzten Nerven aus. Wir wissen, dass diese abnorme centripetale Leitung ihre vorzugsweise Wirkung in der Medulla oblongata äussert, weil hier ein Centralvereinigungspunkt aller Spinalnerven und der meisten Cerebralnerven ist. Die normale Leitung aller sensitiven Nerven in diese Stelle des Rückenmarks bedingt den normalen Zustand des Lebens, jede Abweichung von jener Leitung bedingt bleibendere oder vorübergehendere Abnormitäten. Diese Abnormitäten sind ausserordentlich verschieden, und eine Art derselben haben wir im vorhergehenden Abschnitte über das Erbrechen [1]) zu erörtern gesucht. Wir sahen hier, dass ein Aufhören der normalen Reflexion auf die verengernden Muskeln mehrerer Sphincteren entstand, und dagegen deren Erweiterung bedingt wurde u. s. w.

[1]) Diesen Abschnitt des vorstehenden Aufsatzes habe ich, wie manche andre, weggelassen, weil nicht speciell hierher gehörig.

Wir haben diese Abnormität eine Umkehrung der normalen Reflexion genannt und haben gefunden, dass diese durch einen abnormen Zustand sensitiver Nerven ursprünglich bedingt wird, der andere sensitive Nervengebiete (und zugleich damit alle von ihnen influencirten motorischen) wiederum abnorm macht, durch das bis jetzt unerklärte Verhältniss der Irradiation.

So wie wir aber dort im Vagus (und den sympathischen Magennerven) eine Reflexionsumkehrung sehen, so bemerken wir auch nach grossen Verwundungen, wie die Reflexion des Vagus etc. auf musculomotorische und vasomotorische Nerven, die unter seinem Einflusse stehen, gewaltig verändert wird. Im gewöhnlichen normalen 'Zustande müssen wir annehmen, dass die sensitiven Magennerven nicht allein 1) die einfach centripetale Leitung vermitteln (Hunger, Durst, Sättigungsgefühl, Schmerz etc.), sondern auch 2) eine fortdauernde Reflexion auf die motorischen Gefässnerven unterhalten. Diese Reflexion ist stärker, sobald der Magen Speisen enthält, die eine stärkere Reizung der sensitiven Nerven bedingen. In diesem Falle werden also die vasomotorischen Nerven des Magens zu grösserer Energie gereizt, und eine Folge davon ist, dass die Wandungen aller Magengefässe in grössere Spannung gerathen, ihr Tonus, ihre Contraction ist vermehrt. Durch diese vermehrte Spannung wird ein grösserer Druck auf den Inhalt der Gefässwandungen bedingt, und hierdurch das Blut mit grösserer Schwungkraft, Elasticität, und mit grösserer Geschwindigkeit durch die sämmtlichen Capillargefässprovinzen des Magens getrieben. Ein Zustand wahrhaft activer Congestion ist hier vorhanden, eine grössere Menge rascher circulirenden Blutes in den Magenhäuten, und die eigenthümliche Structur der Magendrüsen, der Magenschleimhaut bewirkt auf eine bis jetzt nicht näher bekannte Weise, die aber unserer Ueberzeugung nach eine ganz rein physicalische ist, die Absonderung des eigenthümlichen Magensaftes, dessen einfach chemische Wirkung auf die Speisen eine jetzt wohl allgemein angenommene Wahrheit ist. So können wir uns erklären, wie nach Durchschneidung des Vagus nicht allein die Gefühle des Hungers, der Sättigung u. s. w. aufhören (einfach centripetale Leitung), sondern auch die Absonderung des Magensaftes nicht mehr Statt findet (Reflexion auf die vasomotorischen Magennerven, im Vagus und den Nerven im Plexus solaris).

Aber nicht diese beiden Acte allein sind es, die nach Durchschneidung des Vagus stocken, sondern auch die Bewegung des Magens hört auf, die Speisen werden aus demselben nicht mehr in den Dünndarm übergeführt, weil 3) auch die Reflexion auf die musculomotorischen

Nerven des Magens durch den Vagus bewirkt, und durch dessen Section aufgehoben wird.

Diese Zustände beobachten wir in manchen Fällen von grossen Verwundungen und andern krankhaften Zuständen. Was wir aber vom Vagus gesagt haben, das gilt auch von den sämmtlichen Nerven, die in dem ganzen Darmkanale die Empfindung und Bewegung vermitteln. Die Fortbewegung der Speisen vom Magen bis zum Blinddarme, und der Speisereste von da bis zum Ausgange des Mastdarms geschieht nur durch eine fortlaufende Kette von Nervenactionen und secundären Muskelbewegungen. Die sensitiven Nerven des Darmkanals kommen aus dem Rückenmarke und die Ganglien dienen zu deren zweckmässigen Vertheilung, Combination und Reflexion. Auch diese Nerven haben ihren Hauptvereinigungspunct in der Medulla oblongata mit den übrigen gemein, und nur die Localität der krankhaften Affection bewirkt bald eine Affection des Vagus, bald der Darmnerven, falls die Abnormität nicht so bedeutend ist, dass sämmtliche Provinzen sensitiver Nerven davon in abnorme Irradiation versetzt werden.

Sobald also eine krankhafte Leitung einer sensitiven Nervenprovinz entsteht, die eine abnome Irradiation auf die sensitiven Darmnerven macht, so sehen wir also auch durch die Darmnerven erzeugt:

1) abnorme centripetale Leitung oder excentrische Erscheinungen (Schmerzgefühle etc.); 2) abnorme Reflexionen auf musculomotorische Nerven (antiperistaltische Bewegungen, oder gänzlicher Mangel der Bewegungen); und 3) abnorme Reflexion auf vasomotorische Nerven (Blutstockungen, krankhafte Darmabsonderungen etc.).

Hieraus können wir uns daher erklären, wie in Fällen bedeutender Verwundungen, und speciell nach Kaiserschnitten und Eierstocksexstirpationen eine temporäre Paralyse aller musculomotorischen Darmnerven entsteht, und also die Fortbewegung aller ihrer Contenta stockt, oder abnorm ist (Erbrechen), d. h. eine hartnäckige Verstopfung eintritt; und andererseits können wir daraus entnehmen, dass, sobald die Darmbewegungen wieder normal werden (Stuhlentleerung eintritt), die sensitiven Darmnerven wieder in normale Action getreten sind, und auf die zugehörigen musculomotorischen den normalen Reflex ausüben, und durch keine abnorme Irradiation an der Ausübung dieser Function gehindert werden. Der erste Eintritt einer Stuhlentleerung nach einer bedeutenden Operation genannter Art muss also stets als ein vorzüglich günstiges Zeichen betrachtet werden, während das Gegentheil davon bei einer unüberwindlichen Stuhlverstopfung Statt findet. Auf solche Weise stimmen in unserem Operationsfalle das unbezwingbare Erbrechen mit der hartnäckigen Obstruction vollkommen übereín, und so wie man hier die Abnormität des Reflexes der sensitiven Darmnerven auf die motorischen erkennen kann, so mag man in dem eigenthümlichen abnormen, theils ausgebrochenen, theils bei der Section im Darmkanale gefundenen Fluidum (und der Blutfülle) den Reflexmangel, oder überhaupt abnormen Reflex auf die entsprechenden vasomotorischen Nerven des Darmkanals etc. ersehen. Die Blutmasse in den Capillargefässen der Darmschleimhaut wurde nicht gehörig fortbewegt, stockte mehr oder weniger und aus ihr konnte sich nur ein abnormes Darmsecret bilden, da die den Stoff gebenden Gefässe weder den normalen Durchmesser, noch ihre Wandungen den normalen Grad der Spannung hatten, um ein normales Secret bewirken zu lassen.

Anmerkung, dreissig Jahre nach der Operation, und nach einer Erfahrung an neun anderweiten Fällen von Ovariotomie geschrieben. Soll ich über die Nachbehandlung der Operirten jetzt, nach dreissig Jahren, mein Urtheil fällen, so hätte ich gar mancherlei zu tadeln, z. B. die grossen Dosen Croton-Oel, Sulphur aurat. Antimonii, die andern starken Laxanzen, welche weder indicirt noch passend waren u. s. w. Indessen glaube ich nicht, dass diese unpassende, resp. schädliche Behandlung den Tod verursacht hat, der auch eingetreten wäre, wenn man ganz die exspectative Heilmethode angewendet hätte. Denn das einzige Mittel, welches die Rettung der Operirten hätte bewerkstelligen können, unterblieb; ich meine die Eröffnung der Bauchhöhle am 2. oder spätestens am 3. Mai, und die nochmalige Unterbindung des Stieles zur Stillung der Nachblutung. Dass die letztere, als einzige und wahre Ursache des fatalen Verlaufs nicht genügend erkannt wurde, lag zum Theil in dem Mangel an Erfahrung aller bei dieser Operation betheiligten Collegen. Ich selbst hatte den Vorschlag, den Stiel aus der von Neuem zu eröffnenden Bauchhöhle herauszuziehen und nochmals fester zu unterbinden, um die vermuthete Nachblutung zu stillen, den zur Consultation versammelten Collegen gemacht, ein Umstand, dessen ich mich mit aller Bestimmtheit erinnere. Mein Vorschlag wurde aber nicht gebilligt, weil man dessen Ausführung für einen zu lebensgefährilichen Eingriff hielt; und ich selbst konnte die Gewichtigkeit dieses Grundes auch nicht läugnen. Es unterblieb daher die nochmalige Unterbindung des Stieles. Ich gebe selbst zu, dass — wenn mein Vorschlag in Ausführung gebracht worden wäre — unter den gegebenen Umständen immer noch keine absolute Sicherheit gegen eine tödtliche Nachblutung erlangt worden wäre.

Die Sicherheit hätte nur durch die Anwendung der Extra-Peritonäal-Methode erzielt werden können, die ich aber damals leider noch nicht erfunden hatte, und die ich erst ersann, als es für diesen Fall zu spät war.

Zweiter Fall.

Grosses Cystovarium complicirt mit (hydatidöser) colloïder Degeneration. Mehrjährige Dauer der Krankheit; wiederholte Punction vergeblich. Ovariotomie theilweise nach der Extra-Peritonäal-Methode. Vollständige Heilung.

Die Geschichte dieser am 24. November 1848 ausgeführten Operation publicirte ich in den Jenaischen Annalen für Physiologie und Medicin, herausgegeben von Domrich, Martin, Ried, Schleiden, Schmidt, Siebert, redigirt von Th. v. Hessling, 1. Band, 2. Heft, p. 129—179, Jena 1849, wie im Folgenden mitgetheilt wird [1]).

Geschichte einer Exstirpation eines krankhaft vergrösserten Ovariums, nebst Bemerkungen über diese Operation.

Es sind nun bereits zwölf Jahre her, seitdem ich keine Exstirpation eines krankhaft vergrösserten Ovariums unternommen habe. Die Geschichte dieser unglücklich ausgefallenen Operation habe ich in Holscher's „Hannoverschen Annalen für die gesammte Heilkunde" (Neue Folge, 7. Jahrgang, 3. u. 4. Heft, 1841), nebst ausführlichen Erörterungen über diese Operation im Allgemeinen, mitgetheilt. Im verflossenen Jahre habe ich eine zweite Operation dieser Art ausgeführt, welche von einem glücklichen Erfolge begleitet war. In den folgenden Blättern theile ich die Geschichte dieses Falles mit und werde einige Bemerkungen über diese Operation im Allgemeinen daran knüpfen.

---

[1]) Auch aus dieser Operationsgeschichte habe ich Mehreres weggelassen, was nicht nothwendig zur Sache gehört, um Wiederholungen zu vermeiden.

Wenn die Form meiner Darstellung manchen Lesern nicht behagen sollte, so gehöre ich selbst an die Spitze dieser Zahl, hoffe aber einige Entschuldigung dadurch zu verdienen, dass meine Zeit, durch eine bewegte Praxis zu sehr zersplittert, mir vorzugsweise die Sache und weniger die Form zu berücksichtigen gebietet.

Am 31. October 1848 erhielt ich von meinem Freunde, dem praktischen Arzte und Amtswundarzt Dr. Hellwig in Zierenberg folgendes Schreiben:

Lieber Freund! Ich habe vor Kurzem eine Patientin bekommen, über welche ich sehr wünschte, Deine Ansicht zu wissen. Der Fall ist folgender:

Frau Metzgermeister Bartholdus von Karlshafen, 28 Jahre alt, mittlerer Grösse, regelmässigen Körperbaues, sanguinischen Temperaments, Mutter von drei Kindern, von denen das älteste acht, das jüngste vier Jahre alt ist, früher stets gesund, empfand schon während der Schwangerschaft mit dem jüngsten Kinde Schmerz in der linken Seite des Unterleibs, der als eine krampfhafte Affection angesehen wurde. Seit der Geburt dieses Kindes litt sie an Schmerz im Unterleibe über dem linken Schambeine, der sich bis in die Magengegend erstreckte. Dr. Suchier in Karlshafen sah anfangs die Krankheit als Magenkrampf an und behandelte sie danach, aber ohne Erfolg. Seit zwei Jahren fing der Unterleib an zu schwellen, welches durch Wasseransammlung, aber zugleich mit Bildung einer vom Horizontalast des linken Schambeins aufwärts zu fühlenden festen Geschwulst, verursacht wurde. Die angeblich krampfhaften Beschwerden verschwanden hierbei. Die Menstruation ist immer regelmässig, aber etwas sparsam eingetreten, nur seit den letzten zwei Monaten gänzlich ausgeblieben. Es hat sich ein Vorfall der hintern Scheidenwand gebildet, welcher ungefähr wie ein mässiger Apfel aus den Genitalien hervortritt; vor diesem Vorfall gelangt man in die Scheide, welche von hinten und der linken Seite her zusammengedrückt ist, der Muttermund ist in der gewöhnlichen Höhe zu fühlen. Der Urinabgang sehr gering und beschwerlich, der Urin ist dick und trübe, gelblichroth. Stuhlgang nicht behindert, regelmässig. Appetit durchschnittlich gut, doch entsteht durch die bedeutende Wasseransammlung im Unterleibe nach dem Essen sehr bald das Gefühl von Vollsein; Durst sehr gering. In den Athmungs- und Kreislauforganen keine Veränderung. Kopf gut, Schlaf gut. Der ganze Körper ist der Angabe nach bedeutend magerer geworden, ohne dass dies jedoch auffallend wäre. Keine Anschwellung der Füsse. Das Gesicht bleich.

Einmal ist ihr unter Leitung des Dr. Suchier das Wasser aus

einer in den blasenartig vorgetriebenen Nabel gemachten Oeffnung abgelassen worden. Später hat die beherzte Kranke diese Operation mit einer spitzen Scheere selbst wiederholt. Da ich durch die bedeutende Auftreibung des Unterleibs keine genaue Untersuchung anstellen konnte, beschloss ich, die Paracentese vorzunehmen. Bei der Wahl der Stelle entschloss ich mich, dies durch den Scheidenvorfall zu thun. Dies geschah am 27. d. M.; es entleerte sich eine dem flüssigen Eiweiss ganz ähnliche Flüssigkeit in der Menge von drei Waschnäpfen voll. Als nun die Entleerung aufhörte, ohne dass der Unterleib bedeutend zusammengesunken wäre, brachte ich durch die gemachte Oeffnung einen Katheter ein, stiess aber sehr bald nach oben auf einen festen Körper, der ein weiteres Vordringen verhinderte. Da ich nun meinen Zweck, die Geschwulst in der linken Seite genauer zu untersuchen, nicht erreicht hatte, so nahm ich, da die Operation ohne alle Folgen in Bezug auf das Befinden der Kranken geblieben, gestern meine Zuflucht zu der Parancentese durch den Nabel, wodurch sich wieder drei Waschnäpfe voll entleerten, wonach Ohnmacht eintrat, so dass ich nun die Oeffnung schloss. Die Kranke klagte, dass sie in der vergangenen Nacht an Blähungen, wobei häufiges Aufstossen Statt gefunden, und etwas krampfartigen Schmerz im Unterleibe gelitten habe, welches aber heute besser ist. Bei der nun vorgenommenen Untersuchung des Unterleibs fand ich in demselben eine längliche, ungefähr kindskopfgrosse Geschwulst, mit deutlich höckeriger Oberfläche und von bedeutender Härte, welche mit ihrer Basis im Becken, auf dem Horizontalaste des linken Schambeines festsitzend, begann und sich von da nach aufwärts in den Unterleib erstreckte. Die ganze Masse liess sich leicht hin und her schieben, mit Ausnahme ihrer Basis; nur bei festerem Zufühlen klagte die Kranke über Schmerz.

Aus dem Ganzen geht hervor, dass die Kranke an einer Entartung des linken Eierstocks, verbunden mit freier Bauchwassersucht, leidet; da sich jedoch durch die Scheide nur ein Theil des Wassers entleerte, so muss sich ein Sack gebildet haben, der mit dem entarteten Eierstocke im Zusammenhange steht und sich zwischen Gebärmutter und Mastdarm eingedrängt hat, oder die Geschwulst ist Verbindungen eingegangen, durch welche die Becken- von der Unterleibshöhle geschieden ist.

Die Kranke wünschte sehr die Entfernung der Geschwulst, wodurch sie hoffte geheilt zu werden; indessen habe ich ihr dies als etwas sehr Unsicheres dargestellt und ihr vorgeschlagen, auch Deine Ansicht zu hören, welches sie nun sehr wünscht. Ich glaube aus zwei Gründen die Operation contraindicirt: 1) besteht ausser der Krankheit des

Eierstocks freie Bauchwassersucht, welche durch die Wegnahme der Geschwulst nicht gehoben werden wird, 2) bestehen gewiss bedeutende Verwachsungen der Geschwulst mit den Beckenorganen, welche schwerlich ohne sehr grosse Lebensgefahr zu trennen sind.

Dies vorläufig meine Meinung. Wenn es Dir nun recht ist, so wünschte ich Dich nächsten Montag den 6. November mit der Kranken zu besuchen, um gemeinschaftlich näher zu untersuchen und über eine einzuleitende Behandlung zu sprechen. Sollte Dir dieser vorgeschlagene Tag recht sein, dann bitte ich Dich, die Stunde zu bestimmen, zu welcher ich Dich treffen kann, und mich dies durch ein paar Zeilen mit der Sonnabendspost wissen zu lassen. Dein treuer Freund Hellwig.

Zierenberg, den 31. October 1848.

Am 8. November sah ich die Kranke zuerst. Im Bauche war die Wasseransammlung schon so bedeutend, dass derselbe den Umfang wie bei einer hochschwangeren Frau hatte. Jedoch liess sich deutlich die Geschwulst durchfühlen, die im Vorhergehenden so gut beschrieben worden ist, dass ich kaum etwas hinzuzufügen wüsste. Die Untersuchung des Leibes geschah in aufrechter, in horizontaler, wie in beiden Seitenlagen des Körpers abwechselnd. Wenn die Frau auf dem Rücken lag, den Kopf tief, das Kreuz erhöht, so trat die freie Bauchflüssigkeit grossentheils gegen das Zwerchfell hin, und so sah man die Umrisse der Geschwulst durch die dünnen Bauchdecken hindurch sich abgrenzen. Dieselbe bot dann eine höckerige Oberfläche, die einzelnen Höcker von der Grösse einer Wallnuss bis zu der eines Hühnereies. Die obere Grenze der Geschwulst stellte sich wie die Grenze einer kugelförmigen Masse dar; diese füllte nicht allein die ganze Regio hypo- und mesogastrica sinistra, sondern sie erstreckte sich handbreit über die Linea alba hinaus, in die Regio hypo- und mesogastrica dextra. Die Geschwulst bot dem Gefühl einen derben Widerstand; die Percussion derselben gab einen matten Ton. Die Beweglichkeit derselben war unverkennbar, doch immer geringer, je näher ihrer Basis. Die Untersuchung durch die Vagina ergab einen ganz normalen Muttermund, in Bezug auf Beschaffenheit und Richtung. Der Uterus selbst liess sich mit dem den Muttermund lenkenden Finger leicht hin und her und aufwärts bewegen. Kein fremder Körper bot sich dem untersuchenden Finger dar. Das Becken, von der Scheide aus untersucht, verhielt sich ganz wie bei einer gesunden Frau. Ich brachte hiernach meinen Finger in den Mastdarm; ich konte von hier aus mit Leichtigkeit und Deutlichkeit den inneren Beckenraum untersuchen; es verhielt sich Alles wie bei einer gesunden Frau; kein fremder Körper, keine abnorme Härte, kein ungewöhnlicher Widerstand liess sich wahrnehmen. Die hiernach eingeführte Simpson'sche Uterussonde zeigte keine Vergrösserung der Uterushöhle. Die Diagnose schien also ganz zu bestätigen, was mein Freund Hellwig darüber angegeben. Es schien hier eine Geschwulst des Eierstocks, aus einzelnen Cysten bestehend, der Hydrops ovarii cellulosus vorhanden zu sein. Die Möglichkeit einer gleichzeitigen sarcomatösen oder hydatidösen Degeneration liess sich nicht ausschliessen. Bedeutende Verwachsungen der Geschwulst schienen mir nicht vorhanden zu sein, und zwar darum nicht, weil die Geschwulst entschieden beweglich war, und bei ihren Bewegungen nicht das eigenthümliche knatternde oder knisternde Geräusch wahrgenommen wurde, das bei bedeutenden Verwachsungen nie fehlt, und welches physikalisch aus der Dehnung, Zerrung, Reibung u. s. w. der einzelnen Adhäsionen, der Pseudomembranen, die nach der Ausdehnung sich wieder zusammenziehen, erklärt werden muss.

Auch der Umstand, dass bei der Punction durch die vorgefallene Scheidenwand nur ein Theil der im Unterleib enthaltenen Flüssigkeit ausgeleert wurde, schien mir nicht für eine Verwachsung beweisend zu sein. Dieser Umstand konnte vielmehr dadurch erklärt werden, dass nach theilweiser Entleerung der in dem Becken befindlichen Flüssigkeit der Tumor sich in letzterem herabsenkte und entweder unmittelbar mechanisch die Punctionsöffnung verschloss, also den ferneren Ausfluss hinderte, oder mittelbar, weil der Zutritt des über dem Tumor befindlichen Fluidums zur Punctionsöffnung durch den letzteren, der jetzt das Becken ausfüllte, verhindert wurde, die gänzliche Entleerung vereitelte.

Die Kräfte der Patientin waren gut, ihre Ernährung ebenso. Der Ascites konnte Folge des Drucks auf die Unterleibvenen sein; dies war deshalb weniger wahrscheinlich, weil kein Oedem der unteren Extremitäten bemerklich war, daher mehr Wahrscheinlichkeit für die Annahme, dass der Ascites Folge einer in der Geschwulst selbst befindlichen Oeffnung sei, wie Bennet beobachtet hatte und von solchen Fällen voraussetzt. Die Beschaffenheit (eiweissartige) der nach den bisherigen Punctionen entleerten Massen sprach auch hierfür. Mochte aber der Ascites aus einer oder der anderen Ursache herrühren, die Behandlung blieb sich gleich; ausser der Ovarialgeschwulst konnte keine andere Ursache des Ascites angenommen werden. Die Exstirpation des Ovariums blieb für beide Uebel das nämliche Heilmittel.

Bei der Kranken waren seit Jahren Arzneimittel und war die Punction wiederholt angewandt. Es blieb begreiflicher Weise — weil das Uebel sich nach diesen Eingriffen nur verschlimmert hatte — nur die Exstirpation als das rationelle Mittel, als das wirkliche Heilmittel übrig.

Ich verrichtete diese Operation, in Gegenwart und unter Beihülfe des Herrn Dr. Hellwig aus Zierenberg, Dr. Schwarzenberg aus Cassel und Dr. Suchier aus Carlshafen, am 24. November 1848, Morgens 11 Uhr, in der Wohnung der Kranken. Nachdem die Blase freiwillig, der Mastdarm durch ein Klystier entleert worden, wurde die Patientin der Einwirkung des Chloroform unterworfen, und hiernach in der Linea alba vom Nabel bis zur Symphysis ossium pubis Haut und Sehnenschicht getrennt. Wegen der enormen Ausdehnung des Bauchs, die vom 5. bis zum 24. dieses Monats so sehr zugenommen, dass der Bauch weit über die Oberschenkel überhing, und von der Geschwulst gar nichts mehr gefühlt werden konnte, betrug die Länge dieses Schnitts wohl 1¼ Fuss. In der Mitte der Schnittwunde öffnete ich vorsichtig das Bauchfell, so dass eine wie von einem grossen Troicart gemachte Trennung entstand, und liess die Flüssigkeit aus der Bauchhöhle ausfliessen. Dieselbe zeigte sich von der Beschaffenheit des Eiweisses. Nachdem wohl zwei Eimer voll (ein sogenannter Stunz oder Zuber war davon gefüllt) ausgeleert waren, präsentirte sich die Geschwulst, vor der Oeffnung; letztere wurde jetzt vorsichtig erweitert. Da nun die Geschwulst so gross war, dass sie durch die Oeffnung in den Bauchdecken nicht nach Aussen gebracht werden konnte, so wurde sie angestochen. Ihre Oberfläche war glatt, atlasglänzend, weiss, von einer fibrösen Haut gebildet. Nirgends zeigte sie, so weit sie übersehen werden konnte, eine Verwachsung. Sobald ich das Messer in sie eingesenkt, trat aus der Oeffnung eine Flüssigkeit hervor, die der aus der Bauchhöhle bereits entleerten vollständig gleich war. Die Geschwulst sank kaum merklich zusammen und ich war genöthigt, den Einstich zu erweitern, um andere Zellen derselben — so vermeinte ich — anzustechen. Sowie die Erweiterung des Einschnitts vorgenommen worden war, so quollen, wie aus einem geöffneten Füllhorn, eine unzählige Menge von Hydatiden hervor. Ein ganz eigenthümlicher Blumenkohlkopf schien sich hier zu entfalten. Die Grösse der Hydatiden variirte von der einer Erbse bis zu der eines Hühnereies. Sie bildeten einen unentwirrbaren Knäuel, ein Convolut, an dem nur die mit der Flüssigkeit gefüllten Blasen frei, deren Stiele aber sämmtlich unter einander befestigt waren. Nachdem eine grosse Masse dieser Hydatiden theils mit der Hand, theils mit dem Messer entfernt worden, fand es sich, dass die ganze grosse Geschwulst aus verschiedenen Zellen bestand, deren jede eine grosse Menge von

Hydatiden und eiweissartiger Flüssigkeit enthielt. Durch Hervorziehen, Abreissen und Abschneiden der Hydatiden wurde nun die Geschwulst allmälig so verkleinert, dass sie zur Bauchwunde herausbefördert werden konnte; hierbei zeigte sich an ihrer hinteren freien Oberfläche eine runde, scharfrandige Oeffnung, von 3—4 Linien Durchmesser, die mit dem Inneren einer grossen hydatidengefüllten Zelle communicirte. Aus dieser Oeffnung war unstreitig die freie Flüssigkeit in die Bauchhöhle gekommen. Die Ränder um die genannte Oeffnung herum waren ganz weiss, nicht ulcerirt, nicht injicirt, sondern als wäre sie mit einem scharfen Instrumente bewirkt worden. Die äussere fibröse Haut der Geschwulst war auffallend dünn, ebenso die Zellenwandungen. Nachdem nun die bis zur Grösse eines Kindskopfs verkleinerte Masse aus der Bauchhöhle mit der nöthigen Vorsicht (Compression der Bauchdecken mit Schwämmen, Zurückhaltung der Eingeweide u. s. w. wie beim Kaiserschnitt) herausgefördert war, drang ich mit dem Finger bis zum Stiele der Geschwulst vor. Als solcher ergab sich die Tuba Fallopii, die auffallend kurz, aber bedeutend verdickt war und von dem Umfange zweier Mannsfinger sein mochte. Ich konnte bis an den Uterus mit dem Finger gelangen; doch konnte man die Tuba, resp. die Anheftungsstelle der Geschwulst, wegen der Kürze des Stiels nicht zu Gesichte bekommen; daher war es auch nicht möglich, zu bestimmen, ob die Geschwulst eine Entartung eines Theils oder der Totalität des Eierstocks war oder ob solche in dem den Eierstock und die Tuba verbindenden Bauchfell wurzelte. Ich führte daher durch den Stiel eine mit doppelter Ligatur versehene Nadel ein, unterband den Stiel nach beiden Seiten und schnitt diesseits der Ligatur die hydatidösen Massen ab, zerstörte den am Stiele hängenden Rest kleinerer Hydatiden theils mit der Scheere, theils mit den Fingern, ***und lagerte den Stumpf in den unteren Winkel der Bauchwunde.*** Blutung fand fast gar keine Statt. Hiernach heftete ich die Bauchwandungen mit sechs Knopfnäthen (mittelst der Graefe'schen Fadenbändchen) zusammen, indem ich jedes Mal das Bauchfell mit fasste. Der untere Wundwinkel blieb etwa $\frac{1}{2}$—$\frac{3}{4}$ Zoll weit offen; ***er enthielt den Stumpf des Geschwulststiels,*** die nach Aussen geleiteten Ligaturfäden und einen schmalen Streifen von Leinwand, den ich zur Herausleitung von Flüssigkeiten aus der Bauchhöhle nach Aussen eingelegt hatte. Kein Darm war sichtbar geworden; ein kleiner Theil des Netzes, der mit dem Stiele der Geschwulst verwachsen schien und einige erbsengrosse Hydatiden enthielt, war zum Vorschein gekommen. Die Hydatiden desselben wurden weggenommen und das übrige gesunde Netzstück reponirt. Auf die ungemein erschlafften Bauchwandungen wurden nun einige passende Waschschwämme, Compressen, Charpie mit Heftpflasterstreifen befestigt und ausserdem der Verband möglichst passend mittelst einer Leibbinde befestigt, hiernach die Kranke zu Bette gebracht. Die ganze Operation dauerte ¾ Stunden, die Bewusstlosigkeit der Kranken mochte wohl über ¼ Stunde angedauert haben. Hätte die Entleerung der Flüssigkeit aus der Bauchhöhle nicht so ausserordentlich lange Zeit in Anspruch genommen, so hätte die ganze Operation in 10 — 15 Minuten beendet sein können Erst beim Zusammennähen der Bauchdecken war die Kranke wieder bei voller Empfindung.

Nachdem die Operirte nun zu Bette gebracht, floss immer noch eiweissliche Flüssigkeit aus dem unteren Wundwinkel in mässiger Menge aus. Die Patientin klagte über wüthende Schmerzen im ganzen Unterleibe, „als wenn Alles im Leibe zerrissen wäre". Wir gaben ihr deshalb im Zeitraum von ¼ Stunde 2 Dosen Opium, jede zu gr. j mit etwas Zucker. Die Kranke nahm einige Löffel voll einer schleimigen Wassersuppe. Ihr Aussehen blieb gut; die Füsse wurden zwar kalt, doch bald durch warme Krüge wieder erwärmt. Der Puls, wiewohl einige Mal unregelmässig, blieb voll und ruhig (etwa 80 — 85 Schläge in der Minute). Vier Stunden nach der Operation verliessen wir die Kranke. Zur Linderung der Schmerzen wurde eine Emulsion von Semin. Papav. alb. mit Aq. Laurocer. gegeben (alle Stunde 1 Esslöffel voll). Patientin blieb nun unter der Behandlung des Herrn Dr. Suchier.

Gegen 6 Uhr Abends, sechs Stunden nach der Operation, nahmen die Schmerzen ab und blieben, mit einigen Abwechselungen, noch am folgenden Morgen erträglich. Die Kranke schlief auch wiederholt, um Mitternacht ½ Stunde, Morgens gegen 5 Uhr ¾ Stunden, und ausserdem mit Unterbrechungen, doch im Ganzen fast 3 Stunden, liess um 2 Uhr Nachts ein wenig Urin, schwitzte abwechselnd viel, hatte nur mässige Hitze, klagte vorzüglich über Drang zum Urinlassen und Blähungen im Leibe, verlangte sich zu stellen, um die Blähungen los zu werden; gegen Morgen trat etwas Erbrechen ein, welches aber bald wieder nachliess.

Da nun Carlshafen von Cassel wie von Zierenberg etwa 12 Stunden entfernt liegt, jedoch mittelst der Eisenbahn in 2 Stunden erreicht werden kann, so hatte ich mit meinem Freunde Hellwig die Abrede getroffen, abwechselnd die Operirte zu besuchen und uns gegenseitig über den Zustand derselben Bericht abzustatten. So konnte die Kranke fast anhaltend unter unserer Aufsicht bleiben, und war nur selten

2 Tage ohne meinen oder Dr. Hellwig's Besuch. Zugleich hatte ich die Einrichtung getroffen, dass einer der bei der Operation zugegen gewesenen Barbiere, ein ganz anstelliger Mann, vier Wochen lang, jede Nacht bei der Operirten wachte und nach einem von mir vorgezeichneten Schema von Stunde zu Stunde alles Vorgefallene genau notirte. Hierdurch entstand ein Rapport von jeder Nacht, welcher mir täglich mit dem ersten Eisenbahnzuge von Carlshafen nach Cassel zugeschickt wurde und der schon um 9 Uhr Morgens in meinen Händen war. Mit diesem Rapport erhielt ich gleichzeitig den Bericht meines Collegen Dr. Suchier in Carlshafen (welcher als Hausarzt der Operirten die ganze Nachbehandlung ausführte) über die Vorfälle und das Befinden der Operirten während des vorhergehenden Tages. Aus diesem Berichte und dem Nachtrapporte des Barbiers konnte ich jeden Morgen ein genügendes Urtheil über den Zustand der Operirten gewinnen und hiernach bestimmen, ob ich mit dem Abendzuge desselben Tages nach Carlshafen zu reisen genöthigt war oder den spätern Besuch meinem Freunde Hellwig überlassen konnte. — Auf diese Weise entstanden die folgenden Berichte Dr. Hellwig's und meine eigenen, welche hinreichen werden, den Verlauf des Befindens der Operirten bis zur Heilung klar zu machen. Ich ziehe die Mittheilung derselben einem Tagebuche vor, welches doch dem Leser zu langweilig sein würde. Ausserdem habe ich das Krankenjournal in einer bequemen tabellarischen Uebersicht, wie ich solche in meiner Praxis benutze, für die genaueren Nachweise angefügt.

Am Montag, 27. November, Abends, also etwa 80 Stunden nach der Operation, sah ich die Kranke wieder; Blick, Aussehen waren gut; die Zunge ganz rein, Schmerz mässig; Haut schwitzend, warm; unterer Wundwinkel feucht. Der ganze Verband lose. Der Puls voll und 130—135, 140. Aufstossen öfters; wäre der Puls nicht so frequent gewesen — so hätte mir die Operirte den besten Eindruck gemacht. Ich nahm den Verband ab; die ganze Wunde in den Bauchdecken war per primam intentionem vereinigt; ich nahm die fünf oberen Fadenbändchen (Knopfnäthe) heraus. Der Leib war ganz runzelich, weich, nicht empfindlich. Die Schwämme hatten eine tiefe Einbuchtung in den Bauch gemacht; statt gewölbt zu sein, zeigte sich der Unterleib concav. Die unterste Knopfnaht liess ich liegen und legte dachziegelförmig Heftpflasterstreifen über die vereinigte Bauchwunde, darüber her Baumwolle, die gleichfalls mit Pflaster fest angedrückt wurde; über das Ganze ein Handtuch als Leibbinde. Eine Stunde nach dem Verbande fand ich zu meiner grossen Ueberraschung einen unzählbar frequenten Puls und Herzklopfen; der Puls mochte wohl

200 unregelmässige Schläge in der Minute machen; er war dabei ziemlich voll. Die Kranke schwitzte anhaltend und fühlte sich überaus schwach. Ich glaubte die ungünstigste Prognose stellen zu müssen, wenn diese Symptome länger angehalten hätten; verordnete einen Sinapismus fortior auf die Herzgrube und Acid. phosphor. ʒ β in Decoct. Salep. ℥ vi, stündlich 1 Esslöffel voll. Ich fürchtete den Tod der Kranken jeden Augenblick. Am andern Morgen fand ich sie — zu meiner frohen Ueberraschung — besser; den Puls wieder 130—135, regelmässig und voll. Nach dem Senfpflaster hatte das Herzklopfen bald nachgelassen und die Kranke hatte abwechselnd, im Ganzen wohl 2 Stunden, geschlafen; es waren wiederholte Durchfälle und zweimaliges Erbrechen im Laufe der Nacht eingetreten.

Die eben erwähnten Unregelmässigkeiten im Puls- und Herzschlage hatte ich manchmal bei Operirten beobachtet, noch kürzlich bei einer Dame, welcher ich, wegen Carcinoma, die Brust abgenommen hatte. Man kann diese Symptome nur von einer grossen Störung in der Action der Herznerven herleiten, von einer fast gänzlichen Stockung der Thätigkeit beider Nervi vagi, die nicht mehr als Regulatoren der Herzbewegung fortwirken, während die einseitige Thätigkeit der anderen Nervengarnitur des Herzens, der sympathischen Nerven, noch fortdauert. Ich habe an andern Orten diesen Vorgang physiologisch zu erklären gesucht, und die neueren Beobachtungen von Weber u. A. geben zu diesem Thema, dessen ausführliche Erörterung ich mir für eine andere Abhandlung vorbehalten muss, hinreichende Materialien. Ich bemerke hier nur so viel, dass eine Erregung des gesammten Nervensystems und speciell der Herznerven gegen eine solche Störung in der Action des Herzens das rationelle Mittel ist. Die Reizung des Nervensystems von der Haut aus durch Senfteige ist vor Allem zu empfehlen. Innerlich Wein, Castoreum, Moschus. Ich lege deshalb auch der von mir verordneten Phosphorsäure kein Gewicht bei. Es geschah dies aus anderer Absicht. Das Haupmittel war der Sinapismus. Die Nachrichten, welche ich am 28., 29. u. 30. November über das Befinden der Operirten erhielt, lauteten sehr ungünstig.

Am Dienstag, 28. November, Abends 8 Uhr, wurde Patientin am ganzen Körper eiskalt, mit Schweiss bedeckt, hatte grosse Angst, Erbrechen, fortwährend vielen heftigen Durchfall von Schleim, mit theils hartem, theils dünnem Koth vermischt. Dies dauerte bis zum andern Morgen. Patientin sprach vom Sterben und nahm das Abendmahl am 29. Morgens; hiernach — sie trank ½ Esslöffel voll Wein — erholte sie sich sichtlich; sie war vorher aufgeregt, versöhnte sich mit der feindlich gewesenen Schwiegermutter. Abends (29. November) wurde sie wieder schwächer, Erbrechen und Durchfall trat wieder stärker ein, viel Schmerz, daher fast kein Schlaf; Patientin trank Selterswasser, dann Chamillenthee, 1 Bierglas voll binnen ½ Stunde; dann ging viel Urin ab.

Am 30. November, Morgens gegen 6 Uhr, lief die Wunde auffallend stark, etwa ½ Schoppen einer blutigen Flüssigkeit kam hervor. Essiglappen wurden auf die Wunde (unteren Winkel) gelegt. Die Patientin fühlte sich nach dieser Entleerung sehr erleichtert, war aber dennoch sehr angegriffen; der Durchfall dauerte in minderem Grade fort. —

Am 30. November, Abends 6 Uhr, sah ich die Kranke zum zweiten Male nach der Operation wieder und zwar in Gemeinschaft mit Dr. Hellwig. Es waren jetzt 6¼ Tage nach der Operation verstrichen. Das Aussehen der Operirten war ganz zufriedenstellend; ihr Blick klar, ihr Aussehen blass im Gesicht, doch die Züge gehalten, kräftig. Die Haut war über den ganzen Körper gleichmässig warm und feucht. Sie klagte über fortwährende Schmerzen im Unterleibe, doch lag sie ruhig im Bette und die Schmerzen zwangen ihr keine Schmerzensäusserungen ab, wie kurz nach der Operation. Die Zunge war rein, der Durst mässig; Appetit nicht vorhanden; Aufstossen und Brechneigung öfter; Urin und Stuhlgang häufig, wie gestern und an den vorigen Tagen. Der Puls machte 120 — 125 volle regelmässige Schläge in der Minute. Jetzt wurde der Verband abgenommen, die Hautwunde war vereinigt wie bei dem ersten Verbande. Von dem Scheidenvorfalle war keine Spur mehr zu bemerken. An einzelnen Stellen der an einander liegenden Wundränder zeigte sich ein wenig seröse, eiterähnliche Flüssigkeit, die (wegen des unzureichenden Lichts — wir verbanden bei Kerzenlicht) nicht genauer unterschieden werden konnte. Die Wundränder lagen dicht an einander; — die Haut derselben war aber nicht im mindesten gefässreicher, entzündet, sondern zeigte sich so runzelig, blass und welk, wie unmittelbar nach der Operation. Ich legte daher mit aller Vorsicht wieder Heftpflaster über die Wundränder und vermied sorgsam jede mechanische Dehnung oder Zerrung derselben, um die — anscheinend nur sehr lose — Vereinigung nicht zu trennen. Das unterste Fadenbändchen wurde nun ebenfalls weggenommen. Alsdann zog ich vorsichtig das ausgefranzte Leidwandstreifchen, welches den unteren Wundwinkel — der sich sehr verengert hatte und mit Granulationen theilweise ausgefüllt war — nunmehr viel eher verstopfte und den Ausfluss aus dem Wundwinkel jetzt weit eher hinderte, als förderte — aus dem genannten Wundwinkel aus; es folgte ihm ein dicker Strom blutrother Flüssigkeit; auf den ersten Blick schien es reines Blut zu sein, bald aber ergab es sich, dass diese Flüssigkeit genau die Consistenz der bei der Operation aus dem Bauche und der Geschwulst entleerten hatte, dass sie nur intensiv roth gefärbt, d. h. mit Blut vermischt war. Die Menge derselben, anfangs überraschend gross, minderte sich alsbald; es floss im Ganzen binnen der ersten $\frac{1}{4}$ Stunde nach dem Verbande $\frac{1}{2}$—$\frac{3}{4}$ Schoppen ab. Die Kranke wurde hierdurch bedeutend erleichtert. Der Verband wurde hiernach wieder gehörig erneuert, nur blieb der untere Wundwinkel jetzt ohne ausgefranztes Leinwandläppchen. Auf dem Halse, der Brust und dem Rücken der Patientin zeigten sich viele Miliaria alba et rubra.

Die Quelle dieses Blutergusses lässt sich nicht mit Bestimmtheit angeben. Sie kann nur zwei Ursachen haben: entweder sie kam aus dem Stiele der Geschwulst oder aus demjenigen Theile des Netzes, von welchem ich während der Operation einige Hydatiden mit der Scheere entfernt hatte. Wahrscheinlicher ist das Erstere; denn wenn auch der Stiel doppelt unterbunden war, so verhinderte doch die bedeutende Dicke desselben eine so intensive Wirkung der Ligatur auf dessen Centrum, dass sich wohl annehmen lässt, es habe die Ligatur einige Zeit nach ihrer Anlage das Centrum des Stieles weniger comprimirt, als unmittelbar nach ihrer Application. Begreiflicher Weise geben die weichen organischen Theile des Stieles dem Drucke der Ligatur mehr oder weniger nach, werden aus ihrer ursprünglichen Lage seitwärts, vor und hinter die Ligatur gedrängt, und diese Veränderungen sind nicht mit dem Act der Ligaturanlage beendet, sondern dauern auch noch kürzere oder längere Zeit nachher fort. Die Ligatur bewirkt Dehnungen und Zerreissungen von Gefässen im Stiele, es extravasiren die flüssigen Theile der letzteren oder schwitzen durch u. s. w., dergestalt, dass einige Zeit, 1—2 Stunden, nach Anlage der Ligatur letztere weniger fest um den Stiel liegt, als unmittelbar nach ihrer Application, also weniger fest das Centrum des Stiels comprimirt. Die Schlinge wirkt weniger stark gegen den Mittelpunkt des von ihr umschlossenen Kreises. Auf solche Weise kann es daher kommen, dass eine Nachblutung auch aus einem gut unterbundenen Stiele entsteht, wenn letzterer umfangreich ist. Diese Nachblutung kann bedeutend sein, wenn grosse Arterien im Stiele verlaufen und nahe bei der Ligatur durchschnitten wurden, um so mehr, als die comprimirende Wirkung der Ligatur nachlässt, zu einer Zeit, wo noch kein Thrombus gebildet worden ist, wo also eine geringere Compression des Gefässes dem vom Herzen angetriebenen Blute mehr oder weniger leicht den Durchgang gestattet. Glücklicher Weise war in unserm Falle keine grosse Arterie durchschnitten; der diesseits der Ligatur befindliche Stumpf des Stiels enthielt die eigentliche Matrix der Hydatiden und zeigte nur Capillargefässe oder höchst unbedeutende Arterien, deren Lumen nicht $\frac{1}{4}'''$ Durchmesser erreichte. Aus diesen mochte die geringe Blutung entstanden sein, welche den Rest der in der Bauchhöhle zurückgebliebenen albuminösen Flüssigkeit roth gefärbt hatte. Dass eine Blutung dieser Art nicht lebensgefährlich wird und gewöhnlich nicht lange anhält, das sind Thatsachen, welche aus der Geschichte der Bildung und der Metamorphose des Thrombus in kleineren Gefässen bekannt geworden sind. Wir halten uns deshalb nicht länger bei diesem Punkte auf und setzen ebenso als bekannt alle diejenigen Processe voraus, welche, nach gebildetem Thrombus, in einer grösseren Arterie, die Nachblutung aus dieser verhindern, auch wenn die mittelbare Ligatur die betreffende Arterie selbst nicht hinreichend stark comprimiren sollte. Doch werden wir später die nachtheiligen Momente, welche in solchen Fällen eintreten können, noch einmal genauer betrachten. Die grossen Massen des schleimigen und gallertartigen Durchfalls, an welchem die Kranke vom 27. bis zum 30. November litt, lassen sich hinlänglich dadurch erklären, dass an dem Reste der unterbundenen Geschwulst, welcher jetzt durch die Ligatur, wiewohl wegen Dicke des Stiels nicht bis zur absoluten Mortification, abgeschnürt war, noch eine bedeutende Secretion von eiweissartiger Flüssigkeit Statt fand, welche die Bauch- und Beckenhöhle anfüllte, die Gedärme umspülte und, da sie mit den Resten des sich zersetzenden, in sphacelöse und eiterige Massen zerfallenden absterbenden Geschwulststiels, sowie mit Blut aus dem letzteren, vermischt war, einen sehr bedeutenden krankmachenden Einfluss auf den ganzen Darmkanal ausüben musste. Daher erklären sich die grossen Schmerzen, das Kollern im Leibe, das Würgen, Erbrechen, die enorme Schwäche. Durch die Imbibition in den Darmkanal und Exosmose auf der inneren Darmwandung, durch die abnorme Reizung des gesammten Darmkanals entstanden die häufigen Durchfälle, mittelst welcher jene jauchige, gallertartige, eiweissähnliche Masse, theils mit Faeces vermischt, aus dem Körper entfernt wurde. Es würde uns zu weit führen, wollten wir hier eine ausführliche ätiologische oder pathogenetische Erörterung aller jener krankhaften Vorgänge versuchen. Wir müssen das auf eine andere Gelegenheit versparen.

Vier Tage später wurde die Kranke von Dr. Hellwig allein besucht. Ueber ihren Zustand handelt der folgende Bericht:

Ich kam meinem Versprechen gemäss heute hierher und fand den Zustand unserer Kranken ganz erträglich. Ihr Puls betrug 120 in der

Minute, war zwar noch etwas schwach, allein durchaus nicht gespannt, gleichmässig. Ihr Gesichtsausdruck war ruhiger, verrieth keinen besonderen Schmerz. Die Haut gleichmässig warm und feucht. Der Frieselausschlag ist noch mehr vorgetreten, meist Mil. rubra, untermischt mit einzelnen M. alb. Der Athem ruhig und gleichmässig; sie sagt, dass sie einige Mal einen Reiz zum Husten gehabt, ihn aber aus Furcht vor Schmerz unterdrückt habe. Die Zunge ist ganz rein und feucht; Durst mässig; Appetit noch sehr gering, sie bat sich für Morgen zum Gemüse einige gelbe Wurzeln aus, die ich ihr auch erlaubt habe, übrigens noch schleimige Suppen. Die Diarrhöe hat ganz aufgehört, welches wohl durch das Aufhören der Durchschwitzung der eiweisartigen Massen aus dem Unterleibe zu erklären ist. Stuhlgang ist seit gestern nicht erfolgt, nur war heute einmal ein festes Excrement wie eine Haselnuss gross per anum entleert worden. Die Kranke glaubt durch eine Stuhlentleerung erleichtert zu werden und ich habe ihr durch College Suchier Ol. Ricin. verordnen lassen, wovon sie heute Abend 1 Esslöffel genommen hat und morgen früh, wenn keine Wirkung erfolgt ist, noch einen nehmen soll. Der Unterleib ist überall weich, nicht aufgetrieben, die Kranke klagt aber über Schmerz in demselben, der jedoch keine bestimmte Stelle behaupte und den sie auf Rechnung der Blähungen schreibt; das Gefühl eines Klumpens in der Speiseröhre oder Sodbrennens, wie es die Kranke angibt, hat sich nach den Eispillen gegeben, nur selten fühle sie noch etwas davon. Urin wird in hinlänglicher Menge und ohne Schmerz entleert.

Da die Heftpflaster theils durch das Wundsecret und Blut, theils durch die Hautsecretion lose geworden waren, nahm ich den ganzen Verband ab. Die Wunde hat sich gebessert, der grössere obere Theil der durch die ganze Dicke der Bauchwand gehenden Schnittwunde ist ganz zu, darunter folgt eine ungefähr $\frac{3}{4}$ Zoll lange Stelle, welche das letzte Mal so sehr cadaverähnlich aussah, diese ist vom Grunde aus mehr zugeheilt, nur das Corium ist noch nicht vereinigt. Hierauf folgt die Stelle oberhalb der Ligatur, welche sehr schöne Granulationen zeigt und eine baldige Heilung verspricht. Der untere noch offene Wundwinkel, aus dem die Ligaturfäden hervorkommen, zeigt gesunde kräftige Granulationen. Von Blut kommt keine Spur mehr aus der Wunde, ebenso wenig eiweissartige Flüssigkeit, sondern nur ein geringer jauchiger Ausfluss, der natürlich von dem unterbundenen Stiele herrührt. Ich fand daher bei der guten Beschaffenheit des Unterleibs und der geringen Secretion ein Einlegen eines Katheters (den ich zwar mitgebracht) für unnöthig und schädlich. Ich habe den Verband in der früheren Weise erneuert.

Nach Allem habe ich die beste Hoffnung für die Herstellung der Kranken. Eine arzneiliche Behandlung, ausser dem Ricinusöl bei Mangel des Stuhlgangs, halte ich für contraindicirt.

Carlshafen, Abends, den 3. December 1848. Hellwig.

Morgens am 4. December: Puls wie am Abend, Leibschmerz gemindert. Zustand überhaupt nicht eben verändert gegen gestern Abend. Hellwig.

Da ich abgehalten war, den nächsten Besuch bei der Kranken abzustatten, so reiste Dr. Hellwig zwei Tage später wiederum nach Carlshafen und fand die Operirte, wie in dessen folgendem Berichte angegeben ist:

Carlshafen, den 6. December, Abends. Ich muss Dir sagen, dass ich überrascht war, die Kranke unwohler, statt, wie ich nach dem Befinden am Sonntag und Montag Morgen erwartet hatte, sie heute wieder viel wohler zu finden; dennoch hoffe ich, dass es besser gehen wird. Ich fand sie folgendermassen: Ihr Gesicht bleicher und grosse Abspannung ausdrückend, die Augen etwas tiefer liegend. Kein Kopfschmerz; aber, wie sie behauptet, habe sie in der vergangenen Nacht und heute gar nicht geschlafen und fühle sich matt. Heute Vormittag soll sie mehr rothes Gesicht, überhaupt Hitze und Durst gehabt haben, jetzt ist der Durst gering; die Zunge rein und feucht; sie behauptet gar keinen Appetit zu haben, trinkt aber doch zuweilen etwas Kalbfleischbrühe oder Milch und isst ein Schnittchen Wecke. Aufstossen erfolgt von Zeit zu Zeit. Der Unterleib ist gar nicht aufgetrieben, fühlt sich auch nicht gespannt an, sondern man fühlt nur unter der Hand öfters das Bewegen der Gedärme, welches sich auch durch häufiges Kollern bemerklich macht, und diese Bewegungen scheinen, bei abnorm gesteigerter Leitung der Unterleibsnerven, die Schmerzhaftigkeit des Unterleibs für die Kranke zu verursachen, denn ein entzündlicher Zustand ist durchaus nicht vorhanden, auch befindet sich der Schmerz nicht auf eine bestimmte Gegend beschränkt, sondern wechselt häufig den Ort, je nachdem die mit Luft hier oder da mehr angefüllten Darmschlingen sich krampfhaft contrahiren. Stuhlgang und zwar, wie die Wartefrau behauptet, dem Ansehen nach wie von einem Gesunden, ist heute Nachmittag erfolgt. Die Urinexcretion gut. — Die Haut ist warm und feucht, kein Frost; die Miliaria, meist rubra, hier und da mit einem Bläschen von M. alba vermischt, ist besonders auf Brust und Leib häufig. Das Athmen ruhig, Brustschmerzen keine. Puls 120 in der Minute, etwas schwach, schnell, aber regelmässig. — Die Wunde hat ein sehr gutes Aussehen, ist in der Tiefe fest vereinigt, in ihrer ganzen sichtbaren Ausdehnung mit schönen rothen kräftigen Granulationen bedeckt und zeigt einen jetzt ganz gelben consistenten Eiter; eine Entfernung irgend einer Flüssigkeit aus dem unteren Wundwinkel war bei der Erneuerung des Verbandes nicht zu bemerken. Es scheint mir jetzt darauf anzukommen, die Kräfte der Kranken zu unterstützen, welches freilich wohl hauptsächlich auf diätetischem Wege, durch reizlose, aber etwas kräftigere Bouillon von Kalbfleisch und Geflügel, Gelat. lich. Carageen oder Lich. islandici oder Darreichung einer gut gekochten Fleischgelée geschehen muss. Sollte man ferner nicht jetzt eine Mandelemulsion mit Extr. chin. frig. par. darreichen können, um die Blutcrasis, die doch schon früher durch die Absonderung der ungeheuren Massen von Eiweiss heruntergekommen ist, zu verbessern? Ich habe heute Abend wegen der Schlaflosigkeit und bei der obigen Pulsbeschaffenheit 1 Gr. Opium gegeben, übrigens nimmt sie das Dec. gramin. noch fort. Solltest Du morgen etwas ändern wollen, dann kannst Du ja mit dem Abendzug die Verordnung hin besorgen.

Ueber die Diätfehler habe ich die Leute zur Rede gestellt; sie geben zu, dass es Unrecht gewesen, nur sei es ja unbedeutend wenig Brod und der Kaffee eigentlich nur Milch gewesen, ich habe ihnen aber alles nicht Erlaubte streng untersagt.

Den 7. December, Morgens. Das erste Wort, womit mich die Kranke empfing, war: „Ja, heute Nacht habe ich zum ersten Mal seit der Operation geschlafen und bin viel wohler!“ Das Aussehen hat sich verändert, der Blick ist heiterer, hoffnungsvoller, Gesichtsfarbe mässig geröthet, kein Kopfschmerz, Zunge feucht und rein; Unterleibsschmerz gemässigt, nicht so anhaltend, welches sich schon in den Gesichtszügen ausspricht. Das Aussehen der Wunde noch wie oben, etwas mehr Flüssigkeit aus der Wunde entleert, welche aber mehr eiweissartiger oder seröser Beschaffenheit ist, keinen jaucheartigen Geruch hat. Die Haut allgemein warm, angenehm feucht. Die Anwendung des Opiums hat demnach gute Dienste geleistet und ich habe gerathen, für den Abend es zu wiederholen; am Tage nimmt sie das Dec. gram. fort. Puls 125 — 130, übrigens mehr gehoben, welche etwas grössere Frequenz wohl nur noch von dem Opium herrühren mag.

Hellwig.

Dem Leser wird vielleicht eine Angabe der Gründe erwünscht sein, welche mich zur Darreichung des Graswurzeldecocts (℥j Radix Graminis auf Libr. j Colatur, zum Getränk auf 24 Stunden) veranlassten. Es ist dies ein von dem alten A. G. Richter bei Miliaria alba sehr empfohlenes Mittel, das ich zu meiner grossen Befriedigung seit geraumer Zeit in allen Fällen weissen Friesels gebrauchen lasse. Es ist hier nicht der Ort, die Wirkungsweise des genannten Mittels physiologisch und nach allen Richtungen pharmakologisch zu erörtern; ich hoffe, dies bei einer andern Gelegenheit ausführen zu können. Es genüge die Bemerkung, dass das genannte Decoct als ein schätzenswerthes Beihülfsmittel sowohl in allen Fällen idiopathischen weissen Friesels, als in solchen, wo eine innere Eiterung im Körper dasselbe verursacht hat oder unterhält, betrachtet werden darf.

Am Freitag, 8. December, Abends 6 Uhr, sah ich die Operirte zum vierten Male wieder. Ihre Gesichtszüge waren ruhig, zwar matt, die Augen etwas eingefallen, jedoch der Blick klar. Die Haut allgemein warm und feucht, die Sprache und der Ausdruck der Kranken kräftig. Ihr Puls 125 in der Minute, regelmässig und voll, ohne besondere Spannung. Die Zunge feucht und rein. Die Respiration gleichmässig und tief. Stuhlgang und Urinausleerung waren im Laufe des Tages wiederholt erfolgt. Die Zimmerluft hatte einen putriden Geruch und die die Kranke unmittelbar umgebende Atmosphäre war in hohem Grade von fauligem Dunste erfüllt. Die Wunde, so weit sie vom Verbande nicht bedeckt war, zeigte ein frisches, gutes Ansehen und sonderte mässig aus. Ich nahm den Verband ab und fand den Unterleib mässig aufgetrieben, doch ganz weich und gegen Berührung und sogar starken Druck fast überall schmerzlos. Bis auf den unteren Wundwinkel war die ganze Bauchwunde vollständig und fest zusammengeheilt; hie und da nur war eine kleine oberflächlich eiternde Stelle der Hautwunde. Man konnte durch die Bauchdecken hindurch die einzelnen Windungen der Gedärme und ihre Bewegungen deutlich sehen und fühlen; die Gedärme waren von Luft aufgetrieben und bewirkten deshalb auch die oben genannte Anschwellung des Unterleibs. Sowohl das Colon, als ein Theil des Dünndarms liess sich nach Lage, Form und Bewegung deutlich unterscheiden. Die Darmbewegungen waren fast anhaltend und sehr lebhaft. Die Ligatur im unteren Wundwinkel lag noch fest; ich versuchte nur einen leisen vorsichtigen Zug daran. Als ich dieselbe etwas hin und her bewegte, leerte sich eine graugelbe, sehr stinkende, eiweissartige, doch consistentere Eiter- oder Jauchenmasse aus (die mikroskopische Untersuchung derselben zeigte, ausser den Eiterkörperchen, nichts Auffallendes; ich nahm nämlich in einem Gläschen eine Probe dieser Flüssigkeit mit nach Cassel). In dieser Weise und durch Compression der beiden Regiones hypogastricae mit meinen beiden Handflächen bewirkte ich hiernach eine stärkere Ausleerung jener Jauche, die bald von dünnerer Consistenz, im

Strahle hervorschiessend, bald von dickerer und mit deutlichen Resten des abgebundenen Stieles der Geschwulst vermischt, dann und wann auch ganz kleine Klümpchen coagulirten Blutes enthaltend, in so grosser Quantität sich ausleerte, dass ich nicht zu viel sage, wenn ich behaupte, wenigstens ¾ Schoppen dieser Jauche entleert zu haben. Durch Anspannung der Bauchmuskeln konnte die Operirte selbst die Ausleerung begünstigen, namentlich indem sie sich halb aufrichtete und ein Kissen sich unter das Kreuz legen liess; auch durch sehr tiefe Inspiration und hiernach angehaltenen Athem, wodurch also die Bauchhöhle bedeutend verkleinert oder comprimirt wurde, konnte die Patientin die Jaucheausleerung begünstigen. Ich legte nun, nachdem durch die genannten Manipulationen u. s. w. die Ergiebigkeit der Ausleerung sich bedeutend gemindert hatte, einen neuen Verband an, comprimirte mittelst Baumwollenballen und Heftpflastern den Unterleib, so dass gewissermassen ein gegen den unteren Wundwinkel wirkender Expulsivverband hergestellt wurde, um die Ausleerung des Eiters zu fördern und dessen Verbreitung in die Bauchhöhle zu verhüten. Die Kranke fühlte sich hiernach bedeutend erleichtert.

Die Kranke war seit der Operation am Körper bedeutend magerer geworden; die Miliaria rubra und alba am Rumpfe waren sehr dicht, am Bauche vorzugsweise alba, an der Brust rubra, jedoch schienen sie bereits im Stadium der Abnahme, der Eintrocknung; viele von den weissen Bläschen zeigten sich opalisirend, milchweiss, nicht sehr krystallhell. Da die Patientin seit 24 Stunden nicht geschlafen hatte, so verordnete ich ihr eine Pille aus ⅛ Gran Morphium aceticum mit Pulv. herb. Hyoscyam. und Extract. Hyocyam. āā gr. j, vor Schlafenzeit zu nehmen, liess alle schmutzig gewordenen Kleider, Hemd und das Bett wechseln, die Luft reinigen, Essig sprengen und für die folgenden Tage ein Decoct. chinae fusc. (ʒ iii — ℥ iv) mit Acid. phosphoric. ʒ β und Syr. cort. aurant. ℥ i, alle 2 Stunden einen Esslöffel voll, nehmen. Die Diät blieb, wie früher angeordnet, leichte Bouillon, Milch, Obst, Weissbrod u. s. w.

Ich brachte durch den Krankenwärter in Erfahrung, dass die Operirte zweimal das Bett verlassen hatte und aufgestanden war, ganz allein, ohne Beihülfe, während der Wärter schlief und die Patientin also unbeachtet sich glaubte. Sie liess einmal im Stehen den Urin. Das erste Mal stand sie auf am Freitag vor acht Tagen, also am achten Tage nach der Operation, das zweite Mal am vorigen Montag, also am elften Tage nach der Operation. Ihre Muskelkräfte waren überhaupt merkwürdig wenig afficirt; so konnte sie sich sehr gut bei dem Verbande helfen, während das Handtuch unter ihr durchgezogen wurde, den Rücken leicht hohl machen, sich heben, bei dem Transport in ein anderes Bett mit Kraft den Wärter umfassen, der sie ganz allein transportirte u. s. w. Auch hatte sie sich während der ganzen Zeit nach der Operation nicht sonderlich ruhig gehalten.

Der Stuhlgang, den die Patientin heute Abend gehabt, sah gelbweiss aus, war von breiiger Consistenz, ziemlich copiös und hatte einen etwas putriden Geruch, der sich leicht erklären lässt.

Nach allen im Vorigen mitgetheilten Umständen zu urtheilen, lässt sich eine günstige Prognose stellen; der Eiter in der Bauchhöhle bewirkt weder Peritonitis noch Enteritis, seine Ausleerung wird gefördert. Die Aufblähung der Gedärme füllt das Cavum abdominis möglichst aus und verhütet auf solche Weise eine Verbreitung des Eiters in die Bauchhöhle, mechanisch. Der Puls ist gut, obwohl noch sehr frequent; fehlt auch der Appetit, so ist doch auch der Durst nicht krankhaft; die sämmtlichen Organe des Kopfes, der Brust, ja des Bauches sind gesund — kurz, wenn nicht ganz unerwartete Dinge eintreten, so lässt sich annehmen, dass die Operirte in 14 Tagen hergestellt sei, vielleicht mit Ausnahme einer kleinen Fistel am Unterleibe, die noch etwas Eiter entleert.

Am Sonnabend, 9. December, Morgens 6 Uhr, sah ich die Patientin noch einmal vor meiner Rückreise. Ich fand sie schlafend; sie hatte eine vorzüglich gute Nacht gehabt; wenig Schmerz, 4 Stunden Schlaf; die Wunde hatte viel ausgesondert, um 9 Uhr gestern Abend war noch einmal breiiger Stuhlgang erfolgt. Sie respirirte während des Schlafes 18 Mal in einer Minute; ihr Puls machte in gleicher Zeit 116 regelmässige volle Schläge. Der faulige Geruch der die Kranke umgebenden Atmosphäre war weniger auffallend als gestern Abend. Während ich den Verband nachsah und die Wunde auswaschen liess, wachte die Patientin auf. Sie fühlte sich ganz behaglich, hatte wenig Schmerz, nur viel Durst. Aus der Wunde kam viel grünliche wässerige Flüssigkeit. Gesichtsausdruck gut.

Drei Tage später wurde die Kranke von Dr. Hellwig besucht; Folgendes ist sein Bericht:

Carlshafen, 12. December 1848, Abends nach 6 Uhr. Ich fand die Kranke zwar blass, aber weniger abgespannt aussehend als bei meinem letzten Hiersein. Der Gesichtsausdruck war ruhig, keinen Schmerz verrathend. Die Haut von normaler Temperatur; Respiration ruhig, regelmässig; Puls 120 Schläge, weniger schnell als früher, weich, etwas schwach; Zunge rein und feucht, Durst gering, Appetit ebenfalls gering; besonders fürchtet sich die Kranke, etwas zu geniessen, weil sie behauptet, nach dem Genuss auch der indifferentesten Nahrung

Vermehrung der Schmerzhaftigkeit des Unterleibs durch Luftentwickelung zu haben; Aufstossen selten, Stuhlgang ist heute keiner erfolgt. Urinentleerung öfters am Tage, der Angabe nach wenig auf einmal; der Urin, welcher von heute Morgen aufgehoben war, hatte einen bedeutenden, verdichtetem Schleim ähnlichen, beim Schütteln in Flocken in der Flüssigkeit schwimmenden Bodensatz; der über diesem Sediment befindliche Harn war klar, von gelblichbrauner Farbe. Es soll ziemlich viel Flüssigkeit, besonders wenn die Kranke sich mit dem Oberkörper etwas erhoben hätte, aus der Wunde hervorgekommen sein. Nachdem ich den Verband entfernt, zeigte sich der Unterleib wenig aufgetrieben, die Darmbewegung war auch deutlich sichtbar, aber nicht so lebhaft wie früher, der Unterleib selbst bei tieferem Druck nicht empfindlich. Die Wunde selbst noch der in Deinem Berichte vom 9. angegebenen Beschaffenheit ganz gleich; aus dem unteren Wundwinkel entleerte sich eine, deutlich aus verschiedenen Absonderungen bestehende, Flüssigkeit; eine mehr dünnflüssige, hell und durchsichtig scheinende, eiweissartige, und in dieser Streifen eines gelblichen Eiters. Es scheint mir demnach noch fortwährend eine Absonderung der eiweissartigen Flüssigkeit Statt zu finden, welche früher die Bauchhöhle ausdehnte. Die Quelle dieser Flüssigkeit, welche wir früher aus den geöffneten Hydatiden des entarteten Eierstocks herleiteten, kann jetzt nur zwei Ursprünge haben: entweder sie ist das Ergebniss von sich entleerenden Hydatiden, welche wir im Netze sahen und die jetzt sich entleerend verschwinden, oder sie ist das Ergebniss einer krankhaften Absonderung des Peritonäums. Auf jeden Fall findet jetzt noch eine Entleerung durch die Oeffnung der Wunde statt, welche aus diesem Grunde so bald noch nicht ganz zuheilen wird, jedoch müssen wir darauf Bedacht nehmen, die Kräfte der Kranken, welche auch auf diesem Wege eine Minderung erfahren, zu unterstützen, und ich hoffe, dass mit der Zunahme der Kräfte diese Absonderung ein Ende nehmen wird. Auf einen durch beide Handflächen angebrachten Druck entleerte sich wieder aus dem unteren Wundwinkel eine der oben beschriebenen ähnliche Flüssigkeit, doch nicht in bedeutender Menge, höchstens $\frac{1}{4}$ Schoppen. Ich legte nun einen dem von Dir gemachten ähnlichen Verband an.

Die Ligatur folgte einem angebrachten vorsichtigen Zuge noch nicht, deshalb wir noch auf eine spätere Lösung warten müssen. Die Miliaria ist auf der Brust viel geringer geworden, auf dem Unterleib sieht man nur noch die in der Abtrocknung begriffene M. alba. Suchier hatte der Kranken heute (um die Blähungen abzutreiben) und wegen eines sich sehr selten einstellenden Hustenreizes, der aber nach der Angabe der Kranken sehr unbedeutend sein muss und nur, wie sie sagt, wohl einmal in einem Anstossen besteht, sich auch während meines Dortseins (gewiss $1\frac{1}{2}$—2 Stunden) und bei meinem Besuche zwischen 9 und 10 Uhr nicht zeigte, ein Inf. dec. von lich. island. ʒ ii, sem. foen. ʒ ii, syr. ℥ i, elaeosacch. camin. ʒ ii verordnet. Ich habe gebeten, sie das bei Deinem Besuche verordnete Dec. chin. wieder nehmen zu lassen, und da noch von der von Suchier verordneten Arznei vorhanden war, mit dieser abwechselnd davon alle $1\frac{1}{2}$ Stunde 1 Esslöffel voll reichen zu lassen. Wenn die Kranke ohne Morph. schlafen sollte, soll keine, sollte sie aber bis gegen 12 Uhr nicht schlafen, dann soll 1 Pille gegeben werden. Als ich um 9 Uhr wieder hin kam, schlief die Kranke ein wenig, wachte aber bald auf; ich liess sie nun vorsichtig aufheben und vor dem Bette in aufrechter Stellung sich hinstellen. Es entleerte sich bei dieser Gelegenheit noch einige Flüssigkeit, aber nicht bedeutend, aus der Wunde. Da jedoch die Kranke sich schwach fühlte, so wartete ich nicht länger und liess sie zu Bett bringen. Für morgen habe ich erlaubt, die Kranke $\frac{1}{2}$ Stunde, vorausgesetzt, dass sie sich so lange wohl fühlt, auf einen bequemen Lehnstuhl zu setzen und hoffe, dass es ihr Erleichterung und auch besseren Abfluss aus der Wunde verschaffen wird.

Deinen Bericht vom 9. erhältst Du mit Dank zurück. Die nächste Reise hierher wirst Du nun wohl Sonnabend machen; ich bitte, mich dann mit der Montagspost zu benachrichtigen, ob ich den Dienstag oder Mittwoch wieder hierhergehen soll.

Den 13. December, Morgens 6 Uhr. Die Kranke hat diese Nacht sehr gut geschlafen; wenig Durst, Wundsecret unbedeutend, Unterleib nicht aufgetrieben, wenig schmerzhaft. Puls 116, regelmässig, weich, gehoben. Stuhlgang 2 Mal, aber consistent. Hauttemperatur normal, feucht. Ueberhaupt der Zustand sehr befriedigend. Ich habe deshalb das Aufstehen heute Morgen zugegeben. Hellwig.

Den nächsten Besuch stattete ich der Kranken drei Tage später ab.

Carlshafen, Sonnabend den 16. December. Abends 6 Uhr sah ich die Kranke wieder. Ich fand sie schlafend, doch wachte sie kurz nach meinem Eintritt in's Zimmer auf. Ihr Aussehen, ihr Blick, ihre Mienen machten mir einen sehr befriedigenden Eindruck. Ueber Schmerzen klagte sie gar nicht. Die einzige Beschwerde, welche sie angab, war „Blähungen“. Hierunter verstand sie Kollern im Leibe und Luftaufstossen aus dem Magen; wirkliche Flatus waren nur selten abgegangen. Ihre Zunge war rein, doch klagte sie über einen widrigen Geschmack, ähnlich dem Geruche der aus der Wunde sich absondernden Flüssigkeit. Appetit behauptete sie nicht zu haben, jedoch hatte sie im Laufe des Tages folgende Speisen zu sich genommen: Morgens Milch und Zwieback, Vormittags eine Tasse Rindsbouillon mit Nudeln, Mittags eine Tasse Hahnenbouillon mit Griesmehl, Nachmittags Weissbrod mit Butter und für den Abend wünschte sie Bier mit Eigelb abgerührt zu trinken. Stuhlentleerung war im Laufe des Tages erfolgt, regelmässig; ebenso Urin in hinreichender Quantität. Der Urin hatte einen gelbgrauen hohen Bodensatz, eine bedeutende Beimischung, allem Anschein nach von Eiter, worüber die später mitzutheilende mikroskopische Untersuchung einer kleinen von mir mitgenommenen Probe Auskunft geben wird. Die Patientin war heute $\frac{3}{4}$ Stunden lang ausser Bett gewesen und gab auf Befragen über die Kräfte ganz entschieden an: dass sie fühle, wie seit drei Tagen ihre Kräfte täglich ein wenig zunähmen. Ihre Haut war allgemein warm und feucht; die Abmagerung im Gesichte hatte nicht zugenommen, im Gegentheil schien das Gesicht etwas voller zu sein, die Augen weniger tief in ihren Höhlen, als bei meinem vorigen Besuche. Die Respiration war sehr beschleunigt, 34 Mal in einer Minute, und der Puls machte in der gleichen Zeit 136—144 Schläge; er war zwar regelmässig und voll, aber doch weich. Von Zeit zu Zeit trat ein Hüsteln ein, doch nur sehr selten und ich hatte, trotz eines mehr als halbstündlichen Aufenthalts bei der Kranken keine Gelegenheit, solches zu hören. Die Respiration war übrigens tief und schmerzfrei. Herzklopfen war nicht vorhanden.

Ich nahm nun den Verband ab und fand die Wunde, bis auf den unteren die Ligatur enthaltenden Winkel, fest vernarbt. Aus dem noch offenen Wundwinkel entleerte sich eine dem Nasenschleim ähnliche, hellgelbliche, mit molkenartiger, eiweissähnlicher Flüssigkeit gemischte Eitermasse, in sehr geringer Quantität. Dieselbe verbreitete gar keinen Geruch; der Jauchengestank, welchen ich bei meinem vorigen Besuche empfand, war ganz und gar verschwunden. Die Wärterin behauptete, dass nach dem Aufstehen der Kranken im Laufe des Nachmittags die Wunde stark ausgelaufen sei. Ich drückte den Unterleib vorsichtig beiderseits zusammen, es erfolgte aber keine stärkere Ausleerung von Wundsecret. Ich suchte nun die Ligatur zu lösen und brachte einen vorsichtigen Zug an, den ich allmälig verstärkte; indess sass sie noch sehr fest und ich konnte sie nicht entfernen. Der Unterleib war übrigens ganz weich, überall schmerzlos, gar nicht mehr aufgetrieben und von den Därmen und ihren Bewungen, die früher sich so auffallend zeigten, war jetzt keine Spur mehr wahrzunehmen.

Uebrigens zeigten sich die Miliaria alba noch immer, auf der Bauchhaut vorzugsweise, in dicken mit wasserklarer Lymphe gefüllten

Bläschen. Die Abmagerung der Kranken am Rumpf und an den Extremitäten hatte nicht zugenommen.

Ich hatte nun nicht mehr nöthig, einen Verband anzulegen; nachdem ich die Ligatur mit einigen Pflasterstreifen am Leibe befestigt, umgab ich letztere mit einem mässig comprimirenden Handtuche. Die wundgelegenen Stellen am Kreuze waren ebenfalls geheilt.

Ich liess nun der Kranken ein Chinadecoct (℥β — ℥vi) mit Syr. cort. aur. verordnen und den Semen foenic. aussetzen. Die Diät wurde weiter zu fernerer Restauration der Kräfte bestens geordnet.

Nach Erwägung der vorhandenen Symptome lässt sich ein günstiger Zustand nicht verkennen. Wäre der Puls und die Respiration nicht so überaus beschleunigt, so würde ich unbedingt die günstige Vorhersage stellen. Aber auch trotz dieser Erscheinungen lässt sich erwarten, dass in Zeit von 10—11 Tagen die Kranke völlig hergestellt sein dürfte. So lange noch Eiter in der Bauchhöhle abgesondert wird, so lange solcher wie es scheint in's Blut aufgenommen und durch Nieren, Haut und Lungen u. s. w. ausgeschieden wird, ebenso lange müssen wir die Zeichen der Eiterresorption, den schnellen Puls u. s. w. als etwas mit der natürlichen Entwicklung des Krankheitszustandes in Verbindung Stehendes betrachten und deshalb verliert dieser Puls um so mehr an diagnostischer und prognostischer Bedeutung, als die übrigen Symptome mit demselben in Widerspruch stehen: Heilung der durchgelegenen Stellen, Heilung der Wunde, Verbesserung der Wundsecrete u. s. w.

Ein anderer günstiger Umstand bestärkt mich in der gestellten Prognose: die Verminderung des Wundsecrets und der damit ausgeleerten eiweissartigen Massen. Die Quelle der letzteren war mir nicht klar. Als Absonderung des Bauchfells konnte ich solche nicht betrachten, vielmehr musste ich annehmen, dass diese Aussonderung von dem Stiele der Geschwulst ausgehe; und es drängte sich die Meinung auf, dass die Ligatur den Stiel nicht ganz durchschnitten, sondern noch so viel Vitalität im Centrum desselben gelassen, dass einzelne Hydatiden an demselben sich weiter entwickeln konnten, mindestens aber so viel Blutzufuhr erhielten, um aus ihren theilweise zerstörten Wandungen die krankhafte Eiweissproduction fortzusetzen. Bei dieser traurigen Perspective hatte ich den einen Trost, dass die Jauche des zerstörten Stielantheils durch Tränkung (Imbibition) des nicht ganz zerstörten Restes der Hydatiden, letzteren zur Mortification, zur Vereiterung bringen würde. Diese Erwartung scheint mir jetzt vollständig in Erfüllung zu gehen.

Am 17. December, Morgens 6 Uhr. Die Kranke hat fast sieben

Stunden geschlafen; sie sagt zwar, es sei nur ein leiser Schlummer gewesen; ihr Puls schlägt 124 Mal in der Minute. Sie setzte sich allein im Bette auf und entleerte durch geschicktes Zusammendrücken ihres Unterleibs wohl $\frac{1}{4}$—$\frac{1}{2}$ Schoppen eines sehr gut aussehenden Eiters. Sie klagt über Leibschmerzen — wahrscheinlich Folge des Zuges an der Ligatur, der auch heute schmerzhaft ist, daher ich von weiteren Versuchen, solche zu lösen, abstehe. — Ihre Kräfte haben bedeutend zugenommen, sie setzt sich nicht blos allein im Bette auf, sondern reinigt auch ihre Wunde, legt sich Verbandstücke unter u. s. w.

P. S. Cassel, 27. December, Nachmittags. Die mikroskopische Untersuchung des Urins zeigt, dass der Bodensatz keine Spur von Eiter enthält, sondern aus Krystallen von harn- und phosphorsauren Salzen besteht. Das Wundsecret (das wie alter Käse roch, übrigens wie guter Eiter aussah) zeigte unter dem Mikroskop die Elemente des guten Eiters.

Den folgenden Besuch machte Dr. Hellwig zwei Tage später.

Carlshafen, den 19. December 1848. Bei meiner Ankunft Abends 6 Uhr fand ich die Kranke wachend, mit ruhigen, aber Abspannung verrathenden Gesichtszügen. Durch das Sprechen belebte sich das Gesicht wieder mehr, die Augen waren klar, die Ringe um die Augen weniger dunkel, wie früher, die Abmagerung nicht bedeutender. Die Kranke gab an, sie fühle sich heute wieder besser als gestern, wo sie sich ganz ausserordentlich schwach gefühlt, so dass sie auch gar keinen Versuch zum Aufstehen zu machen gewagt habe; auch hatte sie heute etwas mehr Appetit gehabt, so dass sie doch zwei Teller Suppe gegessen. Der Durst war gering, sie hatte mehrmals Waizenbier, welches vorher gekocht worden, mit etwas Eigelb genossen. Stuhlgang war heute am Tage nur einmal und zwar von breiiger Consistenz abgegangen. Die Zunge war rein und feucht, nur klagte die Kranke noch über einen dem Wundsecretsgeruch ähnlichen Geschmack im Munde. Die Respiration war frei, tiefes Einathmen ohne Beschwerde möglich, 32 Athemzüge in der Minute; die Wärterin sagte, dass Patientin während des Schlafes öfters schwerer Athem hole. Der Husten hatte sich bisweilen, aber doch im Ganzen nur selten eingestellt, dabei war nach wenigen Hustenausstössen Auswurf von schleimiger Beschaffenheit erfolgt; während meines Dortseins (circa 1$\frac{1}{2}$ Stunden) war kein Husten zu bemerken. Bei dem Husten gibt die Kranke leichten Schmerz auf der Mitte der Brust an. Die Percussion der Brust, sowie auch die Auskultation auf der vorderen Brustfläche giebt keinen abnormen Ton oder Geräusch. Der Unterleib war in der Nabelgegend etwas von Gas aufgetrieben, nirgends schmerzhaft, Aufstossen sehr unbedeutend, öfters hörte man Kollern im Leibe. Die Wunde von der in Deinem letzten Berichte angeführten Beschaffenheit; die Ligatur folgte einem allmälig auch etwas verstärkten Zuge nicht und ich fühlte hierbei deutlich, dass durch dieses Anziehen der Stiel nach der anderen Bauchwand, links von der Wunde, sich bewegte, so dass anzunehmen ist, dass es noch längere Zeit dauern kann, bis eine Lösung erfolgt. Aus der Wunde entleerte sich in einer sehr geringen Menge eine gelblichgraue, eiterartige Flüssigkeit und auch bei dem Aufrichten der Kranken und einem von ihr selbst angebrachten Drucke war die Entleerung sehr unbedeutend; der Angabe der Wärterin zufolge soll heute Nachmittag bei dem Aufrichten im Bett sich eine grössere Masse entleert haben. Ich legte wieder einige Pflasterstreifen über die Wunde und die Ligatur, dann legte ich eine von Hemdenflanell angefertigte Binde um, welche besser als das Leinen anliegt (und die schon angelegt war, als ich Deinen Brief erhielt). Auf die Wunde selbst ein Päckchen Baumwolle. Der Geruch des aus der Wunde fliessenden Eiters ist nicht mehr so übelriechend. Urin geht zwar nicht sehr reichlich, aber doch in hinreichender Menge ab; eine in einem Glas aufgehobene Menge von heute Morgen bildete denselben Bodensatz, wie es früher der Fall gewesen. Die Haut ist mehr kühl als heiss, aber angenehm feucht. Der Puls machte bei meiner Ankunft 134, später mehrmals gezählt 125—128 Schläge, dabei weich und ziemlich voll. Ehe ich Deinen Brief bekommen, hatte ich mit Suchier folgende Verordnung getroffen: R. Rad. Seneg., Rad. alth. āā ʒ ii, Decoct. ℥ vi, adm. Extr. chin. ʒ iß, Syr. ℥ i. Ich ersuchte ihn, nach Empfang Deines Briefes, sich in der Apotheke nach Tannin zu erkundigen und sollte solches da sein, alle 1½ Stunden einmal Arznei, das andre Mal 1 Pulver zu ½ Gran zu geben; ist kein Tannin vorhanden, dann soll es morgen von Cassel kommen.

Die Lösung der Ligatur kann sich noch lange hinziehen, da, dem Anscheine nach, die Masse nicht vollständig abgestorben ist, sondern die Mitte noch in lebensfähigem Zustande existirt; sollte man nicht am Ende noch ein stärkeres Zusammenschnüren vornehmen müssen, um den Rest zu durchschneiden?

Was nun meine Meinung über den Zustand der Kranken betrifft, so muss ich sagen, dass ich sehr besorgt werde, da alle Erscheinungen nicht allein auf Pyämie, sondern auch auf Anämie hindeuten und zu befürchten ist, dass auch noch die Lunge in Folge dieses Zustandes erkrankt. Sehr leid sollte es mir thun, wenn alle unsere Mühe umsonst und unsere schönen Hoffnungen verloren gingen. Doch wir wollen die Hoffnung noch nicht aufgeben.

20. December, Morgens. Heute Nacht ist es vor Mitternacht gut gegangen, nach Mitternacht wieder 2 Mal Durchfall, heute Morgen etwas Husten, jedoch lose, Gesichtsausdruck: grosse Mattigkeit verrathend; Puls 126—130, schwach, klein. Schicke heut Abend die Pulver; ich hoffe, sie werden auf den Durchfall, der die Kräfte sehr mitnimmt, günstig wirken. Ich fürchte für unsere Kranke. Richte Dich so ein, dass Du spätestens Freitag hierher gehst. Hellwig.

Carlshafen, Donnerstag, 21. December 1848. Abends 6 Uhr traf ich die Patientin schlafend, doch wachte sie kurz nach meinem Besuche auf. Ihre Gesichtszüge geben den Ausdruck grosser Schwäche, Niedergeschlagenheit, des Collapsus. Patientin war im Gesichte, wie am ganzen Körper auffallend magerer geworden als bei meinem vorigen Besuche. Die Zunge war rein, doch war kein Appetit vorhanden; der Durst war stark, doch mochte die Kranke aus Furcht vor Schmerz und Durchfall nicht trinken. Die Respiration war beschleunigt, 30 bis 32 Mal in der Minute; der Puls schlug 130—136 Mal in der gleichen Zeit. Die Haut allgemein und profus schwitzend; die Vorderarme und Hände kühl. Der Unterleib war mässig aufgetrieben, die Gedärme waren wieder deutlich zu unterscheiden, von Gas aufgetrieben und in lebhafter Bewegung. Stuhlausleerung war heute nur 2 Mal erfolgt. Husten hatte Patientin häufig im Laufe des Tages, die Brust aber ergab bei der Percussion ganz normale Töne, auch war die Inspiration tief möglich und unschmerzhaft. Während meiner über eine Stunde dauernden Anwesenheit hüstelte die Kranke nur ein einziges Mal. Ueber dem noch offenen unteren Winkel zeigte sich die Hautnarbe, in der Länge von etwa einem Zoll, wieder geöffnet, schlaff, wenig eiternd. Die Muskeln waren aber noch vereinigt. Aus der Wunde floss nur sehr wenig einer dem Nasenschleim ähnlichen, halb eiweiss-, halb gallertartigen Flüssigkeit, graulich, durchsichtig. Die Ligatur wich einem darauf angebrachten ziemlich starken Zuge nicht im Mindesten. Ich drehte dieselbe stark zusammen, was der Kranken schmerzhaft war, wickelte sie um ein rundliches fingerdickes und fingerlanges Holzstückchen und befestigte letzteres, seitlich der Wunde, mit Heftpflastern, so dass ein continuirlicher Zug auf die Ligatur angebracht wurde. Die hierdurch erzeugten schmerzhaften Gefühle liessen nach $\frac{1}{4}$—$\frac{1}{2}$ Stunde nach. Die Patientin war in hohem Grade erschöpft, matt, blass. Die Miliaria war wie bei meinem vorhergehenden Besuche. Das Kollern im Leibe unverändert wie früher. Im Laufe des heutigen Tages hatte sie ihr Bett nicht verlassen mögen; sie hatte mehrmals urinirt.

Um 9 Uhr Abends, also 3 Stunden nach dem ersten Besuche,

sah ich die Kranke wieder; sie schlief seit länger als einer Stunde; sie wachte nicht auf, während ich ihr den Puls fühlte. Letzterer machte jetzt nur 114—116 Schläge, zwar nicht klein, aber doch weich und nur mässig voll. Die Respiration 32 Mal in der Minute. Hände und Vorderarm kühl, Haut überall in colliquativem Schweisse. Während des Schlafes stöhnte Patientin häufig, was sie seit den letzten 2—3 Tagen, nach Aussage der Angehörigen, fast immer während des Schlafes that. Die Wunde war während meiner Abwesenheit mässig ausgelaufen und bei leisem Druck auf den Bauch floss viel consistenter, nach altem Käse riechender Eiter aus. Patientin klagte über keinen Schmerz. Ich liess ihr alle drei Stunden 1 Gran Tannin und 1 Gran Zucker reichen, übrigens die Diät wie früher beobachten.

Nach diesen Symptomen zu urtheilen, steht es mit der armen Kranken sehr schlecht. Die Eiterung hat ihre Kräfte fast erschöpft und da die Ligatur noch fest ist, die Eiterung also noch nicht so rasch sich vermindern oder aufhören kann, so ist eine vollständige Erschöpfung und das Lebensende in wenigen Tagen zu befürchten. Die grosse Abmagerung, der frequente Puls und die frequente Respiration, die grosse Prostration der Kräfte, der Collapsus im Allgemeinen, wie der Gesichtsausdruck insbesondere, die starke Eiterung, der profuse Schweiss bilden die Majorität der unglückverkündenden Symptome, während nur die reine Zunge und der im Schlafe ruhigere Puls noch als eine Minorität den schwachen Hoffnungsstrahl aufrecht erhalten kann.

Am 22. December, Morgens 6 Uhr. Nachts 4½ Stunden Schlaf. Puls 110—114—116, voller als gestern, gespannter. Patientin fühlt sich etwas kräftiger. Ligatur noch eben so fest; Ausleerungen aus der Wunde anfangs nur eiweissartig, später eitrig; im Ganzen wenig, 1½—2 Unzen. Patientin machte mir heute Morgen einen ungleich besseren Eindruck als gestern Abend, so dass die dubiöse Prognose sich wieder etwas besser gestaltet.

Drei Tage nach meinem Besuche reiste Dr. Hellwig zur Kranken. Er erstattete mir folgenden Bericht:

Carlshafen, den 25. December 1848. Ich fand die Kranke, welche ich sowohl nach meinem letzten Besuche als nach Deinem Berichte entweder als Leiche oder doch nahe daran anzutreffen glaubte, gegen alle Erwartung besser; ihr Gesichtsausdruck, der bei meinem letzten Hiersein völlige Abgespanntheit und Theilnahmlosigkeit verrieth, war wieder belebter, freundlicher, ihre Augen lagen nicht mehr so tief in ihren Höhlen, überhaupt zeigte sich wieder etwas mehr Lebensturgor. Die Haut war angenehm warm und feucht, der Puls 120—125, mässig voll, Athem noch etwas beschleunigt, 28—32, mitunter etwas stöhnend; die Kranke klagte über beschwerlichen Husten, der sie öfter im Schlafe störe, gewöhnlich aber lose sei und ihr Druck in der Mitte der Brust verursache; indessen blieb ich absichtlich gewiss 1½ Stunden dort, um einmal den Husten zu beobachten; es trat indessen während dieser ganzen Zeit keiner ein, sondern die Kranke schlief ungefähr ¼ Stunde vor meinem Weggehen ein, holte ruhiger, aber öfters stöhnend Athem. Sie konnte tief und ohne Schmerz einathmen. Die Zunge war rein und feucht. Der Geschmack nicht mehr dem Eitergeruche ähnlich, sondern ganz rein, Appetit hat sich bedeutend gebessert; sie hat mit Appetit gestern und heute Wildpret genossen und danach keinerlei Beschwerde gehabt; sie wünschte ein weich gesottenes Ei, welches sie auch in meiner Gegenwart mit Behagen verzehrte; sie wünschte für morgen Mittag etwas Bratwurst, welche ich ihr in sehr kleiner Quantität, und mit vielen Weckekrumen und etwas Ei zurecht gemacht, erlaubt habe, vorausgesetzt, dass ich sie morgen früh so wohl fände als heute Abend. Der Unterleib war gar nicht mehr aufgetrieben (die Darmbewegung nicht mehr wie früher äusserlich zu erkennen), allgemein weich und schmerzlos, die frühere stete Klage der Kranken über Blähungen waren der Klage über Husten gewichen; der Stuhlgang consistent, einmal am Tage, Urin hinreichend. Die Wunde hatte ein kräftiges Aussehen, die Absonderung war gering, doch zeigte die Wärterin ½ Untertasse voll (zwei deutlich getrennte Flüssigkeiten, eiweissartige Flüssigkeit und gelber Eiter) heute Nachmittag angefangener Wundabsonderung; der Geruch war nicht mehr jaucheartig. Ich versuchte an der Ligatur einen verhältnissmässig kräftigen Zug, sie sass jedoch noch sehr fest; ich sah mich daher genöthigt, sie so fest als möglich zusammenzudrehen und den Knebel hierauf wieder zu befestigen. Die Kranke klagte bei dem Zuge sowohl als auch bei dem Zusammendrehen über Schmerz an dem Stiele, welcher auch noch nachher anhielt, jedoch nicht verhinderte, dass sie später einschlief. Ich denke, wenn die Ligatur auf die geschehene Art mehr der äusseren Oberfläche nahe gebracht ist, kann man die Schlingen derselben mit einer Scheere erreichen und durchschneiden, denn es scheint mir der Stumpf zu viel Vitalität zu haben, als dass wir ihn durch Zusammendrehen durchschneiden könnten. Die Miliaria ist grösstentheils abgetrocknet, nur wenige noch mit Flüssigkeit gefüllte Bläschen.

Nach diesen Umständen können wir, da der Puls sich eher vermindert als vermehrt hat, das Athemholen frei ist, obgleich die Lunge durch die Eiterresorption etwas afficirt zu sein scheint, die Zunge rein, Appetit zum ersten Male gut, Durst unbedeutend ist, die Kräfte in den letzten Tagen verhältnissmässig sehr zugenommen haben, hoffen, dass die Kranke dem nahen Tode noch einmal entrissen ist. Das Tannin scheint sehr gute Wirkung hervorzubringen uud ich glaube, dass wir es noch einige Zeit fortgeben müssen.

Den 26. December, Morgens 6 Uhr. Die Kranke hat die Nacht mehrere Stunden geschlafen; Durst etwas mehr als am Tage, Zunge rein und feucht, Stuhlgang einmal breiig consistent; etwas mehr Kollern im Leibe, jedoch ohne stärkere Auftreibung; ungefähr 3 Unzen dicken Eiters kommen aus der Wunde, Ligatur fest; der durch das Zusammenschnüren der Ligatur verursachte Schmerz am gestrigen Abend hat erst gegen Morgen völlig aufgehört; die Kranke hustete heute Morgen einmal während meiner Anwesenheit; der Husten war von Schleimrasseln auf der Brust begleitet, der Auswurf ging leicht los, der Husten strengte aber dennoch sehr an, besonders klagte sie über Schmerz tief im Unterleibe dabei. Puls 120—125, Athem 30, öfters stöhnend. Ich hoffe, die Kranke wird bald bessere und bestimmtere Hoffnung zur Genesung geben. Hellwig.

Den nächsten Besuch stattete ich der Operirten vier Tage später ab. Ausser einer nahrhaften Diät, der fleissigen Reinigung der Wunde wurde inzwischen das Tannin regelmässig und allmälig in steigender Gabe (täglich bis zu 12 Gran) angewandt. Ich hatte dieses Mittel in manchen Fällen von inneren Eiterungen sehr schätzen gelernt. Vor nicht langer Zeit behandelte ich eine Frau, die in Folge eines Wochenbettes eine Eiterung im Becken bekam und acht Wochen lang in Lebensgefahr schwebte, bis auf die Knochen abmagerte und fast in jeder Hinsicht das Ebenbild unserer Operirten war. Bei dieser Frau that das Tannin ausgezeichnete Wirkung. Dieser Fall brachte mich auf die Idee, das Tannin auch bei unserer Operirten anzuwenden und ich glaube, dass diesem Mittel vorzugsweise, wenn nicht ausschliesslich, der günstige Ausgang auch in diesem Falle zuzuschreiben ist. Ich enthalte mich vorläufig aller weiteren Erörterungen über die Wirkungen dieses bedeutenden Mittels, dem ich eine günstige Einwirkung gegen die durch Eiterinfection des Blutes bedingten Störungen zuschreiben möchte. Es versteht sich von selbst, dass der pharmakologische Standpunkt dieses Arzneikörpers nur durch genaue chemische, mikroskopische und anatomische Untersuchungen ermittelt werden kann.

Carlshafen, am 30. December 1848. Abends 6 Uhr fand ich die Operirte in einem bedeutend gebesserten Zusande. Das Gesicht hatte wieder Embonpoint gewonnen, Blick, Mienen, Sprache, Haltung drückten Kraft und Muth aus. Die Kranke empfing mich mit den

Worten: „Gott Lob, dass Sie da sind! Heute Nacht hat mir geträumt, Sie wären gekommen und hätten mir den Faden aus dem Leib gezogen“. Die Frau litt an keinerlei Schmerzen; nur Blähungen im Unterleibe beschwerten sie. Der Unterleib war auch stark aufgetrieben, insbesondere in der Oberbauchgegend und die von Gas aufgetriebenen und sich ziemlich lebhaft unter Kollern bewegenden Gedärme zeigten sich alsbald nach Entblössung des Unterleibs als die deutliche Ursache jener Auftreibung. Die Hauttemperatur der Patientin war ganz normal, keine Spur von Fieberhitze, kein kalter Schweiss, nur mässige, warme Transpiration liess sich wahrnehmen. Ihr Puls schlug 126 Mal in der Minute, die Respiration frei und tief, 28—30 Mal in der Minute, ward nur selten durch einen unbedeutenden, losen Husten, ohne Auswurf, gestört. Die Zunge ganz rein, der Geschmack gut, der Appetit gross, Durst gar nicht vorhanden. Oeffnung erfolgte seit zwei Tagen, nach Aussage der Wärterin „wie von einem gesunden Menschen“, consistent, 1—2 Mal binnen 24 Stunden. Der Urin zeigt sich wie früher, doch noch mit einem Bodensatze. Die rothen Frieselbläschen waren gänzlich verschwunden, von den weissen zeigten sich nur hie und da ganz vereinzelte. Das Fleisch an Armen und Beinen sowie am Rumpfe hatte evident zugenommen, wie auch die Kranke selbst freudig zu bemerken nicht unterliess. Aus der Wunde entleerte sich in mässiger Menge eine halbdurchsichtige, dem Nasenschleim ähnliche Flüssigkeit; sobald sich die Kranke im Bette aufrecht setzte und selbst den Leib beiderseits mit den Händen zusammendrückte, so floss bald reiner Eiter aus. Es ist mir deshalb wahrscheinlich, dass die erstgenannte halbdurchsichtige Flüssigkeit nur derjenige Theil des Eiters ist, welcher sich in der Ruhe absondert, als Serum desselben, als der specifisch leichtere Theil, welcher oben schwimmt, also zunächst der Wundöffnung, während die schwereren Eierkörperchen niedersinken und die tiefst gelegenen Stellen des Eiterheerdes einnehmen. Die ursprüngliche Bauchwunde war nun ganz und gar geheilt, auch der unterste Winkel, aus welchem früher die Ligatur hervorging. Diese letztere selbst hatte die Bauchdecken, zur linken Seite des untersten Wundwinkels, etwa bis zu einem Zoll jenseits des letzteren entfernt, durch den allmälig angebrachten und fortwirkenden Zug eingeschnitten, während die hinter ihr oder jenseits liegende eingeschnittene Strecke sich allmälig vernarbte. Ich brachte einen vorsichtigen Zug an der Ligatur an und bald folgte dieselbe unter dem leisen Geräusch einiger zerreissender mürber Fasermassen aus der Bauchhöhle heraus. Die Ligatur war bis auf den letzten Endpunkt fest zusammengedreht und gab mir so den sichersten Beweis, dass der Stiel der Geschwulst total durchgeeitert, von der Ligatur durchgeschnitten worden sei. Nach Entfernung der Ligatur folgte noch auf angebrachten Druck eine geringe Quantität reinen Eiters, ohne irgend eine Beimischung von Blut, ein Beweis, dass bei dem Anziehen der Ligatur keine Verletzung, keine Zerreissung eines Blutgefässes Statt gefunden hatte. Die Freude der Kranken über die Entfernung der Ligatur war in mehreren Beziehungen gross; sie glaubte eine ganz besondere Erleichterung darnach zu spüren, und kurze Zeit nachher war es, dass sie bei einem Scherze zum ersten Male seit der Operation lachte.

Unter solchen Umständen lässt sich nur die günstigste Prognose stellen. Die Eiterung hat sich in den letzten Tagen evident vermindert, täglich auf 6—7 Unzen; der Puls ist weniger frequent, die Fieberhitze geschwunden, die Secretionen und Excretionen normal, die Ernährung und Kräfte gebessert, der Appetit gross, die Verdauung gut, der Husten gemindert. Deshalb wurde unter fernerer Empfehlung der nährenden und restaurirenden Diät das Tannin in seltenerer Dosis fortgegeben (Gr. vi täglich). Ausserdem ein Decocto-Infusum von Lichen island. mit Semen foenicul.

Am 31. December, Morgens 6 Uhr. Die Kranke hat wenig geschlafen, weil sie von dem Husten gestört wurde, in Folge dessen etwas Kopfweh eingetreten ist. Aus der Wunde leert sich der Eiter leicht durch Druck aus; dreimal wurden seit gestern Abend, jedesmal 2—2½ Unzen, ausgeleert. Uebrigens befindet sich die Patientin ganz wohl. Der Unterleib ist fast gar nicht aufgetrieben. Der Puls schlägt 118 Mal in der Minute, voll, regelmässig; in der Nacht ist einmal regelmässige Stuhlentleerung da gewesen, Urin wird in grösserer Menge als früher entleert.

Von jetzt an war die Besserung der Operirten so entschieden, dass erst nach Verlauf von 11 Tagen der Kranken ein Besuch von Dr. Hellwig abgestattet wurde Folgendes ist dessen Bericht:

Am 11. Januar 1849, Abends 6 Uhr, kam ich zu unserer Kranken in Carlshafen. Ich fand sie zwar zu Bette, allein sehr heiter und guter Dinge; ihre Körperfülle hatte in der kurzen Zeit, wo ich sie nicht gesehen, auffallend zugenommen, so dass sie ungefähr wieder in dem Zustande war, als sie kurz vor der Operation gefunden wurde. Ihre Zunge war rein und feucht, ihr Appetit ausgezeichnet so dass ich sie vorsichtig zu sein ermahnen konnte, Durst keiner. Die früheren Klagen über Blähungen hatten ganz aufgehört, Stuhlentleerung war regelmässig und normal; die Urinabsonderung normal, die Aussonderung ohne Beschwerden. Das Athemholen frei und leicht, von gewöhnlicher Frequenz. Die Stimme rein und kräftig; der Husten war beinahe verschwunden, und wenn er eintritt, ist er leicht, schmerzlos und mit etwas schleimigem Auswurf verbunden. Puls regelmässig, kräftiger, indessen war er Abends noch etwas beschleunigt, 110 in der Minute. Die Unterleibsbedeckungen und Muskeln hatten mehr Tonus als früher; der Unterleib ist gleichmässig weich, nirgends eine Härte oder Auftreibung zu fühlen, ich konnte in der linken Seite, wo sich früher die Geschwulst befunden, tief zufühlen, ohne Schmerz zu verursachen. Die Wunde war fest und dauerhaft vernarbt; neben dem früheren unteren Wundwinkel, einige Linien nach links, fand sich noch eine in die Bauchhöhle führende Oeffnung, welche durch das zuletzt angewandte Zusammenschnüren und seitliche Befestigen der Ligatur nach dieser Seite aus der früheren Schnittlinie herübergerückt war. Diese Oeffnung hatte ganz das Ansehen einer Fistelöffnung mit rosenrothen überhäuteten Rändern; durch diese Oeffnung konnte ungefähr ein Rabenfederkiel eingebracht werden. Aus dieser Oeffnung entleerte sich bei stärkerem Druck auf die Seitengegenden neben der Oeffnung eine dicke, gelbliche, eiterartige, mit etwas hellerer, durchsichtigerer Flüssigkeit gestreifte Materie, ungefähr in der Menge wie eine welsche Nuss dick. Nach der Angabe der Kranken mag die Flüssigkeit, welche in 24 Stunden entleert wird, zwischen 1 und 2 Unzen betragen. Hieraus geht hervor, dass immer noch an dem von der Ligatur durchschnittenen Stiel Eiter abgesondert wird, welche Absonderung aber doch immer mehr abnimmt und wobei wohl anzunehmen ist, dass, so lange diese Absonderung dauert, eine Art Fistelöffnung bleiben, die erst bei dem völligen Aufhören der Eiterung sich schliessen wird.

Wir können also nach Allem unsere Kranke als geheilt ansehen.

Hellwig.

Seit diesem letzten Besuche Dr. Hellwig's erhielt ich von der Kranken die erfreulichsten Berichte. Gegen Ende Januars des Jahres 1849 hatte sie bereits ausser dem Hause Besuche gemacht und versah alle ihre häuslichen Geschäfte. Im April dieses Jahres besuchte mich die Operirte zum ersten Male in Cassel. Sie hatte ein so blühendes Aussehen gewonnen, dass ich sie anfangs nicht erkannte. Sie war vollkommen gesund, bis auf eine kleine Fistelöffnung am Unterleibe, die in den vorigen Berichten genauer bezeichnet worden. Aus dieser Oeffnung entleerte sich noch eine geruchlose, theils eiterartige, theils eiweissähnliche Flüssigkeit. Alle Functionen der Operirten waren normal, mit Ausnahme der Menstruation, die noch nicht wieder eingetreten war. Die Frau hatte eine so bedeutende Musculatur und Fettmasse an Rumpf und Gliedern wieder gewonnen, dass sie behauptete, niemals besser genährt gewesen zu sein. Die Absonderung aus der Fistelöffnung war an manchen Tagen schwächer, an anderen stärker. Starke körperliche Anstrengungen, Erkältungen und Erhitzungen mehrten den Ausfluss und umgekehrt. Weder innere, noch äussere Untersuchung des Unterleibs liess ausserdem etwas Abnormes wahrnehmen.

Ich rieth der Operirten, Einspritzungen in die Fistelöffnung zu machen, anfangs von einem Eichenrinden-Decoct, später von einer schwachen Auflösung von Zinkvitriol. Dabei empfahl ich die Beobachtung der grössten Reinlichkeit, und öftere Ausleerung des Secrets. Die Operirte verspürte noch ein gelindes Brennen im Unterleibe, wenn das Secret sich in etwas stärkerer Menge angesammelt hatte. Im Durchschnitt betrug dessen Quantität in 24 Stunden zwei bis drei Unzen.

In der Mitte des Monats Mai dieses Jahres besuchte mich die Operirte zum zweiten Male. Ihr Aussehen liess nichts zu wünschen übrig. Der Ausfluss aus der Fistelöffnung hatte sich zwar gemindert, doch bestand er noch in ähnlicher Weise wie vor vier Wochen fort. Die Operirte gestand aber auch, dass sie sich gar nicht schone und sehr viel und angestrengt im Hause arbeite; sie war sogar neulich über eine Gartenmauer gesprungen, als sie in ihren Garten gehen wollte und dessen Thüre verschlossen fand. Die Menses waren noch nicht eingetreten. Die adstringirenden Einspritzungen rieth ich fortzusetzen. Nach allen diesen Verhältnissen scheint es mir nicht zweifelhaft, dass am Ende des ehemaligen Geschwulststiels, resp. der Tuba Fallopii, noch eine Eiterung und eine Absonderung von eiweissartiger Flüssigkeit fortbesteht; ob letztere von einer theilweise zerstörten und zurückgebliebenen Hydatide herrührt, muss vorerst dahingestellt bleiben. Jedenfalls lässt sich annehmen, dass dieses krankhafte Absonderungsorgan nicht mit der Bauchhöhle communicirt, sondern durch Adhäsion ringsum davon abgeschieden ist. Wäre dies nicht der Fall, so würden die Unterleibs- und anderen Functionen nicht normal sein. Deshalb ist es auch mit der grössten Wahrscheinlichkeit vorauszusehen, dass durch adstringirende Injectionen die Quelle der krankhaften Absonderung allmälig zum Versiegen und die Fistel zur Heilung gebracht werden wird. Gesetzt aber auch, Letzteres geschähe nicht, so wird die Operirte von der Fistel und dem Ausflusse aus derselben so wenig belästigt, dass sie ohne Schaden der Gesundheit das ganze Leben hindurch fortbestehen dürfte. Dass der Eintritt der Menstruation $\frac{1}{2}$ Jahr nach der Operation noch nicht stattgefunden hat, kann nicht wohl befremden. Nach schweren Krankheiten beobachtet man häufig genug eine solche Retardatio mensium; um wie viel mehr also nicht nach einer solchen, die Geschlechtsorgane, die Quelle der Menses, direct betreffenden Operation, in deren Folge eine den ganzen Organismus an den Rand des Grabes führende Schwäche mehrere Wochen hindurch eingetreten war, und nach welcher die Schwäche der Geschlechtsnerven noch lange Zeit fortdauern dürfte, obwohl in allen anderen Provinzen des Organismus der Normalzustand bereits wieder eingetreten ist. Die krankhafte Absonderung an der einen Tuba scheint nicht minder Ursache der Menstruationszögerung zu sein. Es lässt sich eine Einwirkung durch Nervensympathie auf den noch vorhandenen Eierstock von der kranken Tuba aus nicht wohl läugnen. Es würde mich zu weit führen, hier eine genaue physiologische und pathologische Erörterung solcher Vorgänge versuchen zu wollen. Ich werde später die Gelegenheit wahrnehmen, die Operirte zu untersuchen, und über den ferneren Verlauf ihrer Gesundheit, den Zustand der Fistel u. s. w. weitere Nachrichten, als Ergänzung dieser Operationsgeschichte, mitzutheilen.

Es bleibt mir nun noch übrig, die Eingangs dieser Krankengeschichte versprochenen Bemerkungen über die Exstirpation der Ovarien im Allgemeinen anzuknüpfen. Ueber die Diagnose, Pathologie, pathologische Anatomie u. s. w. der Eierstocksgeschwülste hat Lee in seiner fleissigen und ausgezeichneten Schrift so genau und ausführlich gesprochen, dass ich es für überflüssig halte, in Bezug auf die Pathologie dieses Gegenstandes im Allgemeinen hier zu reden. Ich will nur einen Vorschlag zu einer wesentlichen Modification der Ovariotomie, den ich bereits vor acht Jahren gemacht habe, hier wieder aufnehmen, und da ich die Ueberzeugung hege, dass bei der Ausführung meines Operationsplanes die Mortalität, wie die Gefahr der Ovariotomie um ein Bedeutendes vermindert werden muss, so will ich denselben von allen Seiten zu beleuchten suchen, um ihn der Prüfung und Beachtung der Wundärzte zu empfehlen [1]).

Soviel mir bekannt ist, hat dieser Vorschlag nirgends Berücksichtigung gefunden, wenigstens ist dessen, meines Wissens, in keiner späteren Abhandlung über Ovariotomie Erwähnung geschehen. Derselbe ist aber praktisch theilweise ausgeführt worden, und zwar mit glücklichem Erfolge, wie ich aus einer Mittheilung in der Berliner „Algem. medic. Centralzeitung“ (von Posner), XXII. Jahrgang 1848,

[1]) Die hier folgenden Auszüge aus dem vorhergehenden Aufsatze in Holscher's Annalen habe ich weggelassen, wie sich von selbst versteht.

vom 9. December (98. Stück, S. 788. 789) ersehe. In dieser Zeitung wird unter den „Mittheilungen aus der chirurgisch-ophthalmologischen Klinik des Prof. Langenbeck in Berlin" die Geschichte einer „Exstirpation eines Hydrops ovarii" erzählt, aus welcher ich Folgendes hier entnehmen will:

„Die Exstirpation wurde, nachdem die Patientin (eine 52jährige, schwächliche Frau, Mutter von 2 Kindern) horizontal gelagert und durch Einathmen von Chloroform vollständig narcotisirt worden war, von Prof. Langenbeck folgendermassen nach englischer Methode verrichtet. Er machte zunächst in der Linea alba einen im Verhältniss zur Grösse der Geschwulst sehr kleinen Längsschnitt, und nach Eröffnung der Bauchhöhle überzeugte er sich, dass das prominirende Ovarium sich zunächst präsentirte. Er stach nunmehr dasselbe mittelst eines Troicarts nach den Regeln der Punktion an und entleerte eine gelbbraune, klare Flüssigkeit von 2—3 Quart. Nachdem der Sack vollständig entleert war, wurde derselbe mittelst behutsamer Abtrennung der einzelnen unbedeutenden Verwachsungen durch die gemachte Bauchwunde nach und nach hervorgezogen. Nachdem ein grosser Theil des Ovariums bereits herauspräparirt war, stiess man auf eine besondere Cyste, vermuthlich ein degenerirtes Graaf'sches Bläschen, welche mit dem Bauchfell innig verwachsen war. Auch diese musste behutsam abpräparirt werden, wobei mehrere Arterien zur Unterbindung kamen, und entleerte, nachdem sie punctirt wurde, nachträglich noch eine bedeutende Menge von dunkelgelber Flüssigkeit. Nachdem auf diese Weise der ganze Sack mit seinen Annexen bis zu seinem Stiel, welchen das Ligamentum latum uteri bildete, aus der Bauchwunde herausgehoben war, schritt man zur Unterbindung des Stiels mittelst einer Ligatur, und indem man denselben durchschnitt, war das kranke Ovarium entfernt. Hierauf überzeugte man sich an dem abgeschnittenen Stiele davon, dass sämmtliche Arterien unterbunden waren, um eine innere Blutung zu verhüten, und nun schloss Langenbeck die Wunde mittelst einfacher Nähte, in der Art, dass er den Stiel des Sackes selbst in der Wunde mitbefestigte. Die Operation dauerte im Ganzen 25 Minuten, und die Kranke verrieth weder durch Laut, noch durch Bewegung irgendwie eine Empfindung des Schmerzes. Nach der Operation befand sich die Kranke ganz wohl. Nur am dritten Tage stellte sich neben dem geringen Wundfieber einiger Collapsus mit Diarrhöe ein, es wurde ein stärkendes Verfahren eingeschlagen, und ein Infusum aus Arnica und Serpentaria mit etwas Opium gereicht, worauf die Patientin sich so weit erholte, dass sie am zehnten Tage als Reconvalescentin zu betrachten war.

Die Bauchwunde nebst dem darin befestigten Stiele des abgetragenen Ovariums war vollständig geschlossen.“

Aus dieser Nachricht geht hervor, dass die Befestigung (der Tuba und) des Ligamentum latum in der Bauchwunde keine Nachtheile mit sich führt. Der eine, oben von mir berührte Einwand gegen dieses Verfahren wäre somit praktisch beseitigt. Das von Langenbeck eingeschlagene Verfahren zeigt sich ganz deutlich als die Befolgung meines vor acht Jahren gemachten Vorschlags, mit der Abweichung, dass Langenbeck von der Geschwulst nichts am Stiele sitzen liess, indem letzterer lang genug war, um dennoch mit den Bauchwandungen durch die Naht vereinigt werden zu können. Hingegen legte Langenbeck eine Ligatur um den Stiel, und hierin besteht die andere Abweichung von meinem Vorschlage. Auch wurden wahrscheinlich die einzelnen Arterien auf der Schnittfläche des Stieles unterbunden. Die Mittheilung drückt sich hierüber undeutlich aus. In dem Berichte über die Operation ist nichts Genaueres über die Art der angelegten Ligatur und nichts über deren Lösung mitgetheilt. Auch kommt es mir etwas unwahrscheinlich vor, dass, trotz um den Stiel angelegter Ligatur, welche doch nothwendiger Weise durcheitern und durch Eiterung abgestossen werden musste, schon am zehnten Tage nach der Operation die definitive Vernarbung stattgefunden habe. Jedenfalls aber war durch dieses Operationsverfahren der eine Hauptzweck erreicht: eine Blutung in die Bauchhöhle zu vermeiden, dadurch, dass der Geschwulststiel in dem unteren Winkel der Bauchwunde mittelst der Naht befestigt wird. Falls der genannte Stiel so lang war, dass auch die um ihn angelegte Ligatur noch ausserhalb (vor) der Bauchhöhle blieb, so wurde auch die andere, meinem Operationsplane zu Grunde gelegte Absicht erreicht, nämlich die am Stiele entstehende (in Langenbeck's Fall durch die Ligatur bedingte) Eiterung ausserhalb der Bauchhöhle zu erhalten und so die Eiterung zu einer rein äusserlichen zu machen. Ich vermuthe fast, dass dieser günstige Umstand in Langenbeck's Fall vorhanden war. In allen den Fällen aber, in welchen der Geschwulststiel kürzer ist, als dass er, nach der Unterbindung und vollständigen Abtrennung des kranken Ovariums, so mit den Bauchwandungen durch die Naht vereinigt werden kann, dass nicht bloss das Ende des Stiels selbst, sondern auch noch die Ligaturstelle desselben ausserhalb und vor der des Peritonaeums liegt, in allen solchen Fällen — sage ich — scheint mir das oben von mir vorgeschlagene Operationsverfahren das vorzüglichste zu sein. Wir erreichen dadurch folgende Zwecke:

1) Indem wir einen kleinen Theil der Geschwulst am Stiele sitzen

lassen, vermeiden wir in fast allen, wenn nicht in allen Fällen die Verletzung der grösseren Gefässe, die sich bekanntlich von ihrem Eintritt in die Geschwulst an verästeln, verkleinern. Wir vermeiden also hierdurch eine Blutung beunruhigender Art; sollte aber dennoch eine Blutung eintreten, so liegt die Quelle derselben den Mitteln dagegen so leicht zugänglich, dass sie nicht mehr zu fürchten ist.

2) Die Blutung ist eine extra-peritonaeale, eine äusserliche, und kann nicht den mindesten nachtheiligen Einfluss auf die Unterleibsorgane ausüben.

3) Wenn es nöthig sein sollte, die blutenden Gefässe durch die Unterbindung zu schliessen, so liegen die Unterbindungsfäden gleichfalls ausserhalb der Bauchhöhle, können also keinerlei Reizung, Entzündung, Eiterung u. s. w. der Unterleibsorgane herbeiführen; und wenn sie nach einiger Zeit durch die Eiterung losgestossen werden, so ist auch diese Eiterung ohne alle Verbindung mit dem Peritonaeum, ohne alle nachtheilige Einwirkung auf die in der Bauchhöhle enthaltenen Organe.

4) Der Hauptvorzug dieses Operationsverfahrens würde aber darin zu suchen sein, dass der Geschwulststiel ausserhalb der Bauchhöhle zur Vernarbung gebracht wird, dass die an ihm vorgehenden Processe der Entzündung und Eiterung u. s. w. ganz abgesondert von dem Peritonaeum und den Organen der Bauchhöhle vor sich gehen, die letzteren gar nicht beeinträchtigen, nicht in Mitleidenschaft ziehen. Wer die Geschichte der Ovariotomie studirt, der wird leicht finden, dass die meisten unglücklichen Ausgänge entweder durch eine innere Verblutung oder durch die Eiterung innerhalb der Bauchhöhle entstehen.

Die innere Verblutung ist oft gar nicht zu verhindern, auch wenn die Ligatur um den Stiel noch so fest und gut angelegt worden ist. Theilweise liegt die Schuld an einer krankhaften Beschaffenheit des Blutes der Operirten, wie ich das in meinem oben erwähnten Aufsatze in Holscher's Annalen aus einander gesetzt habe; anderntheils liegt die Schuld an der mittelbaren Ligatur der Gefässe, der Umstechung derselben, denn weiter ist doch die Ligatur des Geschwulststieles eigentlich nichts; die Unvollkommenheit derselben ist oben bereits aus einander gesetzt worden. Aber auch bei unmittelbar an die einzelnen Gefässe des Stiels angelegter Ligatur ist letztere nicht immer im Stande, eine secundäre Blutung in die Bauchhöhle zu verhindern, wie das aus der Geschichte der Gefässunterbindung bekannt genug ist, und nicht immer kann die gegen Nachblutung sichernde Gefässdurchschlingung in diesen Fällen angewendet werden. Es bleibt darum immer eine Sache des glücklichen Zufalls, wenn nach durchschnittenem, unterbundenem und in die Bauchhöhle zurückgebrachtem Geschwulststiele keine bedeutende oder tödtliche Nachblutung eintritt.

Die Eiterung innerhalb der Bauchhöhle ist nicht minder lebensgefährlich als die eben erwähnte Blutung. Es wäre überflüssig, hier alle die aus der am Geschwulststiele Statt findenden Eiterung hervorgehenden Nachtheile, alle ihre krankmachenden Einwirkungen auf die vom Eiter bespülten Unterleibsorgane aus einander setzen zu wollen. Wir dürfen diese Verhältnisse füglich als bekannt voraussetzen. Nur die grosse Menge der Hülfsmittel, welche dem thierischen Organismus zu Gebote stehen, um sich von allen den nachtheiligen Einflüssen einer Eiterung innerhalb der Bauchhöhle zu befreien, macht es erklärlich, dass verhältnissmässig so viele Frauen mit dem Leben davon kommen, welche diese Operation überstanden haben. Jedenfalls aber ist und bleibt es immer ein gefährliches Stadium des Heilungsprocesses, das Stadium der Eiterung des Geschwulststiels, auch wenn die Ausleerung des Eiters aus dem untern Winkel der Bauchwunde möglichst befördert wird. Entzündung des Peritonaeums, Adhäsion mit den benachbarten Gedärmen, Entzündung und Exsudatbildung auf allen um den Eiterherd herum gelagerten Theilen u. s. w. sind die unausbleiblichen Folgen und Niemand wird läugnen wollen, dass die Vermeidung aller dieser nachtheiligen Processe ein grosses Glück für eine jede derartige Operirte genannt werden müsse.

Durch die Ausführung des von mir vorgeschlagenen Operations-Typus werden aber die genannten Zwecke vollständig erreicht, die Blutung und Eiterung in der Bauchhöhle vermindert und somit ein grosser Theil, vielleicht der grösste Theil der Gefahren beseitigt, welche bisher mit der Exstirpation krankhaft vergrösserter Ovarien verbunden waren. Ich glaube demnach meinen Vorschlag für alle künftigen Operationen dieser Art dringend empfehlen zu dürfen. Ich selbst habe es sehr bereut, denselben nicht in meinem zweiten Operationsfalle selbst angewendet zu haben. Die langwierige Eiterung und die damit verbundene Lebensgefahr wäre der Kranken sicher erspart und höchst wahrscheinlich eine glänzend rasche Heilung derselben erreicht worden. Ich werde aber künftig keinen Fall dieser Art vorübergehen lassen, ohne die beschriebene Heilmethode anzuwenden, welche in mir die tiefste Ueberzeugung begründet erhält, dass sie den anderen bisher angewendeten Methoden vorzuziehen sei. Dass ich diese Methode nicht bereits in meinem zweiten Operationsfalle angewendet habe, mag seine Erklärung in dem Umstande finden, dass ich einer gewissen Zurückhaltung, einer Bescheidenheit folgte, wenn ich nicht, ohne Vorgang Anderer, eine neue Operationsmethode zuerst anzuwenden wagte. Ein klinischer Lehrer ist in dieser Beziehung anders gestellt, als ein praktischer Arzt. Jener hat die Verpflichtung, neue Heilmethoden zu prüfen, dieser hingegen hat die geprüften und bewährt gefundenen anzuwenden, will er nichts anders, bei unglücklichem Ausgange, seinen Ruf aufs Spiel setzen und den geschäftigen verläumderischen Zungen ein reiches Material zur Ausbeute geben.

Die übrigen Momente der Operation und der Behandlung der Ovarialgeschwülste betreffend, so stimme ich ganz mit den von Lee (a. a. O.) aufgestellten Grundsätzen und grossentheils mit denen von Bühring überein. Die Compression, die Anwendung der Mercurialia, der Jodpräparate u. s. w. halte ich bei den Hypertrophieen der Ovarien für unnütz, ja für schädlich, weil sie — ohne das Uebel zu heben — die Constitution überhaupt schwächen, die Gesundheit untergraben. Als das einzige und wahre rationelle Heilmittel der vergrösserten Ovarien betrachte ich die Exstirpation derselben. Je früher dieselbe vorgenommen werden kann, desto besser (vgl. Bühring, S. 89); je mehr Kräfte der Körper hat, desto besser; den kleinen Einschnitt durch die Bauchdecken ziehe ich dem grossen vor, indem durch ersten eine geringere Verwundung, also eine geringere Beeinträchtigung des Gesammtorganismus herbeigeführt wird. Der kleine Einschnitt kann immer hinlänglich vergrössert werden, wenn der Umfang der herauszunehmenden Geschwulst solches fordert; der zu grosse Einschnitt kann aber nicht kleiner gemacht werden. Den Probeeinschnitt, um sich zu überzeugen, ob Verwachsungen da sind oder nicht, halte ich für verwerflich, weil dieser eben so gefährlich ist als die Operation selbst, d. h. alle die Nachtheile der Laparotomie zur Folge haben kann und diese doch nicht herbeigeführt werden dürfen, ohne der Kranken ein Aequivalent dafür, die Aussicht auf Heilung von ihrem Uebel zu geben. Was den von Bühring vorgeschlagenen Lateralschnitt betrifft und die von ihm nach der Operation empfohlene Lagerung der Kranken auf die operirte Seite, so kann ich a priori keineswegs die günstige Meinung davon hegen, wie Bühring. Dieser hat auch keinen günstigen Fall zum Beweise seiner Vorschläge aufzustellen. Denn von den neun Fällen, die Bühring theils durch Punction, theils durch partielle und totale Exstirpation behandelte, liefen acht tödtlich ab und nur einer, in dem er den Bauch durch den Lateralschnitt öffnete und die verwachsene Geschwulst nicht exstirpiren konnte, sondern solche nur einschnitt, den Inhalt ausleerte, die innere Fläche des Balges mit Höllensteinsalbe bestrich, lief glücklich ab. Wenn Schweine und Kaninchen die Exstirpation der Eierstöcke ganz leicht ertragen, so ist damit noch nicht zugegeben, dass es nur deshalb geschehe, weil bei der Exstirpation der Lateralabschnitt (neben der Schenkelbauchfalte, mit ihr parallel) angewendet und durch die Lage der Thiere der Ausfluss des Wundsecrets begünstigt wird. Denn die Bauchwunde bei diesen Thieren heilt per primam intentionem; ein Ausfluss von Wundsecret findet gar nicht Statt; an der Tuba hängt kein Unterbindungsfaden, die Ligamenta lata eitern nicht oder sehr unbedeutend nach der Entfernung der Ovarien, und die geringe Menge von Blut und Exsudat, welche nach der genannten Operation bei diesen Thieren in die Bauchhöhle kommt, erzeugt keine auffallenden Störungen. Wie oft habe ich jungen Katzen und Hunden den Bauch in der Linea alba aufgeschnitten, Experimente an Gedärmen, Nerven, theilweise Exstirpationen u. s. w. gemacht, dann den Leib zugenäht und anderen Tages waren die Thiere so munter, als sei gar nichts mit ihnen vorgenommen worden. Hier war die Linea alba durchschnitten, kein Lateralschnitt gemacht worden. Demnach kann man die Ovarien-Exstirpation bei den genannten (jungen) Thieren nicht mit derjenigen bei (erwachsenen) Frauen vergleichen, bei denen ganz andere Verhältnisse hinzutreten, abnorme Tuba, Ligamentum latum, Ligatur, eiternder und verjauchender Stiel diesseits der Ligatur u. s. w. Auch ist es nicht wahrscheinlich, dass durch die Seitenlage einer durch den Lateralschnitt operirten Frau der am Ligamentum latum erzeugte Eiter direct zum unteren Winkel der Bauchwunde herausbefördert wird, ohne die im Becken enthaltenen Theile zu berühren. Demnach scheinen mir die Gründe Bühring's nicht das Gewicht zu haben, welches er ihnen beilegt. Und somit scheint der oben von mir vertheidigte Vorschlag vor allen andern bisherigen Operationsmethoden den Vorzug zu verdienen.

Dass die Gegenwart des Ascites bei Ovarialgeschwülsten keine Contraindication der Operation abgibt, hat auch mein zweiter Fall bewiesen. Derselbe gibt eine Bestätigung der Bennet'schen Behauptungen, welcher (Edinburgh Journal, 1846, April) diese Complication von einer Berstung der Ovarialgeschwulst in Folge lokaler Abscedirung herleitet. Die Ascitesflüssigkeit hatte auch in unserem Falle die nämliche Beschaffenheit, wie die in den Cysten der Geschwulst, und Bennet fand auch unter dem Mikroskop die Elemente beider gleich. Wir wollen hiermit nicht behaupten, dass eine lokale Abscedirung ausschliesslich die Oeffnungen in der Geschwulst bewirkt. Letztere kann an einzelnen Stellen durch übermässige Ausdehnung, vom Inhalte bewirkt, bersten, namentlich wenn eine mechanische Gewalt von Aussen gleichzeitig einwirkt, Fälle, die manchmal spontane Heilung einer einfachen Sackwassersucht bewirken. In unserem Falle liess sich an der Oeffnung des

Sackes keine Spur vorausgegangener Abscedirung wahrnehmen. Leider war es in meinem Falle mir nicht möglich, eine mikroskopische Untersuchung der Geschwulst und ihres Inhaltes anzustellen. Die Operirte hatte es zur Bedingung gemacht, dass ich die Geschwulst nicht mitnehmen dürfe; sie wollte solche — falls sie stürbe — mit in's Grab nehmen. Als nach der Heilung mir die Geschwulst eingehändigt wurde, war sie zur Untersuchung nicht mehr brauchbar. Der Ehemann der Operirten hatte es nicht verstanden, sie in Weingeist aufzubewahren.

Wir wollen nicht behaupten, dass in allen Fällen dieser Complication der Ascites aus der geborstenen Ovarialgeschwulst komme; in vielen Fällen mag der Druck der Geschwulst auf die Venenstämme des Unterleibs, wie auch Bühring (a. a. O. S. 61) meines Erachtens ganz richtig bemerkt, den Ascites hervorrufen, indem letzterer schon durch ganz kleine comprimirte Geschwülste im Bauche erzeugt wird. In diesen Fällen wird aber das Oedem an den Füssen selten oder niemals fehlen. Bei der Operation ist es jedenfalls sehr leicht, sich von der einen oder andern dieser Ursachen auf das Genaueste zu überzeugen.

Zum Schlusse füge ich ein kurzes Resumé des von mir vorgeschlagenen letzten Actes der Ovariotomie für die verschiedenen Fälle bei.

I. Kurzer Stiel der Ovarialgeschwulst.

An dem Stiele wird ein kleiner Theil der Geschwulst sitzen gelassen, grösser oder kleiner, je nach ihrer Beschaffenheit, durchschnittlich von der Grösse eines Apfels. Dieser Rest wird in den unteren Wundwinkel gelagert und, durch feste Vereinigung der Bauchwunde dicht oberhalb desselben, in den unteren Wundwinkel eingeklemmt, so dass er letzteren, wie der Pfropf eine Flasche, ausfüllt, fest verstopft. Um solchen noch sicherer in dem unteren Wundwinkel festzuhalten, ein (kaum) mögliches Zurückschlüpfen des Geschwulstrestes in die Bauchhöhle zu verhüten, kann man letzteren mit einigen blutigen Nähten zu beiden Seiten an die Ränder der Bauchwunde befestigen.

Entsteht aus der Schnittfläche des Geschwulstrestes eine stärkere parenchymatöse Blutung, so wendet man das Glüheisen an; einzelne grössere blutende Gefässe kann man unterbinden oder torquiren. Nach der Blutstillung wird ein einfacher Verband angelegt.

II. Langer Stiel der Ovarialgeschwulst.

Wenn man die Geschwulst aus der Bauchhöhle herausgehoben hat und der Stiel so lang ist, dass dessen Insertionstelle in die Geschwulst sich noch ausserhalb (oder vor) der Bauchhöhle befindet, ohne den Uterus mehr zu zerren, so durchsticht man den Stiel, nahe unter seiner Insertionsstelle in die Geschwulst, mittelst einer Nadel, welche eine doppelte Ligatur enthält, unterbindet den Stiel rechts und links, schneidet die Geschwulst nahe über der Ligatur ab und legt den Stiel in den unteren Wundwinkel. Hierselbst wird er, nachdem die übrige Bauchwunde zugenäht ist, so gelagert, dass er ein wenig über das Niveau der Bauchwandung vorragt, und nun mittelst der blutigen Naht an die beiderseitigen Ränder des unteren Wundwinkels dergestalt befestigt, dass die Ligaturstelle entweder äusserlich sichtbar bleibt oder mit der äusseren Haut in gleicher Ebene liegt. In jedem Falle muss die Ligaturstelle vor dem Peritonaeum und den Bauchmuskeln liegen. Kann man, nach der Ligatur des Stiels in Masse, die einzelnen Arterien desselben auf der Schnittfläche isolirt unterbinden, so löst man nach dieser isolirten Unterbindung die Ligatur des Stiels wieder ab. Dieses letztere Verfahren ist dem ersteren vorzuziehen.

Die Ligaturen bleiben natürlich ausser aller Berührung mit dem Bauchfelle, dessen Höhle möglichst hermetisch verschlossen wird. Ein einfacher Verband wird, wie im ersten Falle, angelegt.

Dritter Fall.

Multiloculäres Cystovarium. Mehrjährige Dauer der Krankheit. Ovariotomie nach der Extra-Peritonäal-Methode. Vollständige Heilung.

Fünfzehn Jahre nach Ausführung der zweiten Ovariotomie erhielt ich Gelegenheit, diese Operation abermals, und zwar unter günstiger Prognose, auszuführen. Die Geschichte dieses Falles beschrieb ich in Dr. A. Göschen's „Deutscher Klinik“, 1863, No. 34 u. 35, wie folgt.

Geschichte einer Eierstocks-Exstirpation (Ovariotomie).

Am 16. Juni 1863 bat mich die unverheirathete Eva Plaut, eine mittelgrosse Brünette von cholerischem Temperamente, 30 Jahre alt, aus Kappel bei Fritzlar, um Hülfe. Seit drei Jahren verspürte sie eine, von der rechten Unterbauchgegend aufsteigende, allmälig immer zunehmende Geschwulst des Unterleibes. Ursächliche Verhältnisse waren der Kranken nicht bekannt; sie hatte sich bis dahin stets gesund gefühlt, als Dienstmagd in Mühlhausen im Elsass ziemlich schwere Arbeiten verrichtet. Mit Zunahme der Geschwulst minderten sich ihre Kräfte, und so musste sie ihren Dienst verlassen und ärztliche Hülfe suchen. Alles, was sie bisher innerlich und äusserlich gebraucht, war aber vergeblich geblieben.

Die von mir unternommene Untersuchung ergab eine enorme Ausdehnung des Unterleibes, wie bei einer mit Zwillingen oder Drillingen schwangeren Frau kurz vor der Niederkunft. Die Ausdehnung war gleichmässig, die Spannung des Unterleibes ziemlich stark, feste Theile waren nirgends durchzufühlen. An allen Stellen war die deutlichste Fluctuation nachzuweisen. Ein Wallnuss grosser Nabelbruch enthielt eine reponirbare Darmschlinge, soweit das Gefühl beurtheilen liess. Die Untersuchung per vaginam ergab eine noch jungfräuliche Vaginalportion, die in der Führungslinie stand; den Körper der Gebärmutter fühlte man deutlich nach vorn geknickt im vorderen Theile des Laquear vaginae von normaler Grösse. Der Muttermund stand ziemlich hoch. Beim tieferen Betasten des hinteren und vorderen Theils des Laquear vaginae konnte man nirgends einen andern harten Körper wahrnehmen, das kleine Becken schien gewissermassen leer zu sein. Auch die Untersuchung per Rectum ergab nichts anderes, was nicht die Untersuchung durch die Scheide ergeben hätte. Im Uebrigen zeigte die Percussion und Auscultation, dass Lungen, Herz, Leber, Milz etc. in normalem Zustande, jedoch durch die Geschwulst auffallend in die Höhe gedrängt waren. Die Patientin hatte guten Appetit und Schlaf, Stuhl- und Urinausleerung waren normal, die Menses waren noch vor 14 Tagen regelmässig vorhanden gewesen. Die Kranke hatte einen langsamen, doch ziemlich vollen Puls von 60 Schlägen in der Minute, gesunde Farbe des Gesichts, war aber sehr mager, und wurde bei jeder Körperbewegung oder geringen Anstrengung ganz athemlos. Ausser einem sehr lästigen Druck in der rechten Unterbauchgegend, ausser der grossen Schwäche und der Beschwerde durch die Geschwulst beim Gehen etc., hatte die Patientin keine anderweiten Klagen.

Es schien somit höchst wahrscheinlich, dass hier eine Vergrösserung des rechten Ovariums stattfand, und die Ovariotomie musste — bei der Grösse des Uebels — als das einzige Rettungsmittel angesehen werden.

Um mich von der Qualität der die Geschwulst der Hauptsache nach bildenden Flüssigkeit genauer zu überzeugen, hauptsächlich aber um durch Entfernung eines Theils der Flüssigkeit den Unterleib collabiren zu lassen und dann eine genauere Erkenntniss der Geschwulst durch die Palpation zu erlangen, nahm ich am 19. Juni, in Gegenwart meines Collegen Dr. Schwarzenberg, die Punction des Unterleibes mittels eines ganz feinen Troikarts vor, und zwar in der Linea alba, in der Mitte zwischen Schambeinfuge und dem Nabel. — Es floss eine eiweissartige, farb- und geruchlose Masse aus, und nachdem etwa 4 bis 5 Unzen entleert waren, hörte der Ausfluss auf.

Bei Einführung einer feinen Sonde durch die Canüle stiess man auf einen festen Widerstand, der Ausfluss der viscösen Flüssigkeit erneuerte sich, nach Entfernung der Sonde, nicht wieder. Ich zog daher die Canüle des Troikarts aus, und beschloss die Ausführung der Ovariotomie. Dieselbe fand statt am 21. Juni, Nachmittags 5 Uhr; nachdem Patientin freiwillig den Urin entleert, und vorher schon Stuhlgang gehabt hatte, wurde, unter Assistenz des Hrn. Dr. Schwarzenberg, des Zahnarztes Bender und einiger Gehülfen, die Patientin passend gelagert, dann in tiefe Narkose versetzt (durch ein Gemisch gleicher Theile Aether und Chloroform) und nun ein Schnitt durch die Bauchhaut in der Linea alba, von dem Nabel bis zur Symphyse, geführt. Die Länge dieses Schnitts betrug 10—11 Zoll. Hiernach schnitt ich die übrigen Theile der Linea alba in der bezeichneten Ausdehnung ein, und öffnete dann das Bauchfell in der Länge von zwei Zoll. Die Geschwulst präsentirte sich jetzt als eine weisse, atlasglänzende, pralle, sehnige Masse, in welcher das feine Loch, welches ich am 16. Juni durch den Troikart gestochen hatte, sich als eine scharfe kreisrunde, ½ Linie im Durchmesser haltende Oeffnung, ohne irgend eine Spur von Entzündungsröthe oder sonstiger Veränderung an den Rändern zeigte. Durch diese Oeffnung sah man eine gallertartige, dickliche, glaskörperähnliche Masse ein wenig hervorragen, nicht aber austreten; und durch diese klare, durchsichtige Masse hindurch sah man in einen grossen tiefen Hohlraum, der mit eben bezeichneter Masse erfüllt war. Ich stiess einen dicken Troikart in die feine Oeffnung, und entleerte gegen vier Schoppen der beschriebenen Flüssigkeit. Als der Ausfluss aufgehört hatte, weil diese Cyste ganz entleert war, setzte ich einen scharfen Haken in die Geschwulst und suchte sie aus der Bauchwunde hervorzuziehen. Die Geschwulst war aber unbeweglich. Ich schlitzte daher die entleerte Cyste durch einen Längsschnitt von 2—3 Zoll auf, und gewahrte nun, dass ihre hintere Wand die Scheidewand zwischen ihr und einer zweiten Cyste bildete. Ich stiess einen dicken Troikart durch diese Scheidewand, und entleerte eine eminente Menge einer Flüssigkeit, welche wässeriger, als die der ersten Cyste, und grünlich gefärbt war. Der Leib fiel von oben her bedeutend zusammen, als diese enorme Cyste entleert war, und als ich jetzt mit scharfen Haken die Geschwulst hervorzuziehen suchte, folgte dieselbe dem Zuge theilweise, und es kam eine neue Cyste zum Vorschein, deren dickerer Inhalt gleichfalls mit dem Troikart entleert wurde. Hiernach wurden noch fünf kleinere und grössere Cysten, durch allmäliges Hervorziehen der Geschwulst mit Hakenzangen, zur Bauchhöhle herausgeführt und mit dem Troikart entleert; ihr Inhalt war verschieden; bei einigen klar und gallertartig, zähe, bei andern chocoladeartig, flüssig. Der Unterleib der Kranken war jetzt ganz zusammengefallen, und ich hoffte nun zum Stiele der Geschwulst gelangen zu können. Ich suchte also mittelst Haken die Geschwulst ganz aus der Bauchhöhle herauszuziehen, fand aber hierbei, dass die grössere Hälfte ihrer vorderen Oberfläche mit dem Peritonaeum der linken Seite ziemlich fest verwachsen war. Ich setzte daher neue Haken in die rechte Seite der Geschwulst, um vorerst einmal die freien, nicht verwachsenen Partien zu Gesicht zu bekommen, resp. aus der Bauchhöhle heraus zu befördern. Dies gelang durch vorsichtigen allmäligen Zug, während mit aller Aufmerksamkeit ein Vorfall der Gedärme verhütet wurde. Ich hatte endlich die rechte Seitenhälfte und den oberen Rand der Geschwulst grossentheils frei vor Augen, und ging nun an die Lösung der Adhäsionen. Ich fühlte, wie bei mässigem Zuge dieselben, ohne Messerschnitte, sich lösten, und bald hatte ich die ganze Gchwulst, nachdem die Wunde des Bauchfells genügend (um 4—5 Zoll) erweitert worden war, bis zum Stiele derselben aus der Bauchhöhle herausbefördert. Die fast ganz entleerte Geschwulst bildete jetzt noch eine Masse von der Dicke eines Mannskopfs, aber noch viel länger, als ein solcher. Nahe oberhalb des Stieles befand sich noch eine apfelgrosse Cyste, die uneröffnet blieb. Der Stiel hatte die Dicke eines Kinderarms, die Geschwulst erwies sich als das rechte Ovarium; der Uterus und das linke Ovarium (welches letztere genau ausserhalb der Bauchwunde untersucht wurde) erwiesen sich als gesund und wurden reponirt. — Der abgeplattete weiche Stiel wurde nun, möglichst nahe an der Geschwulst, um ihn recht lang zu lassen, mit einer seidenen, starken Doppelligatur, welche durch seine Mitte geführt ward, durchstochen, die Ligaturen beiderseits fest geschnürt, und die Geschwulst abgeschnitten. Der Stiel wurde hierauf mittelst einer 4 Zoll langen, entsprechend dicken Lanzennadel im untersten Wundwinkel so befestigt, dass seine Durchschnittsfläche einen Zoll über dem Niveau des Unterleibes (der Bauchhaut) hervorstand. Die Nadel ging nämlich durch die Wundränder der ganzen Bauchwand beiderseits (inclusive des Peritonaeums) und durch die Mitte des Stiels unterhalb der Doppelligatur hindurch. Eine umwundene Naht schloss jetzt den untersten Winkel der Bauchwunde und klemmte in demselben den Stiel der Geschwulst fest ein. Die übrige Bauchwunde[1]) vereinigte ich durch vier Knopfnähte mittelst der Graefe'schen Fadenbändchen, wobei ich das Peritonaeum mitfasste. Darauf wurden lange Heftpflasterstreifen, welche quer den ganzen Unterleib und Rücken umgaben, angelegt, hiermit der Verband beendigt, und die Patientin zu Bette gebracht.

Die Operation sammt Verband hatte etwas über eine Stunde gedauert: es waren höchstens 3 Unzen Blut verloren gegangen. Die Operirte erwachte nach kaum viertelstündlicher Narkose, und sah ganz muthig der Ausleerung der Cysten und dem weiteren Operationsverlaufe zu; klagte auch nicht über heftige Schmerzen. Als sie zu Bette gebracht war, hatte sie einen Puls von 60 Schlägen in der Minute, fast ruhiger als vor der Operation.

Abends 9 Uhr stieg der Puls auf 85 Schläge; die Kranke liess, zum ersten Mal seit der Operation, klaren, nicht sehr dunkel tingirten Urin; klagte aber über gar keine Beschwerden.

In der Nacht schlief die Kranke unterbrochen, urinirte wiederholt, hielt sich aber nicht ruhig genug im Bette. Neben dem Stiele der Geschwulst ergoss sich ein wenig Blut. Ob solches aus der Bauchhöhle gekommen war, aus den getrennten Verwachsungsstellen des Peritonaeum, oder aus dem Stiele der Geschwulst, konnte nicht entschieden werden.

Am 22. Juni. Morgens 9 Uhr fand ich die Operirte in ganz befriedigendem Zustande. Der Gesichtsausdruck war gut, die Haut mässig schwitzend, von normaler Wärme, der Puls hatte 80 Schläge in der Minute, der Durst war sehr gering. Die Patientin genoss mehrere Male leichte Hühner- oder Kalbsbouillon, fand aber ihr Lager unbequem und bewegte sich viel hin und her. Im Laufe des ganzen Tages sickerte Blut, in mässiger Quantität, aus dem unteren Wundwinkel aus. Die Patientin hustete häufig, doch fand sich die Lunge nirgends afficirt. Es wurde der Kranken die strengste Ruhe empfohlen. Abends 9 Uhr fand ich den Zustand, wie am Morgen, ganz befriedigend. Im Laufe der Nacht verstärkte sich die Blutung, es traten wiederholte Ohnmachten ein. Als ich, Morgens 6 Uhr, zur Kranken gerufen ward, fand ich einen starken Bluterguss, circa 3 Pfund, theils als Coagulum den Unterleib bedeckend, theils in der Wäsche und dem

[1]) Nach collabirten Bauchdecken war die anfangs 10—11 Zoll lange Bauch- resp. Hautwunde nur noch 3—3½ Zoll lang.

Bette. Ich nahm, unter Assistenz meines Collegen Schwarzenberg, alsbald den ganzen Pflasterverband ab, reinigte die Wunde und den Stiel mit in laues Wasser getauchten Schwämmen, und fand bei aufmersamster Untersuchung, dass die Blutung aus der seitlichen Fläche des Stiels (einem Theile der Schnittfläche) hervorkam, es sickerte hier ohne Unterbrechung aus. Ich zog daher den Stiel mit einer Hakenzange stark hervor, durchstach denselben mit einer seidenen Doppelligatur an der nämlichen Stelle, wo die erste Ligatur angelegt worden war, unterband nach beiden Seiten hin, und sofort war die Blutung gestillt. Ohne Zweifel hatte die erste Ligatur, wegen der Dicke des Stiels, die Arterien desselben nur anfangs ganz verschlossen; später aber, als die die Arterien umgebenden Weichtheile dem Drucke der Ligatur wichen, war letztere nicht eng genug, um die Arterien dauernd verschlossen zu halten; sie war relativ zu weit geworden, daher die Blutung, um so mehr, als die Kranke nicht ruhig lag, und also eine Thrombusbildung nicht zu Stande kam. Die grosse Schwäche abgerechnet, befand sich die Kranke übrigens nach dieser Unterbindung ganz wohl. Der Bauch war ganz klein, schmerzlos. Die Patientin trank mit Behagen etwas Wein und nahm später Bouillon. Drei Stunden nach der eben beschriebenen Unterbindung des Stiels fand ich die Operirte ganz munter, wohl aussehend und über Hunger klagend. Urin war wiederholt gelassen; Puls 85—90, voller, Haut warm, schwitzend.

Abends 6 Uhr klagte Patientin sehr über Hitze, sie hatte einen Puls von 115. Ob sie nun zu viel Wein und Bouillon getrunken hatte, oder ob sie in Folge der hohen Lufttemperatur des heutigen Tages (wir hatten + 21° R. im Schatten) so unbehaglich und aufgeregt war, blieb unentschieden. Sie hatte übrigens im Laufe des Tages wiederholt einige Stunden geschlafen, auch hatte sich die Blutung nicht wiederholt.

Am 24. Juni. Patientin hat in der verflossenen Nacht nur wenig, gegen Morgen mehr, im Ganzen 3 Stunden geschlafen, war sehr muthlos, ihr Blick war sehr matt, ihr Gesicht collabirt, zuweilen stellte sich Irrereden ein. Puls 100, regelmässig; Durst stark, Zunge belegt, feucht. Unterleib weich, klein, schmerzlos, keine Blutung. Zuweilen trat Husten ein. Der Stiel der Geschwulst ist durchaus brandig (Folge der nun gründlich wirkenden Ligatur), und verbreitet einen sehr penetranten üblen Geruch.

Woher die Delirien? Von der Anämie, von dem brandigen Stiele des Geschwulst? Ersteres ist wahrscheinlich. Abends 6 Uhr fand ich die Kranke bedeutend besser, sie hatte im Laufe des Tags viel geschlafen; sie sah besser aus, war heiter, hatte viel Bouillon, mässig Wein genossen. Durst geringer, Puls 100.

25. Juni. Vorige Nacht hatte die Operirte einmal 3 Stunden anhaltend, ausserdem mit Unterbrechungen geschlafen. Ihr Aussehen war gut, Puls 96, voll, weich. Die Haut schwitzt mässig, der Urin ist klar und hell. Uebrigens Alles gut. Patientin geniesst, wie gestern, 3—4 Mal eine Tasse Bouillon, zwischendurch etwas Wein, Wasser mit Fruchtsäften.

26. Juni. In verflossener Nacht war Patientin schlaflos und unruhig; weshalb —? blieb unklar. Wahrscheinlich hatte sie gestern Abend zu viel geplaudert und gelacht. Sie klagt (7 Uhr Morgens) sehr über Schmerz in der Wunde. Ich nehme den Verband ab; der Stiel der Geschwulst ist in eine schmierige, schwarze, halbflüssige, sphacelirte Masse verwandelt. Die Bauchwunde war per primam intentionem verheilt. Nach Entfernung der Brandjauche, Reinigung der betreffenden Theile ist aller Schmerz verschwunden. Puls 90. Der einfache Charpieverband wird täglich zwei Mal erneuert.

27. Juni. Patientin befindet sich in jeder Beziehung gut; hat heute nach einem erweichenden Klystier einen reichlichen Stuhlgang gehabt zum ersten Male seit der Operation, wodurch sie sich sehr erleichtert fühlt. Am folgenden Tage (28. Juni) wurden die obersten Bauchnähte entfernt, und ein Collodiumverband an deren Stelle gesetzt. Am 29. Juni trat freiwillig Stuhlentleerung ein, alle Functionen ganz normal, Schlaf die ganze Nacht ohne Unterbrechung. Abends ward die letzte Bauchnaht entfernt; die starke Nadel, welche durch den Geschwuststiel und die Bauchwandungen geführt worden war, hatte die ganze Dicke der Bauchwand (durch Eiterung) durchschnitten[1]) und lag jetzt ganz frei da, mit Ausnahme einer kleinen Stelle in der Mitte. wo sie durch einen Theil des Geschwulststiels geht, der weiss und sehnenartig aussieht. Da diese Nadel in dieser Weise einzig und allein den Stielrest nach aussen festhält, und nicht sicher zu sagen ist, ob die Adhäsionen des Stiels mit der Bauchwandung, resp. den ehemaligen Wundrändern so fest sind, dass sie den Stiel unverrückt zwischen den vereinigten Wundrändern der Bauchwandung festhalten, oder nicht, so lasse ich die Nadel ganz ruhig liegen.

30. Juni. Befinden durchaus gut. Der Stielrest auf der grossen Nadel ist ganz locker; ich schneide ihn daher mit der Scheere durch und entferne die Nadel; die erste Ligatur löst sich heute. Der Stumpf

---

[1]) Es geschah dieses trotz kleiner Leinwandstückchen, die von Anfang an zwischen Nadelenden und Bauchhaut gelegt waren.

des Stiels erscheint im unteren Wundwinkel fest gewachsen, die Eiterung ist ganz mässig.

Das Befinden der Operirten besserte sich nun von heute an in raschen Schritten. Am 2. Juli ging die Hälfte der zweiten Ligatur ab. Vom 9. Juli an wurde täglich nur ein Mal der Verband erneuert, da der untere Wundwinkel nur noch in der Länge und Breite von $\frac{3}{4}$ Zoll eitert, alles Andere fast vernarbt ist.

Am 27. Juli ist die Wunde nahezu vernarbt. Seit 8 Tagen verlässt die Operirte täglich ihr Bett, und ist seit einigen Tagen auch bereits spazieren gegangen. Es ist aber noch die eine Hälfte der zweiten Ligatur zurück und sitzt sehr fest. Da, wegen der Dicke des Stiels, die Ausstossung dieser Ligatur möglicher Weise noch lange auf sich warten lassen dürfte, so legte ich heute ein Instrumentchen an, mittelst dessen ich die Ligaturfäden in eine kleine Welle wickelte und letztere mittelst eines Zahnrades feststelle, nachdem die Ligatur allmälig angezogen worden, ähnlich wie an Stromeyer's Klumpfussmaschine das Fussbrett gestellt wird (natürlich im kleinsten Maassstabe).

Am 28. Juli hatte sich die Ligatur so weit aus dem Unterleib herausgehoben. dass ich die Schlinge derselben sehen konnte; ich schneide solche mit einer Scheere durch und entferne die Ligatur. Die Schlinge derselben, als Kreis gedacht, hatte einen Durchmesser von mehr als $2\frac{1}{2}$ Linie. Die Patientin ist übrigens ganz wohl, und seit 3 Tagen normal menstruirt.

Wenige Tage nachher war die Wunde ganz vernarbt, und die Kranke, welche unterdess ein blühend gesundes Aussehen erlangt hatte, kehrte geheilt in ihre Heimath zurück. —

Die Menge der in der Geschwulst enthalten gewesenen Flüssigkeit betrug 62 bis 63 Schoppen. Ein Gefäss, welches, nach genauer Messung, 11 Schoppen Flüssigkeit fassen konnte, wurde während der Operation fünf Mal ganz, und ein Mal zur Hälfte davon gefüllt; zwei bis drei Schoppen mochten nebenher auf den Fussboden geflossen sein. Die ganze Flüssigkeit erstarrte einige Stunden nach der Ausleerung zu einer geléeartigen Masse. Eine qualitative chemische Analyse derselben, durch unseren geschickten Chemiker, Dr. Wiederhold, Lehrer der Chemie an der polytechnischen Schule dahier, angestellt, ergab: 1) Albuminate, vorwiegend; 2) Extractivstoffe, sehr gering, darunter 3) Harnstoff (Spuren); 4) Farbstoffe, in auffallend geringer Menge, die alkoholischen und ätherischen Auszüge waren beinahe farblos; 5) Fett, bei gewöhnlicher Temperatur flüssig (sehr wenig); 6) Salze, vorzugsweise aus Chlornatrium bestehend; daneben sehr kleine Mengen von schwefelsaurem und phosphorsaurem Natron.

Die Wandungen der Cysten waren zum Theil von beträchtlicher Dicke; sie bestanden durchweg aus einer festen, derben, fibrösen, sehnenartigen Bindegewebsmasse. Eine genauere mikroskopische Untersuchung derselben habe ich bis jetzt noch nicht unternommen. —

Epikritische Bemerkungen. Der im Vorstehenden beschriebene Fall ist der dritte von mir unternommene Operationsfall dieser Art. Die Geschichte des im Jahre 1834 unternommenen (unglücklich abgelaufenen) beschrieb ich vor nunmehr 22 Jahren, im Jahre 1841, in Holscher's „Hannoverschen Annalen für die gesammte Heilkunde", Neue Folge 1. Jahrgang 1841, 3. Heft, S. 306—309 u. ff. Den zweiten (glücklich abgelaufenen) im Jahre 1848 operirten Fall machte ich im darauf folgenden Jahre 1849 bekannt, in den „Jenaischen Annalen fur Physiologie und Medicin", herausgegeben von Domrich, Martin, Ried, Schleiden etc., redigirt von Th. v. Hessling, 1. Band, 2. Heft 1849, p. 130 u. ff.

An beiden eben genannten Orten habe ich ausführlich über die Art und Weise geredet, wie die Gefahren der Ovariotomie auf ihr Minimum gewissermassen herabzusetzen sind, dadurch, dass man — nach beendeter Operation — die Höhle des Bauchfells, ohne irgend einen fremdartigen Körper darin zurückzulassen, hermetisch gleichsam schliesst, die Wundfläche des Stiels nach aussen legt, und somit Blutung wie Eiterung von der Höhle des Peritonaeums ausschliesst.

Unstreitig ist es diesen Umständen in dem vorliegenden Falle zu danken, dass die Kranke geheilt wurde, ohne irgend einen Tropfen Arznei zu nehmen, ohne irgend eine Spur von Peritonitis trotz ausgedehnter Verwundung des Bauchfells bei Trennung der sehr bedeutenden Verwachsungen mit der Geschwulst.

Die Anwendung der Doppelligatur, resp. der Ligature en masse des Stiels, welche ich principiell nicht billige, sondern — als fast regelmässige Ursache von Nachblutungen bei dickem Stiele — verwerfen muss, schien mir in vorliegendem Falle deshalb geboten, weil ich eine Erschöpfung der Operirten befürchtete durch längere Dauer der Operation, und weil die Aufsuchung etc. der einzelnen Arterien auf der Durchschnittsfläche der Geschwulst eine unverhältnissmässig lange Zeit in Anspruch genommen haben würde.

Mein Vorschlag ist, seitdem ich ihn gemacht, seit den letzten 22 Jahren also, in fast allen Ländern der Erde, in England, Amerika, Deutschland etc., vielfach ausgeführt worden, und ihm ist, meines Erachtens, allein die glücklichere Statistik der Ovariotomie in neuerer Zeit zu danken. Nirgends aber wurde des Autors erwähnt; vielmehr liest man häufig, es sei „nach englischer Methode" operirt worden. So wenig mir nun auch daran gelegen sein kann, ob ich oder ein Anderer das allein heilbringende Operationsverfahren bei der Ovariotomie erfunden, wenn solches überhaupt nur in Ausführung kommt, so glaube ich es doch, im Interesse der Geschichte der Ovariotomie und der Wahrheit überhaupt, nicht unbemerkt lassen zu müssen, wer zuerst die richtigen Grundsätze aufgestellt hat, die bei der Ausführung der Ovariotomie in Anwendung kommen müssen, wenn man die Gefahren dieser bedeutenden Operation, soweit solches überhaupt der Hand des Operateurs möglich ist, beseitigen will. Ich verweise daher nochmals auf die beiden oben von mir angeführten Aufsätze über Ovariotomie vom Jahre 1841 und 1849, und recapitulire hier die von mir zuerst aufgestellten Grundsätze noch einmal:

1) Nach beendigter Ovariotomie, d. h. nach Herausnahme der Geschwulst aus der Bauchhöhle und nach Trennung derselben von ihrem Stiele, darf der letztere nicht wieder in seiner Totalität in die Bauchhöhle zurück gebracht werden; vielmehr ist es geboten, dass

2) die Schnittfläche oder das Ende des Stiels ausserhalb der Bauchhöhle gelagert und befestigt werde, damit die spätere Eiterung des Stieles mit dem Bauchfell nicht im Mindesten in Berührung kommt, sondern frei auf der Oberfläche des Unterleibes resp. der Bauchhaut stattfinde, und dass die Wundfläche des Stieles den Augen und der Hand des Operateurs zugänglich bleibe.

3) So wenig, wie der von der Schnittfläche des Stiels ausgehende Eiter mit der Bauchhöhle resp. dem Peritonaeum in Berührung kommen darf, eben so wenig darf auch die Möglichkeit zugelassen werden, dass eine aus dem Stiele eintretende Nachblutung in die Höhle des Peritonaeums gelangen könne. Vielmehr muss auch eine Hämorrhagie — wenn solche überhaupt eintritt — nicht anders als nach aussen sich ergiessen können, dadurch dem Operateur kenntlich werden und ihm die sichersten und leichtesten Mittel zu ihrer Beseitigung an die Hand gegeben sein.

4) Nach beendeter Operation und nach beendetem Verband muss die Bauchhöhle so fest (gleichsam hermetisch) verschlossen sein, dass die Unterleibseingeweide keiner anderweiten schädlichen Einwirkung, als den während der Operation stattgefundenen, nun aber vorüber gegangenen, ausgesetzt sind, also nicht den Einwirkungen von (Berührung der Baucheingeweide durch) Ligaturen des Stiels; auch nicht von Blut und Eiter, die von letzterem ausgehen könnten.

5) Bei langem Stiel der Geschwulst wird letztere ganz abgeschnitten, bei kurzem Stiele bleibt ein kleines Stück der Geschwulst, taubenei- bis faustgross an dem Stiele sitzen. Letzterer (resp. der Stiel

oder der Geschwulstrest) muss den unteren Wundwinkel verschliessen, wie der Stöpsel eine Flasche.

6) Die Ligature en masse des Stiels muss, wo immer möglich, vermieden werden. Sie disponirt zu Nachblutungen um so mehr, je dicker der Stiel ist.

7) Die isolirte Gefässdurchschlingung, Torsion oder Unterbindung der im Stiele enthaltenen grösseren Arterien bleibt das beste und sicherste Mittel. Musste wegen Kürze des Stiels ein Geschwulstrest, eine Art Teller, sitzen bleiben, wie eine Placenta an der Nabelschnur gleichsam, so stillt man die durch den Schnitt (welcher die Hauptgeschwulst vom Reste trennt) entstehende Blutung durch die obengenannten Mittel oder durch das Glüheisen, oder man wendet das Ecrasement linéaire statt des Messers an, wenn der durch letztere Operation bedingte Zeitverlust nicht zu störend wirkt.

Hatte ich bis zum Jahre 1863 nur drei Male Gelegenheit gehabt, die Ovariotomie auszuführen, so wurde dieselbe in den beiden folgenden Jahren mir desto häufiger zu Theil; denn ich machte in den Jahren 1864 und 1865 die Ovariotomie sieben Mal. Den vierten und fünften Fall beschrieb ich in Dr. B. Schuchardt's Hannoverscher Zeitschrift für practische Heilkunde, 1865, 1. Heft, in ausführlicher Weise, wie folgt [1]):

Vierter Fall.

Grosses Cystovarium vom rechten Eierstock ausgehend, über vierzig Pfund Flüssigkeit haltend; lange Dauer der Krankheit. Bedeutende Verwachsungen mit dem Netze. Ovariotomie nach der Methode des Autors. Heilung.

Im Juli 1864 kam das 32jährige Fräulein K.... aus Einbeck auf den Rath ihres Hausarztes, des Herrn Sanitätsraths Dr. Mende, nach

---

[1]) Ich lasse die Einleitung zu diesem Aufsatze hier weg, weil sie durch das Vorausgehende überflüssig wird. Ich hob darin hervor, dass die von mir als Extra-Peritonäal-Methode bezeichnete Modification als ein Markstein bezeichnet werden müsse, der eine neue Epoche für die Ovariotomie beginnt, weil durch sie diejenigen Ursachen beseitigt werden, welche bisher in der Regel den tödtlichen Ausgang der Operation herbeiführten.

Cassel, um wegen einer bedeutenden Geschwulst des Unterleibs, welche College Mende für eine Cystengeschwulst des rechten Ovariums hielt, und deren Heilung seiner Ansicht nach nur durch die Ovariotomie möglich war, meinen Rath einzuholen. Patientin, eine mittelgrosse, gut gewachsene Dame mit hellem Teint, blauen Augen, röthlich-brünetten Haaren, von sanguinischem Temperament und kräftigem Knochen- und Muskelbau, stammt aus einer Familie, in welcher mehrere Glieder schwerhörig sind, wie sie selbst. Die Mutter ist eine gesunde, wohlgebildete Frau; der Vater starb im 60. Lebensjahre am Mastdarm-Krebs. In der Entwickelungsperiode fiel es den Angehörigen auf, dass Patientin einen auffallend starken Unterleib hatte, und sie wurde oft ermahnt, den Leib doch mehr einzuziehen, nicht so vorgestreckt zu halten. Die Katamenien traten im 15. Lebensjahre regelmässig ein, Patientin entwickelte sich geistig und körperlich gut; aber der Unterleib war stets auffallend stark. Im Jahre 1860 fing die Geschwulst des Unterleibs an, sich zu vergrössern, und man glaubte, dass Patientin, die allmälig blasser wurde und von Zeit zu Zeit heftige Schmerzen empfand, an der Wassersucht leide. Herr Dr. Mende stellte endlich die obenbezeichnete Diagnose. Bei der von mir vorgenommenen Untersuchung der intelligenten, sehr gefassten, muthigen Patientin fand ich deren Unterleib in hohem Grade ausgedehnt, wie bei einer Hochschwangeren. Die Palpation ergab, dass die pralle Geschwulst gleichmässig weich war und nur oben links unter dem Rippenrande einige auffallend harte Stellen durchfühlen liess. Die Percussion ergab überall einen matten Ton, und die Fluctuation liess sich an allen Stellen des Unterleibs so deutlich wahrnehmen, dass nicht der leiseste Zweifel hierüber bestehen konnte. Bei der Untersuchung per vaginam, wobei der untersuchende Finger das sehr straffe Hymen zu zerreissen nicht umgehen konnte, fand sich die normale Vaginalportion des Uterus horizontal nach vorn gerichtet. Durch den vorderen Theil des Laquear vaginae fühlte ich den Körper des Uterus, der nach vorn geknickt war, ganz deutlich über dem Laquear herliegend, von normalem Umfange. Im Uebrigen fühlte sich der ganze Raum des kleinen Beckens vom Scheidengewölbe aus wie leer an, nirgends war eine Geschwulst oder harte Stelle durchzufühlen.

Die Untersuchung des Mastdarms mit dem eingebrachten Zeigefinger liess deutlich die Vaginalportion des Uterus unterscheiden; vom Körper des Uterus liess sich aber begreiflicherweise nichts fühlen. Der ganze Beckenraum schien — auch vom Mastdarm aus gefühlt — wie leer zu sein; nirgends eine Geschwulst, Härte, Widerstand.

Die fernere Untersuchung ergab, dass das Herz, die Lungen, Leber, Milz u. s. w. in ganz normalem Zustande, und alle Functionen des Körpers in Ordnung waren. Unter diesen Umständen konnte ich nicht anders, als die von meinem Collegen Mende gestellte Diagnose völlig bestätigen und die von ihm vorgeschlagene Exstirpation der Geschwulst als das einzige Heilmittel bezeichnen.

Am 7. September 1864, Mittags 1 Uhr, vollzog ich in Einbeck die Operation, unter Assistenz des Herrn Sanitätsraths Mende und der Herren Doctoren Schwarzenberg, Endemann, Bartsch und meines Sohnes in folgender Weise: In der Mitte zwischen Nabel und Symphysis ossium pubis begann ich, nachdem die Patientin freiwilligen Stuhlgang gehabt und den Urin entleert hatte, und nach eingeleiteter Chloroform-Narkose, in einem gut erwärmten Zimmer den Hautschnitt in der Linea alba und führte ihn bis zur Symphyse abwärts. Er hatte eine Länge von 3—3½″. Es wurde mit der nöthigen Vorsicht die Muskelschicht und das Bauchfell durchschnitten, und nun präsentirte sich ein kleiner Theil der Vorderfläche des Tumors als eine glatte, glänzende, bläulich schimmernde, gegen Fingerdruck nachgiebige Cystenpartie. Ich stach einen dicken Troikart nahe dem unteren Wundwinkel ein. Nach zurückgezogenem Stilet entleerte sich eine schmutzig braune, dickflüssige Masse in continuirlichem Strome, im Ganzen drei grosse Waschnäpfe und ein grosses Nachtgeschirr voll. Ich setzte jetzt mehrere scharfe Haken ein, um die Geschwulst aus der Wunde hervorzuziehen; es zeigten sich aber hierbei ziemlich ausgebreitete feste Verwachsungen am oberen und linken Seitenrande der Geschwulst mit dem Netze, und es war nicht möglich, durch mässig starken Zug diese Verwachsungen zu trennen, noch viel weniger die Geschwulst aus der Wunde hervorzuziehen. Ich trennte also die Verwachsungsstellen, dicht an der fibrösen Haut des Tumors die Messerschneide stets führend, mit aller Vorsicht ab; die Blutung dabei war sehr unbedeutend; wo ein grösseres Gefässchen erschien, bediente ich mich des Scalpellstiels, und riss mehr als dass ich schnitt. Nach Beendigung dieser Adhäsionstrennung war es aber noch immer nicht möglich, die so sehr beträchtlich verkleinerte Geschwulst aus der Bauchwunde hervorzuziehen; es präsentirte sich, als ich den rechten Seitenrand der Geschwulst mit der Muzeux'schen Zange hervorzuziehen suchte, eine neue grosse Cyste. Ich stach einen dicken Troikart in dieselbe und entleerte aus ihr eine milchweisse, sehr zähe, gallertartige Masse, ganz verschieden von der aus der zuerst angestochenenen Cyste ausgeleerten; nachdem ein halber Waschnapf voll ausgeflossen war, schien die Cyste entleert, und jetzt gelang es, den ganzen Tumor aus der Bauchhöhle herauszuziehen und zu seiner Basis zu gelangen. Es ergab sich, dass wir das entartete rechte Ovarium vor uns hatten; die Tuba Fallopii hing an demselben an; nahe den Fimbrien der letzteren, so wie in dem breiten Mutterbande erschienen einige kleine, erbsengrosse Cysten; an dem Tumor selbst, oben links, waren noch 3 · 4 kleine, apfelgrosse, uneröffnete Cysten, welche vor der Operation als harte Massen unter dem Rippenrande fühlbar gewesen waren. Der Tumor sass an zwei Stielen fest, einem grossen, breiten, derben, dem veränderten Ligamentum latum, und an einem weniger umfangreichen, weicheren, mit der Tuba Fallopii eng verbundenen. Ich legte zuerst eine Ligatur um den dicken Stiel, und 1″ oberhalb derselben schnitt ich die Basis der Geschwulst ab, indem ich einen etwa apfelgrossen Rest der letzteren am Stiele zurückliess; eben so legte ich eine Ligatur um den dünneren und weichen Stiel nahe an dessen Insertionsstelle in den Uterus, und schnitt 1—1½″ oberhalb der Ligatur auch diesen Stiel durch. Die ganze Geschwulst wurde nun entfernt, und jetzt schritt ich zur „Toilette" der Stiele. Der dicke Stiel wurde, weil es nicht anders möglich war, oberhalb des unteren in die Mitte der Bauchwunde befestigt, indem ich eine etwa 1‴ dicke und 5″ lange Lanzen-Nadel quer durch die ganze Dicke der beiderseitigen Wundränder, resp. der Bauchwandungen, einschliesslich des Peritonäums und durch die Mitte des Stieles nahe unterhalb der Ligatur hindurchstiess. Die Ränder der Bauchwunde wurden oberhalb und unterhalb des Stieles durch die Achter-Touren wie bei der umwundenen Naht mittelst starker Baumwollenfäden, die unter und über den Enden der Lanzennadel herumgeführt wurden, in enge Berührung mit dem Stiele gebracht, und letzterer alsdann oberhalb dieser Nadel und auch oberhalb der ersten Ligatur in der Mitte seiner ganzen Dicke nach mit einer breiten Nadel durchstochen, welche eine doppelte, sehr starke seidene Ligatur durchführte. Bevor diese Ligatur zugeschnürt worden war, trat aus der Schnittfläche des Stiels, auf welcher eine sehr grosse Menge bedeutend grosser und kleiner arterieller (und venöser) Gefässlumina zum Theil klaffend erschienen, fortwährend eine geringe Blutung ein. Eine isolirte Unterbindung aller dieser Gefässe hätte zu viele Zeit in Anspruch genommen und die Operirte in Gefahr bringen können. Daher legte ich die oben erwähnte doppelte Ligatur fest nach beiden Seiten hin um die Basis des Stiels. Jede Blutung war jetzt gestillt. In gleicher Weise wie der grosse Stiel wurde der kleine Stiel behandelt und in den unteren Wundwinkel gelagert. Hiernach nähte ich die übrige Bauchwunde theils mit Fadenbändchen, theils mit dünneren Seidenfäden durch die Knopfnaht so zu, dass die Bauchwunde überall auf das Innigste vereinigt, die Bauchhöhle hermetisch verschlossen war. Die beiden Stiele standen wie zwei dicke Pfröpfe von Champagnerflaschen aus der vorderen Bauchwandfläche hervor.

Die Blutung war im Ganzen nur eine sehr unbedeutende gewesen. Patientin hatte höchstens 6 Unzen Blut verloren. Kein unangenehmer Zwischenfall war bis jetzt eingetreten, kein Darm vorgefallen, Dank der ausgezeichneten Assistenz meiner Collegen. Nur ein geringer Theil des Netzes, welcher mit dem Tumor verwachsen war, trat einmal aus der Wunde hervor und wurde mit aller Schonung wieder zurückgebracht.

Nachdem nun die Bauchwunde geschlossen, die Ligaturfäden geordnet und nach oben und unten hin mit Leinwandcompressen umgeben, gehörig gelagert worden waren, wurde ein Heftpflasterverband rings um den Leib angelegt, und so das Operationsgebiet bestens geschützt. Einige Servietten auf den Leib und ein Handtuch als Bauchbinde beendeten den Verband.

Die ganze Operation, einschliesslich des Verbandes, hatte eine Stunde gedauert. Die Patientin wurde jetzt in ein wohlerwärmtes Bett gebracht und trank etwas Wein. Sie fühlte sich zwar angegriffen, hatte aber das Gefühl des Hungers; sie trank einige Löffel Bouillon. Ihr Puls war normal (72 in der Minute, wie vor der Operation), ihr Aussehen gut; sie klagte über Schmerz in der Wunde. Als etwa $\frac{1}{4}$ Stunde später dieser Schmerz nicht geringer wurde, spritzte ich subcutan $\frac{1}{4}$ Gran Morphium ein. Patientin schlummerte hiernach kurze Zeit und der Schmerz nahm ab. Abends $5\frac{1}{2}$ Uhr verliess ich die Operirte im besten Zustande. Sie wollte wiederholt einschlafen, schreckte heftig zusammen und kam nicht zum Schlafe. Sie hatte Harndrang, konnte aber nicht uriniren. Am folgenden Morgen zeigte sich der Verband von Blut durchdrungen, Patientin fühlte sich sehr übel, lag sehr schlecht. Abends 9 Uhr, also 30 Stunden nach der Operation traf ich wieder bei ihr ein. Sie klagte sehr über schlechte Lage, der Puls war voll und gut (80—85 in der Minute) und auch der Gesichtsausdruck war gut. Ich applicirte vor allen Dingen den Catheter und leerte einen sehr grossen Nachttopf voll klaren Urins aus (wenigstens 4 Pfund). Die Operirte befand sich hiernach bedeutend erleichtert. Hiernach entfernte ich den Verband und sah, dass aus dem oberen dicken Stiel eine geringe Nachblutung stattgefunden hatte, jetzt aber fast ganz stand. Ich legte also um die Basis des Stiels (oberhalb der Lanzennadel) eine solide seidene Ligatur, und schnürte dieselbe mit einem Gräfe'schen Ligaturstäbchen fest. Hiernach stand die Blutung völlig, so dass sich kein Tröpfchen mehr ergoss, wenn mit dem Schwamm alles Blut entfernt war, was vorher in geringem

Maasse doch noch stattfand. Dann wurde der Contentivverband erneuert, die Patientin in ein frisch gemachtes, erwärmtes Bett gelegt. Die folgende Nacht war ganz ausgezeichnet gut. Die Operirte schlief Viertelstunden, kam in einen profusen allgemeinen Schweiss; die unmittelbar nach Anlegung der Ligatur eingetretenen Schmerzen schwanden allmälig.

Am 9. September, Morgens 6 Uhr, fand ich die Operirte in sehr befriedigendem Zustande, schwitzend, Puls 92, Durst gering, Zunge feucht. Blutung hatte sich nicht wiederholt. Um 8 Uhr Morgens verliess ich sie, nachdem der Urin mit dem Catheter wieder entleert worden war. Der Tag verlief sehr günstig und es trat mehrstündiger Schlaf ein, wie ein Telegramm am Abend mir meldete.

Am 10. September wurde die Patientin von Dr. Endemann besucht. Er fand den Zustand in jeder Beziehung befriedigend. Es hatte keine weitere Blutung stattgefunden. Der obere Stiel war zum Theil brandig abgestorben und verbreitete einen üblen Geruch. Der Verband blieb zwar im Ganzen unberührt, jedoch wurde, was mit dem Schwamm zu reinigen war, gereinigt, die Patientin umgebettet und mit reiner Leibwäsche versehen. Der Catheter wurde 2 — 3 Mal täglich applicirt.

Am 11. September. Die vorige Nacht war unruhig, eine geringe Blutung (von ½ Unze etwa) zeigte sich am Stiel. Der Puls 95. Die Schlinge um den Stiel ward daher vom Collegen Mende fester gezogen. Darnach besserte sich Alles. Tags darauf fand Dr. Endemann den obern Stiel ganz brandig; er liess denselben mit fein gepulverter Holzkohle bestreuen, um die ichoröse Masse aufzunehmen und den üblen Geruch derselben zu entfernen. Vor Schlafenzeit reichte er der Patientin ¼ Gran Morphium, worauf eine vortreffliche Nacht folgte. Auch in den folgenden Tagen fiel nichts Bemerkenswerthes vor. Die Patientin bekam Hunger, und es wurde ihr täglich zweimal leichte Bouillon und öfter Milch gestattet.

Am 14. September besuchte ich die Operirte wieder. Ich fand sie, mit der Lectüre der „Gartenlaube“ beschäftigt, ganz behaglich zu Bette liegend. Ihr Aussehen wie ihr ganzer Habitus liess nichts zu wünschen übrig, Puls 85—90. Der obere Stiel war ganz vertrocknet, der untere war, von der Grösse einer dicken Musketenkugel, nicht brandig, blutete leicht bei Berührung. Die Knopfnähte hatten sämmtlich eingeschnitten und wurden daher entfernt. Die Bauchwunde war höchstens 1½ Zoll lang, und fest um die Stiele per primam reunionem vereinigt. Der Unterleib war ganz platt, weich, und gegen Druck nur wenig empfindlich. Seit gestern waren die Menses eingetreten. Stuhlgang war seit dem Tage der Operation nicht erfolgt. Der Urin wurde täglich noch zweimal mit dem Catheter entfernt. Ich reinigte das Wundgebiet sorgfältig, schnitt den brandigen oberen Stiel grossentheils weg, zog die um seine Basis gelegte Schlinge, die ganze lose lag, mit dem Ligaturstäbchen fest an, und liess die beiden Lanzennadeln noch unberührt. Der Heftpflasterverband wurde sorgfältig erneuert, das Lager der Patientin bestens gemacht, und ferner die strengste Ruhe empfohlen.

Am 21. September sah ich die Operirte wieder. Ihr Befinden liess nichts zu wünschen übrig. Die Bauchwunde war überall geschlossen, der obere Stiel gänzlich abgestorben, und ein leiser Zug mit der Pinzette löste ihn sammt dem Ligaturstäbchen von der schön roth granulirenden Basis, die etwas trichterförmig vertieft war. Eine Ligatur lag noch. Doch war ich nicht sicher, ob es nicht eine Knopfnaht war; ich liess sie daher noch unberührt, die grosse Lanzennadel aber zog ich aus. Der untere Stiel war zur Grösse einer Bohne zusammengeschrumpft und granulirte gleichfalls sehr schön; auch um ihn lag noch eine Ligatur fest in der Tiefe, die ich vorerst unberührt liess, während ich die durch die Mitte seiner Basis durchgeführte Lanzennadel gleichfalls auszog. Das ganze nur sehr kleine Operationsgebiet wurde einfach mit Charpie bedeckt, die durch einige Heftpflasterstreifen befestigt wurde, und welche von heute an täglich erneuert werden sollte. Die Menses hatten vier Tage gedauert wie im Normalzustande. Der Urin wurde noch nicht freiwillig gelassen. Stuhlgang war nun seit 14 Tagen nicht da gewesen. Patientin sollte daher am folgenden Morgen eine Dosis Electuarium lenitivum nehmen, da sie gegen ein Clystier und Oleum Ricini eine unüberwindliche Scheu hatte. Seit mehreren Tagen genoss Patientin Bouillon und Fleisch, auch etwas Weissbrod. Sie wurde mit reiner Leibwäsche versehen, in ein frisch gemachtes Bett gebracht, und ausserdem zu ruhigem Verhalten ermahnt. Der Schlaf trat bis heute immer nur in kurzen Intervallen ein. Dies und die Urinverhaltung bildeten die einzigen Klagen.

Am 22. September hatte die Operirte nach einer starken Dosis Electuarium lenitivum unter Leibschmerzen und Uebelkeiten copiose Stuhlausleerung. Am folgenden Tage entleerte sie auch zum ersten Male seit der Operation den Urin spontan, unter heftigem Drängen und Schmerzen zwar und in mehreren Absätzen, von jetzt an aber bei allen späteren Malen ganz wie im Normalzustande. Sie sass auch heute zum ersten Male nach der Operation auf dem Sopha.

Am 29. September fand ich die Patientin in dem befriedigendsten Zustande. Die Wunde war bis auf zwei kleine erbsengross

Stellen, wo die Stiele der Geschwulst gesessen hatten, vernarbt; die beiden Ligaturen wurden mit aller Leichtigkeit entfernt. Alle Functionen waren normal. Die Operirte durfte nunmehr als geheilt betrachtet werden. Es fehlten nur noch die Kräfte.

Am 7. oder 8. October trat ein Oedem an der ganzen linken Extremität auf, wahrscheinlich Folge einer Thrombose in der Vena cruralis. Patientin konnte allein im Zimmer umhergehen, und hatte wahrscheinlich hierin zu viel gethan, vielleicht auch sich gleichzeitig erkältet. College Mende empfahl deshalb ruhige horizontale Lage und Umwickelung der Extremität mit Flanellbinden.

Am 10. October schrieb mir Mende, dass das Oedem nur bis über die Kniekehle, nicht weiter aufwärts sich erstrecke, dass der Appetit sehr gut, die Kräfte im Zunehmen und alle Functionen normal seien. Die Operationsstelle eiterte nur noch ganz wenig und vernarbte gut.

Am 20. October schickte mir endlich College Mende den Schlussbericht, dahin lautend, dass Patientin völlig genesen sei.

Die in der grossen Cyste enthaltene Flüssigkeit wurde kurz nach der Operation von Herrn Sanitätsrath Dr. Mende einer mikroskopischen und chemischen Prüfung unterworfen. Derselbe fand ausser Wasser sehr viel Eiweiss, Epithelialzellen, Cholestearinkrystalle, Körnchenzellen und Harnsäurekrystalle darin. Eine von unserm Chemiker Herrn Wiederhold dahier angestellte Untersuchung ergab die folgenden Resultate:

I. Flüssigkeit von milchähnlicher Beschaffenheit; spec. Gewicht 1,035. In hundert Theilen enthaltend:

Albuminate	10,503
Extractivstoffe	0,345
Fette	0,022
Asche (bestehend aus Chlornatrium, Chlorkalium (Spuren), schwefelsaurem Natron, phosphorsaurem Natron, phosphors. Kalk, phosphors. Bittererde, Eisenoxyd)	0,430
Wasser	88,700
	100,000

II. Flüssigkeit von dunkelbraun-rother Farbe; spec. Gewicht 1,034. In hundert Theilen enthaltend:

Albuminate	8,512
Extractivstoffe	0,294
Fette	0,007
Asche (von gleicher Zusammensetzung wie in I.)	0,687
Wasser	90,500
	100,000

Epicritische Bemerkungen.

Wir sehen hier wiederum einen der bedeutendsten chirurgischen Eingriffe in den menschlichen Organismus glücklich überstanden, einzig und allein dadurch, dass nach Beendigung der Operation die Höhle des Peritonäums und die Unterleibseingeweide vor neuen Insulten geschützt, dass eine Verblutung in der Bauchhöhle verhütet, dass die Berührung des Eiters mit dem Peritonäum durchaus vermieden wurde.

Die bedeutenden Verwachsungen des Netzes mit dem Ovarialtumor, welche mit dem Messer getrennt werden mussten, bedingten unzweifelhaft nach Beendigung der Operation und nach Schliessung der Bauchhöhle eine geringe Nachblutung und ein Exsudat aus allen den wunden Stellen des Netzes. Denn ohne ein solches Exsudat, ohne Schliessung der durchschnittenen feinen Gefässe durch Thrombusbildung und alle übrigen folgenden bekannten Processe, welche die Natur bei der Heilung verletzter Blutgefässe einschlägt, konnte doch die Heilung der durch's Messer abgetrennten, also verwundeten Netzpartien nicht erfolgen. Die Heilung geschah aber ohne Anstand, und man ist berechtigt, hieraus zu schliessen, dass ein geringer Erguss von Blut und plastischer Lymphe in das Cavum Peritonaei nach den betreffenden Operationen gewissermassen ohne alle Bedeutung ist. Ich glaube daher auch, dass selbst sehr bedeutende Verwachsungen der Cystovarien mit den Unterleibseingeweiden, wenn deren Trennung möglich ist ohne bedeutende Nachblutungen aus zahlreicheren, grösseren Gefässen, durchaus keine so üble prognostische Bedeutung haben, als man bisher denselben beigelegt hat.

Was nun die Nachblutung aus dem unterbundenen Stiele der Geschwulst betrifft, so sieht ein Jeder leicht ein, dass dieselbe — wäre der Stiel nicht dem Auge und der Hand des Arztes leicht zugänglich gewesen, wäre er also nach der alten Methode innerhalb der Höhle des Bauchfells gelagert gewesen — unstreitig den Tod der Operirten herbeigeführt haben würde; denn die geringe Blutung würde sich von Stunde zn Stunde vermehrt haben, die Operirte hätte sich ganz einfach verblutet, wie das in zahlreichen Fällen bis jetzt beobachtet worden ist, und wie ich das selbst in zwei Fällen beobachtet habe.

Gesetzt aber auch, die Blutung hätte nicht den Tod herbeigeführt, so wäre nachher — bei der Gegenwart des Stiels innerhalb der Bauchhöhle — durch das brandige Absterben des Geschwulstrestes und durch die Eiterung am Stiele, durch die Ligaturfäden, eine Berührung des Peritonäums, der Gedärme u. s. w. mit der Brandjauche und dem Eiter nicht zu vermeiden gewesen, und durch diese Momente wäre das Leben der Operirten in solchem Grade bedroht gewesen, dass eine Heilung derselben höchst problematisch gewesen wäre. Ich glaube, ein jedes weitere Wort ist überflüssig, um dem Leser die Ueberzeugung beizubringen, dass in der Abhaltung des Blut- und Eiterergusses in das Cavum Peritonaei der Operirten die Momente ihrer Rettung lagen.

Ich halte es für meine Pflicht, einen Fall dieser Art, welcher auch noch in anderweiter Beziehung nicht ohne Interesse ist, hier zu veröffentlichen, gleichsam als Gegensatz zu dem eben Erzählten. Es ist dies ein Fall, bei dem in mehrfacher Hinsicht Fehler in der Diagnose begangen wurden, welche letztere wiederum auch eine fehlerhafte Behandlung nach sich zogen, in Folge deren die Kranke, welche wahrscheinlich hätte gerettet werden können, wenn ich meine Principien bei der Operation streng durchgeführt hätte, der Nachblutung in der Bauchhöhle erlag. Der Fall ist folgender:

Fünfter Fall.

Colossale Geschwulst des Uterus (Myoma), fälschlich für eine Degeneration des Ovariums gehalten. Bauchschnitt, Exstirpation der Geschwulst sammt Uterus und Ovarium der rechten Seite. Tod am dritten Tage durch Nachblutung.

20. August 1864. Fräulein Hafer, 39 Jahr alt, aus Ohrdruf bei Gotha, von sehr kleiner Statur, höchstens 4′ hoch, sehr mager, rhachitisch in der Wirbelsäule verbildet, Scoliosis und Kyphosis, wurde mir von Herrn Dr. Hammer in Ohrdruf zugewiesen, um von einem grossen Tumor des Unterleibes, anscheinend im Ovarium wurzelnd, befreit zu werden. Patientin war von Geburt an kränklich und lernte

erst im 8. Jahre ihres Lebens gehen und laufen. Der Vater starb im 52. Jahre an Apoplexie, die Mutter an Phthisis tuberculosa im 29. Jahre. Im 16. Lebensjahre der Patientin traten die Menses ein und blieben bis jetzt im Ganzen regelmässig; ihre Gesundheit blieb im Allgemeinen gut, obwohl ihre Körperbeschaffenheit sehr schwächlich. Vor 4 Jahren (1860) trat in Folge eines Schrecks heftiger Schmerz in der rechten Bauchseite, Kopfschmerz und Anschwellung des Unterleibes ein, und zwar rechterseits. Es wurde die Periode profus und hielt so lange an, dass nur 5 bis 6 von Blutung freie Tage in je 2 Monaten stattfanden. Dies dauerte wohl ein Jahr Der Unterleib schwoll allmälig mehr an. Im Jahre 1863 verrenkte sie das rechte Knie; dann trat eine heftig schmerzende, bedeutende Geschwulst ein, dabei profuse Katamenien. Erst nach 3 Monaten besserte sich der Zustand; aber bei jeder leichten Anstrengung des Beines tritt noch jetzt Geschwulst und Schmerz auf. Eine das Bein vom Knie abwärts comprimirende Binde wird zum Bedürfniss seit dieser Zeit. Die Anschwellung des Bauches wuchs allmälig und wurde lästiger, die Periode wurde regelmässig und nicht mehr profus. Der Stuhlgang und das Urinlassen wurde sehr behindert und nur eine, stark den Bauch in die Höhe haltende Binde erleichterte diese Functionen.

Von Zeit zu Zeit traten heftige „Krämpfe", d. h. Schmerzen im ganzen Leibe ein, insbesondere von der rechten Hüfte aus nach vorn und unten, dann nach links gehend und sich in's linke Bein erstreckend.

Patientin kann wegen Unbehaglichkeit nur wenig essen, trotz gutem Appetit. Alle Flüssigkeit, welche sie geniesst, macht ihr im Magen grosse Qual.

Am 29. Juli 1864 schrieb mir der behandelnde Arzt der Patientin, dass er die Operation wünsche und dass die Patientin unter jeder Bedingung entschlossen sei, sich von der Geschwulst befreien zu lassen.

Am 21. August traf dieselbe in Cassel ein, kurz nachdem die Menses zu Ende gekommen waren. Ich fand bei der Untersuchung des Unterleibes eine Auftreibung des letzteren, wie bei einer Schwangeren vor der Niederkunft. Die Geschwulst dehnte den Unterleib gleichmässig aus, hatte die Leber, Lungen etc. ziemlich stark in die Höhe gedrängt. Bei der Percussion bot die Geschwulst einen matten Ton, am unteren Theile rechts war eine ganz entschiedene Fluctuation fühlbar. Auch an allen übrigen Stellen liess sich eine unbedeutende Fluctuation, jedoch in weniger auffallender Weise als unten rechts, wahrnehmen. Ich schloss also, dass die Geschwulst sehr verdickte

Wände haben müsse, und in jedem Falle zum Theil eine Flüssigkeit enthalte. Bei der Untersuchung per vaginam fand ich das Hymen unversehrt, den Muttermund etwas nach hinten stehend, den Uteruskörper selbst konnte ich durch das Laquear vaginae nicht fühlen. Vielmehr erschien das ganze Becken gleichsam leer. Auch durch den Mastdarm fühlte der Finger nur den Muttermund, den Körper des Uterus aber durchaus nicht; und auch sonst keine Geschwulst im Becken. Letzteres schien, auch von hieraus, dem untersuchenden Finger gleichsam leer zu sein.

Die Uterus-Sonde drang in den Uterus nicht tiefer ein, als im Normalzustand. Somit schien es mir sicher, dass ich es hier mit einer Geschwulst des rechten Ovariums zu thun hatte. Es schien mir ein Cystovarium mit sehr verdickten Wänden. Die häufigen Schmerzen im Unterleibe liessen Verwachsungen in Folge wiederholter Peritonitis befürchten.

Der erbärmliche Zustand der Patientin liess allerdings nur wenig unter diesen Umständen von einer Operation erwarten; indessen so, wie die Patientin mit dem Tumor lebte, war ihr das Leben eine Last; jeder Lebensgenuss war ihr verbittert. Ich entschloss mich daher, durch das Wagniss einer Operation den Versuch zu machen, ob nicht dennoch der Unglücklichen Hülfe zu bringen sei.

Nachdem ich den Fall meinen Collegen Dr. Schwarzenberg, Dr. Endemann und Dr. Bartsch mitgetheilt, schritt ich unter deren freundlichen Assistenz am 23. August zur Operation. Kurz vorher war Stuhlgang erfolgt und der Urin freiwillig entleert worden. Nachdem die Patientin in die Chloroformnarkose gebracht war, wurde zunächst durch die Linea alba ein von der Symphysis ossium pubis bis zum Nabel reichender Schnitt geführt, dessen Länge bei der starken Ausdehnung der sehr verdünnten Bauchdecken circa 5—6 Zoll betrug, und alsbald der Peritonäalsack geöffnet. Der Tumor lag nun, in Form einer Halbkugel vorgewölbt und von stark ausgedehnten blauen Venennetzen überzogen, zu Tage. Es wurden mehrere scharfe Haken, sowie die Muzeux'sche Zange in die obere Parthie der Geschwulst eingesetzt, und es zeigte sich, als kräftig nach aussen und unten angezogen wurde, dass nirgends peritonitische Adhäsionen vorhanden waren. Zu gleicher Zeit aber entleerte sich eine kleine Menge Flüssigkeit aus dem Peritonäalsack, und zwar aus der untern rechten Seite des Bauches, der Stelle, an welcher vor der Operation die Fluctuation am deutlichsten wahrnehmbar gewesen war. Ich stiess nun einen kleinen Troikart in den Tumor ein, um die darin vermuthete Flüssigkeit zu entleeren, aber es floss nichts aus als einige Tropfen Blut. Da ich vor der Operation die Vermuthung ausgesprochen, dass die Geschwulst sehr dicke Wandungen haben müsse, so griff ich zu einem zweiten längeren und gleich darauf zu einem dritten Troikart von noch stärkerem Kaliber, aber mit keinem andern besseren Erfolge, so dass nunmehr die Gewissheit vorlag, dass ich es mit keiner cystoiden Geschwulst, sondern mit einem soliden Tumor zu thun habe. Leicht ergab es sich, dass es unausführbar sei, einen solchen in toto aus der Bauchhöhle herauszunehmen, ohne den ursprünglichen Schnitt in die Bauchwandungen zu erweitern, und so schnitt ich zuerst etwa 5—6 Linien tief in die Masse selbst ein, um den Tumor, durch Ausschneiden keilförmiger Stücke desselben zu zertheilen und zu verkleinern und ihn stückweise so lange zu entfernen, bis endlich die Hauptmasse aus der gemachten Oeffnung des Unterleibes herausbefördert werden konnte. Indessen schon bei den ersten tieferen Einschnitten spritzten so grosse Blutgefässe, dass ich einen zu grossen Blutverlust befürchten musste, hätte ich durch Ausschneiden keilförmiger Stücke des Tumors die Operation vollenden wollen. Ich gab daher dieses Verfahren auf und verlängerte den durch die Bauchdecken geführten Schnitt um eine Strecke weiter nach oben, so dass seine ganze Länge jetzt gegen 10 Zoll betrug. Den Tumor selbst weiter zu theilen und zu verkleinern war jetzt nicht mehr von Nöthen; derselbe ging durch die nun hinreichend grosse Oeffnung ziemlich leicht heraus. Einer meiner Assistenten unterstützte ihn mit beiden Händen, während zwei andere die rechts und links vortretenden Darmschlingen zurückhielten. Schon bei dem ersten Einschnitt in den Tumor zeigte derselbe auf seinen Schnittflächen eine weissliche Farbe, eine grob granulirte Beschaffenheit, ähnlich der sogenannten Kalbsmilch (Glandula thyreoidea) von mittelharter Consistenz. Einstimmig hielten wir den Tumor für ein Medullar-Carcinom. Derselbe hatte an seiner untern Fläche mehrere apfelgrosse Auswüchse von im Ganzen gleicher Beschaffenheit wie der Haupttumor; nur waren diese viel weicher, Fischmilch-ähnlicher. Ausserdem zeigten sich an dessen unterer Fläche, jedoch mehr zu seinen beiden Seiten, noch zwei kleinere Tumoren, jeder von etwa einem Zoll Durchmesser, welche deutliche Fluctuation zeigten, deren Natur sich aber noch nicht genau bestimmen liess, die aber mehr Hydatiden glichen. Ich liess nun den Tumor möglichst in die Höhe ziehen, um die Unterbindung des Stiels vorzunehmen. Ich fand, dass der Tumor an einen Hauptstiel von 1″ Dicke und zwei kleineren seitlichen befestigt war, deren Unterbindung mehr Zeit als gewöhnlich in Anspruch nahm, da zu verschiedenen Malen die, obgleich sehr starken und soliden Ligaturen aus Seidenfäden rissen. Nach einigen vergeblichen

Bemühungen gelang es indessen, diese Unterbindung auszuführen, und ich trennte hiernach die ganze Masse mit dem Messer an ihrer Basis ab. Einige grosse Arterien in den seitlichen Stielen wurden besonders unterbunden.

Soweit war die Operation ohne besonderen Unfall, ohne übermässigen Blutverlust verlaufen, es blieb nur noch die richtige Lagerung der Stiele, die Zurückbringung der vorgefallenen Dünndarmschlingen und die Vereinigung der Wunde übrig. Von der in den früher (s. Deutsche Klinik, 1863) von mir beschriebenen Fällen angewandten Lagerungsmethode des Stieles und dessen Vortheilen konnte ich hier leider keine Anwendung machen; die Stiele waren so kurz, dass sie nothwendig innerhalb der Bauchhöhle liegen mussten; dass ich ein tellerförmiges Stück der für carcinomatös gehaltenen Geschwulst am Stiele nicht sitzen lassen konnte und durfte, lag auf der Hand. Ich musste mich begnügen, den untern Winkel der Wunde ein wenig offen zu lassen und den übrigen Theil durch eine Anzahl von 8—9 umschlungenen Nähten mittelst starker Insecten-Nadeln zu vereinigen.

Die Patientin begann, kurz nachdem der Tumor von den unterbundenen Stielen getrennt war, aus der Narkose zu erwachen. Sie athmete ziemlich gut und hatte einen Puls von 62 Schlägen. Ich liess ihr ein wenig Wein einflössen, den sie ohne Mühe schluckte. Die Nähte wurden durch Heftpflasterstreifen unterstützt. Ich liess die Patientin kurz darauf in's wohl erwärmte Bett bringen, verordnete kalte Umschläge mit in Eis getauchten Compressen auf den Leib, und empfahl die strengste Ruhe zu beobachten.

Das Gewicht des Tumors betrug 12 Pfund. Neben seiner Basis fand sich die Tuba Fallopii und der Eierstock linker Seite; derselbe schien nicht ganz gesund; er enthielt eine Cyste von 1″ Durchmesser, und wurde deshalb mit fortgenommen. Viele Graaf'sche Follikel waren in dem Ovarium erkenntlich. Die Tuba Fallopii selbst war anscheinend ganz gesund. Die Geschwulst erschien demnach als eine organische Degeneration desjenigen Theils des Uterus, in den sich die rechte Tuba inserirte. An der Schnittfläche (Trennungsfläche der Geschwulst von ihrem Stiele) fand sich indess nur ein ganz geringer Gewebstheil, welchen man als Uterussubstanz ansehen konnte, und so schien es mir anfangs, dass ich nur die äusserste Spitze des linken Seitenrandes des Uterus durch den Schnitt getroffen, resp. mit hinweggenommen hätte. Doch verhielt sich das anders, wie sich später bei genauerer Untersuchung der Geschwulst, die ich mit Musse in meiner Wohnung vornehmen konnte, herausstellte.

Die Geschwulst selbst bestand zunächst aus einer derben fibrösen

Kapsel. Auf dem Durchschnitt erschien sie als eine ziemlich derbe weissliche grobkörnige Masse, einer Fasergeschwulst ähnlich. Die mikroskopische Untersuchung derselben ergab aber, dass sie der Hauptsache nach aus glatten Muskelfasern bestand, dass sie ein Myoma war. Von den Elementen des Krebses oder Markschwamms, feinen molekulären körnigen Massen, oder von grossen geschwänzten Zellen war nirgends eine Spur zu finden.

Mein Hauptaugenmerk war nun auf die Untersuchung der Schnittfläche gerichtet, d. h. der Trennungsfläche des Tumors von den Stielen. Ich entdeckte hier eine kleine stecknadelknopfgrosse Stelle, aus welcher ein Tröpfchen einer röthlichen schleimigen Masse hervorragte. Ich führte eine Sonde hinein und war im Stande, dieselbe bis zur Tiefe von 2 bis 2½ Zoll in den Tumor einzuführen. Anfangs glaubte ich, der Canal gehöre einer Vene an. Ich schnitt ihn auf der Hohlsonde vorsichtig auf und fand, dass ich die Höhle des Uterus geöffnet hatte. Der enge Canal war die der inneren Muttermundsöffnung zunächstliegende Stelle des Mutterhalses. Bei weiterer Untersuchung fand ich die Schleimhaut des Uterus normal, seine Höhle nicht vergrössert, dagegen seine vordere und obere Wandung ganz und gar in der Geschwulst aufgegangen, d. h. der Tumor hatte sich von dem Grunde und der vorderen Wand der Muskelsubstanz des Uterus aus entwickelt. Die linke Tuba Fallopii, welche mit exstirpirt worden war, verhielt sich normal, ebenso das linke Ovarium, mit Ausnahme der an ihm befindlichen Cyste, die ich nicht genauer untersuchte, um das Präparat nicht zu zerstören.

Die Operation hatte in Ganzen etwa eine Stunde gedauert. Patientin lag in der ersten Stunde nach der Operation einer Sterbenden gleich im Bette. Sie schluckte dann und wann ein wenig Wasser. Sie hatte anhaltende Brechneigung und einige Male Erbrechen. Ich liess ihr Eispillen geben.

Um 5 Uhr Nachmittags, also 6 Stunden nach der Operation, fand ich die Patientin mit ganz componirten Gesichtszügen, ziemlich klarem Auge, bei völligem Bewusstsein, zeitweise stöhnend und über Brechneigung und Ekel klagend. Schmerzen empfand sie nur wenig. Das erste Pulver aus Gr. j Opii crudi brach sie aus; ein zweites, eine halbe Stunde später genommen, behielt sie. Der Puls hatte 100 gut entwickelte Schläge. Die Anfangs kalten Extremitäten waren wieder warm geworden, es war selbst, trotz der kalten Umschläge auf den Leib, Schweiss eingetreten. Patientin liess sich, als ich sie besuchte, grade ihre mit Blut etwas beschmutzten Hände abwaschen. Abends 8 Uhr fand ich die Scene sehr verändert. Patientin hatte heftig gewürgt und gebrochen, trotz zweimal genommenen Opiums (Gr. j p. d.). Dabei war sie sehr unruhig, und klagte fortwährend über heftigsten Brechreiz. Als ich den Verband nachsah, waren mehrere Darmschlingen aus der Bauchhöhle ausgetreten, zwischen zweien Nadeln hindurch. Ich brachte sie sanft zurück, legte noch eine Naht an die Stelle zwischen den vielleicht etwas zu weit von einander abstehenden Nadeln, erneuerte den Heftpflasterverband und liess keine kalten Umschläge mehr machen, um nicht den Pflasterverband loszuweichen und den Unterleib überhaupt ganz ohne mechanische Insulte oder Berührung zu lassen. Patientin hatte eiskalte Hände; eben so war das Gesicht. Der Puls war fadenförmig, sehr frequent, aus dem unteren Wundwinkel floss eine grosse Menge dünnflüssigen Blutes; ebenso — nach Angabe der Patientin — war aus den Genitalien Blut abgeflossen. Das Gesicht war blass und collabirt, Sensorium aber frei. Durst sehr gross, Schmerz in den Rückenwirbeln, auf denen Patientin auflag. Ich liess nur kleine Eisstückchen in den Mund nehmen, empfahl absolute Ruhe. Der Zustand schien mir hoffnungslos, hauptsächlich wegen der Nachblutung in die Bauchhöhle.

Die folgende Nacht war schlaflos. Patientin liess aber zweimal Urin.

Am 24. August, Morgens 9 Uhr, fand ich die Kranke noch wie gestern Abend. Sie hatte ein wenig Milch verlangt und getrunken, alsbald aber ausgebrochen. Aus dem unteren Wundwinkel sickerte fortwährend dünnes Blut. Der Puls war fadenförmig, 120 in der Minute, Respiration normal, der Leib nicht aufgetrieben, schmerzfrei, der Verband lag noch ganz gut. Im Laufe des Vormittags trat etwas Schlaf in kurzen Intervallen ein. Nasenspitze und Hände waren eiskalt, die Füsse warm. Ich liess öfter kalte Hühner-Bouillon geben. Der Schlaf wiederholte sich, mehrmals eine viertel Stunde. Urin ward mehrmals entleert, die Bouillon wurde nicht erbrochen. Um 4 Uhr Nachmittags waren die Hände und Nasenspitze warm, die Lippen röther, der Puls weniger fadenförmig. Brechreiz wie zuvor. Der untere Wundwinkel entleerte weniger.

Einige Stunden später, 8 Uhr Abends, fand ich die Operirte in einem wiederum etwas besseren Zustande. Die Hände und das Gesicht waren warm, die Haut überall weich und in leichter Transpiration. Patientin hatte mehrmals in kleinen Intervallen geschlafen, im ganzen heute zwei Stunden. Urin war öfter, jedesmal wenig abgegangen. Erbrechen war wiederholt erfolgt. Durst sehr quälend, im Unterleib nur dann und wann ein Stich; sonst kein Schmerz, Brechneigung fortdauernd, aus dem untern Wundwinkel war wiederum Blut in mässiger Menge ausgeflossen. Der Puls war viel entwickelter, als seit der Operation, und hatte 120 Schläge in der Minute. Patientin sprach ganz kräftig, ihre Augen waren klar, der Blick besser als bisher. Ich liess nur ganz kleine Mengen kalten Wassers reichen, einen Theelöffel voll viertelstündlich, und absolute Ruhe des Körpers beobachten. Dieser leidliche Zustand hielt bis Mitternacht an, kurz nach Mitternacht aber traten die Vomituritionen sehr heftig, fast ohne Unterbrechung ein, und das Erbrochene roch sehr unangenehm sauer. Um 4 Uhr früh Morgens am 25. August wurde ich zur Patientin gerufen. Ich fand die Extremitäten warm, den Puls gut entwickelt und weniger frequent als gestern Abend (116). Patientin klagte nur über die anhaltenden Vomituritionen, Schmerzen im Rücken wegen des schlechten Lagers, da sie nicht gewohnt war auf dem Rücken zu liegen, über Schlaflosigkeit, über Brennen im After und Drang zum Stuhl; Urin hatte sie öfter gelassen. Der Unterleib war nicht mehr aufgetrieben als gestern Abend. Aus der Wunde war fast kein Blut mehr ausgeflossen. Der Unterleib war zwar gegen Berührung empfindlich, doch nicht hart, nicht gespannt. In der Idee, es könnte eine Darmschlinge zwischen den Wundrändern eingeklemmt sein, entfernte ich den Heftpflasterverband, fand aber alles in bester Ordnung. Ich musste also die Vomituritionen wohl hauptsächlich dem Exsudat im Unterleibe zuschreiben, wagte aber — bei dem anderweit unbefriedigenden Zustande — nicht, den unteren Wundwinkel zu öffnen, um dem Exsudat leichteren Ausweg zu schaffen. Vielmehr machte ich am linken Oberarm der Patientin eine hypodermatische Injection von einem Viertel Gran Morphium aceticum. Wenige Minuten nachher, nachdem der Heftpflasterverband wieder gehörig angelegt war, wurde die Patientin ruhig und schien einschlafen zu wollen; daher ich mich auch entfernte, nachdem ich der Wärterin empfohlen, bei Rückkehr der Brechneigung Eispillen zu geben, und — wenn sie nutzlos bleiben sollten — einmal einen Schluck starken schwarzen Kaffees zu reichen. Patientin blieb ruhig bis 9 Uhr Morgens; ich fand sie zu dieser Stunde noch schlafend, mit einem Puls von 120 Schlägen, normalem Athem und normaler Hautwärme. Ich entfernte mich nicht ohne einige Hoffnung. Kurz nachher begannen die Vomituritionen sehr heftig wieder, und dauerten bis 12 Uhr fast ununterbrochen fort. Ich fand jetzt die Operirte mit eiskalten Armen, Händen, Nasenspitze, einem fadenförmigen Pulse von 130 Schlägen, etwas aufgetriebenem Leibe, aus dessen unterem Wundwinkel wieder Blut ausfloss. Die Operirte schien dem Tode nahe. Ich liess derselben öfter Bouillon, abwechselnd Wein und Eispillen reichen, indessen der Zustand verschlimmerte sich allmälig mehr und mehr, um 2 Uhr Nachmittags war kein Puls mehr an den Armen zu fühlen, um 3 Uhr erfolgte der Tod.

Bei der, einige Zeit nachher vorgenommenen Eröffnung der Unterleibshöhle fand sich die Wunde der Bauchdecken in ihrer ganzen Ausdehnung, bis auf den untersten Wundwinkel, aus dem die Ligaturen herauslagen, per primam reunionem vereinigt und mit einer dicht dahinter liegenden Abtheilung des Dünndarms verklebt. Nachdem die Bauchdecken auseinandergezogen waren, fand sich circa 1 Pfund flüssigen Bluts in der Beckenhöhle, die Unterbindungsfäden lagen sämmtlich in guter Ordnung fest an. Die parenchymatöse Blutung schien ihre Quelle hauptsächlich und ausschliesslich aus dem mittleren Stiele zu haben; denn nirgends konnte an den Schnittflächen das Lumen eines grösseren Gefässes gefunden werden, das nicht isolirt unterbunden gewesen wäre. Dieser mittlere Stiel war, wie schon oben gesagt, das Collum uteri, der ganze Muttermund (Vaginalportion) sass unterhalb der Ligatur. Da mir nur sehr geringe Zeit zur Leichenuntersuchung vergönnt war, weil die Verstorbene alsbald aus dem Gasthof in das ausserhalb der Stadt befindliche Leichenhaus auf dem Todtenhof transportirt werden sollte, so konnte ich die Trombusbildung (und ob solche stattgefunden) in den isolirt unterbundenen Gefässen etc. zu meinem Bedauern nicht untersuchen. An den Unterleibseingeweiden fand sich ausserdem keine anderweite Abnormität. Dass der Uterus und linke Eierstock fehlten, versteht sich von selbst.

Epicritische Bemerkungen zu vorstehendem Falle.

Hätte die Operirte — so wird ein Jeder fragen, der diese Krankengeschichte mit einigem Interesse verfolgt — gerettet werden können? Die Mehrzahl der Leser, unter denen ich einsichtsvolle und erfahrene Wundärzte verstehe, wird vielleicht die Frage verneinen, und wird annehmen, dass ein so enormer operativer Eingriff, durch welchen der Uterus in seiner Totalität (mit Ausnahme der Vaginalportion) und der linke Eierstock sammt Tuba Fallopii und den Mutterbändern entfernt wurden, an und für sich in der Regel den Tod zur Folge haben müsse, und dass die hierhergehörigen wenigen glücklichen Fälle, welche die Annalen der operativen Chirurgie erzählen, wenn nicht problematisch, so doch aber als die allerseltensten Ausnahmen anzusehen seien, auf welche ein Operationsverfahren, das den Verlust des Uterus und des Eierstocks bedingt, in keiner Weise basirt werden dürfe.

Ich glaube, dass sich a priori hiergegen wenig einwenden lassen dürfte. Ich gebe daher auch zu, dass eine Operation, bei welcher man im Voraus sicher ist, den Uterus mit oder ohne die übrigen Annexe der inneren Genitalien, exstirpiren zu müssen, von keinem Wundarzte unternommen werden sollte, will er nicht den Vorwurf der Verwegenheit und Waghalsigkeit, der ungerechtfertigtsten Kühnheit, Unmenschlichkeit und Grausamkeit mit vollem Rechte und mit all der Wucht schwerster Verantwortlichkeit auf sein Gewissen laden.

Eine andere Frage aber ist: muss die Exstirpation des Uterus und der Eierstöcke sammt Annexen, wenn sie nun einmal nicht umgangen werden konnte oder kann, als ein absolut lethales Moment der betreffenden Operation angesehen werden? Consequenter Weise wird die oben bezeichnete Categorie der Wundärzte, welche die erste Frage in genannter Art beantwortete, auch diese zweite in gleicher Weise beantworten, und wird demzufolge eine jede Operation, in deren Verlauf sich die Nothwendigkeit der Exstirpation der innern Genitalien herausstellt, wenn die Operation überhaupt vollendet werden soll, als eine sicher todbringende betrachten, und lieber die Operation unvollendet lassen, als die Verantwortung des sichern Todes der Operirten auf ihr Gewissen nehmen. Mit dem letzteren Ausspruche der Wundärzte bin ich nicht einverstanden. Denn ich glaube, dass der Verlust der ganzen innern Genitalien (Uterus, Eierstöcke, Tubae Fallopii und Mutterbänder) bei einer Frau an und für sich nicht tödtlicher wirkt, als die Castration beim Manne, d. h. dass dieser Organverlust bei der Frau, als solcher, mit dem entsprechenden Verlust bei dem Manne in Parallele gesetzt werden kann. Diese Organe, als solche, sind zum Leben im Allgemeinen nicht absolut nothwendig, nicht so, wie eine Niere, Leber, Lunge u. s. w.; das Leben kann auch ohne alle jene Theile in einem Individuum fortbestehen. Aber — was bei der Frau das hauptsächlich tödtliche Moment bei dem Verlust der genannten Organe sein kann, das ist, nächst der Gefahr der Nachblutung, die Entzündung des Wundgebiets, der nothwendig folgende Erguss von Eiter in die Peritonäalhöhle; Momente, welche bei der Castration theils ganz wegfallen, theils mit Sicherheit zu beseitigen sind.

Ich bin also der Ansicht, dass, wenn es einem Wundarzte gelingt, bei der Exstirpation der innern Genitalien der Frau (in toto oder theilweise) die Nachblutung zu verhüten und einen Eitererguss in die Peritonäalhöhle zu vermeiden, die Gefahr jener Operation in unendlich hohem Grade vermindert wird, denn der Choc, welchen jene eingreifende chirurgische Operation auf das Gesammtnervensystem ausübt, ist — Dank der Chloroform- und Aethernarcose — wenn nicht beseitigt, so doch auf einen geringen Grad herabgesetzt, so dass dieser allein in der Regel nicht als lethal betrachtet werden kann, und heutigen

Tages nicht mehr als absolute Contra-Indication gegen jene Operation in Anschlag gebracht werden darf.

Wie ist aber die Nachblutung und der Eitererguss in die Peritonäalhöhle zu vermeiden, oder doch auf das Minimum herabzusetzen, wenn man den Uterus und die Ovarien zu exstirpiren veranlasst worden war?

Auf den ersten Blick scheint das unmöglich. Und dennoch glaube ich, dass es mit einiger Mühe und Sorgfalt möglich gemacht werden kann, und in den betreffenden Fällen möglich gemacht werden muss.

Wird der Leser aus dem Gesagten den Schluss ziehen, dass ich alsdann auch in dem vorstehend mitgetheilten Operationsfalle die Nachblutung in die Bauchhöhle etc. vermeiden, und das Leben der Operirten hätte retten können?

Ich glaube, der Leser ist zu diesem Schlusse völlig berechtigt, und ich bin der Ansicht, dass die von mir Operirte hätte gerettet werden können, wenn ich das einzig richtige Verfahren einschlug, was ich leider nicht gethan habe, weil ich es zu meinem grossen Bedauern während der Operation für eine Unverantwortlichkeit, für eine Grausamkeit hielt.

Erörtern wir das Gesagte specieller. 1) Wie wäre die Nachblutung zu vermeiden, und sicherlich nachfolgender Eitererguss in die Peritonäalhöhle zu verhüten, resp. auf ein Minimum herabzusetzen in vorliegendem Falle möglich gewesen?

Ich antworte darauf Folgendes: An der Basis der Geschwulst musste eine flache, tellerartige Portion derselben zurückgelassen werden, nachdem unterhalb derselben die drei Ligaturen so angelegt worden waren, dass eine Blutung verhindert wurde. Diese tellerartige Masse, welche allerdings einen Theil oder den ganzen Uterus sammt Eierstöcken und Tuben in sich schloss, musste in den unteren Winkel der Bauchwunde mit der mehr oder minder zusammengelegten Schnittfläche nach Aussen — aus der Bauchhöhle heraus — gelagert und hier durch Nähte mit den Bauchwandungen sorgfältig befestigt werden; ein Verfahren, welches ich bereits vor fast dreissig Jahren erdacht und genau bei Mittheilung des ersten Operationsfalles von Ovariotomie, den ich unternommen hatte (in Holscher's hannoverschen Annalen, Bd. I. Heft 34. pag. 393—448) beschrieben habe. Alsdann wären zwar drei starke Ligaturfäden in der Beckenhöhle als fremde Körper nicht zu vermeiden gewesen, und somit auch nicht die mögliche Gefahr einer durch sie veranlassten Entzündung oder Eiterung; aber diese Gefahr war doch nicht eine entschiedene unabweisbare Nothwendigkeit; möglicher und wahrscheinlicher Weise war dieselbe so unbedeutend, dass sie gar nicht in Anschlag zu bringen gewesen wäre. Entstand nach Anwendung dieses Verfahrens eine Nachblutung aus der Schnittfläche des Geschwulstrestes, so konnte man an der vorderen freien Oberfläche des Unterleibs der Operirten die nöthigen Mittel, isolirte Unterbindung der einzelnen blutenden Lumina der Gefässe, Umstechung u. s. w. leicht anwenden, man hätte Herr der Blutung sein können, das Blut drang nicht frei und ungehindert in die Bauchhöhle und die Nachblutung brachte nicht alle die traurigen Folgen, welche eine ungehemmte und unhemmbare Blutung in die Peritonäalhöhle mit sich führen muss.

Die Ligaturen hätten allmälig die von ihnen umschlossenen Theile eingeschnitten, und nicht durchgeschnitten, und hätten, nach 2—3 Wochen oder früher — selbst ohne dass die durch dieselben unterbundenen Partieen durch und durch geschnitten worden wären, durch ein passendes Verfahren (Hervorziehung und Durchschneiden mit Scheerenspitze oder Messer im untersten Wundwinkel) entfernt werden können. In dieser Periode wären die betreffenden grossen Blutgefässe zwischen Ligaturen und dem Herzen längst durch Thrombi obliterirt und solide geschlossen oder verwachsen, die Gefahr der Blutung längst beseitigt gewesen. Ja, man hätte selbst durch Anwendung von passenden Ligaturstäbchen die Ligaturen schon nach Ablauf der ersten Woche lockern und — trat hiernach keine Blutung aus der tellerartigen Schnittfläche des Geschwulstrestes ein — mit leichter Mühe aus der Bauchhöhle sammt den Stäbchen entfernen können. In diesem Falle mochte selbst das Blut der Operirten auch von einer abnormen Beschaffenheit (Hydrämie) sein, welche es verhütete, dass eine so rasche Gerinnung desselben und eine so rasche Thrombusbildung eintrat, wie das in normalem Zustande der Fall ist (und jener Fall findet sich oft genug bei Kranken, die lange Jahre siech waren, wie ich das auch schon an oben genannter Stelle ausgeführt habe); in jedem Falle bildete sich der Thrombus — sei es auch in doppelt so langer Zeit als bei gesundem Blute. Die Entzündung des Peritonäums, die nachfolgende Eiterabsonderung innerhalb des Peritonäalsacks, welche durch die Ligaturen und die Stäbchen veranlasst worden wären, mussten nicht nothwendig lethal sein, und wären wahrscheinlich nicht von Bedeutung gewesen, da der Eiter sich durch den unteren Wundwinkel entleeren konnte, und die Peritonitis, wäre sie überhaupt in bedeutenderem Grade eingetreten, durch Eisaufschläge etc. hätte wahrscheinlich in Schranken gehalten werden können.

2) Warum unterliess ich also in dem vorliegenden Falle das eben

bezeichnete Verfahren, dessen Vortheile ich doch so wohl kannte, wie irgend Jemand? So fragt mit Recht ein jeder aufmerksame Leser. Die folgenden Zeilen sollen diese Frage beantworten.

Als ich durch die ersten Schnitte den Tumor blossgelegt hatte, und den Troikart einstach, ersah ich, dass ich einen soliden und nicht einen mit Flüssigkeit gefüllten Tumor vor mir hatte. Vor der Operation hatte ich aber am unteren und vorderen Theile des Tumors die Fluctuation zu sicher und zu unzweideutig gefühlt, als dass ich mich hätte von dieser Ueberzeugung abbringen lassen. Diese Flüssigkeit trat denn auch bei der nächsten Erweiterung der Bauchwunde nach unten hervor (etwa 3—4 Unzen). Dieselbe war aber vor dem Tumor, zwischen ihm und dem Bauchfell befindlich.

Sollte ich — nachdem ich jetzt eingesehen, dass meine Diagnose falsch gewesen war, dass ich es nicht mit einem Cystovarium, sondern mit einem festen pathologischen Gebilde zu thun hatte — sollte ich jetzt, frage ich, die Operation unterbrechen, den Tumor unberührt lassen, die Bauchwunde wieder zunähen und die Kranke ihrem Schicksal überlassen? Das wäre, meines Erachtens, unverantwortlich gewesen. Denn möglicher Weise war der Tumor frei von Verwachsungen mit den Unterleibsorganen, möglicher Weise hatte er einen schmalen, genügend langen Stiel, mit dem er fest sass, möglicher Weise bot er Chancen für einen glücklichen Erfolg der Operation.

Aus diesen Gründen hielt ich also die Fortsetzung der Operation für geboten, gegen den Ausspruch berühmter Chirurgen, z. B. Dieffenbach's, welche bei festen Tumoren des Unterleibs als Maxime den Satz aufstellen: Manum de tabula.

In der That zeigte sich denn auch, je weiter die Operation vorschritt, dass der Tumor an seiner ganzen Oberfläche keine Verwachsung darbot, ich konnte ihn leicht ein wenig rechts und links, selbst ein wenig in der Richtung um seine Längsaxe bewegen; es fragte sich also jetzt noch, wie er an seiner Basis befestigt war. Um aber zu dieser zu gelangen, den Tumor erst überhaupt aus der Bauchhöhle herauszuheben, schien eine Verkleinerung desselben in loco nöthig. Ich machte also, um durch Ausschneidung eines grossen Keiles (oder mehrerer) aus dem Tumor denselben zu verkleinern, den oben bezeichneten Längsschnitt in denselben. Als die Schnittflächen jetzt die Kalbsmilchähnliche Beschaffenheit dem Auge darboten, da erscholl es, wie aus einem Munde, aus dem Munde aller anwesenden Collegen: „Markschwamm"! Ich selbst konnte mich auch nicht der Ueberzeugung entschlagen, dass ich es hier mit einem Markschwamm zu thun, dass ich das todtbringende Aftergewächs vor mir hatte. Als der Tumor endlich aus der Bauchhöhle herausgehoben war und an der Basis desselben noch zwei apfelgrosse junge Auswüchse, die ziemlich weich, die auffallendste Aehnlichkeit mit Markschwamm in Farbe, Consistenz u. s. w. darboten — erschienen, da stand bei mir noch mehr die Idee fest, dass hier jede Mühe verloren, dass die Kranke das Opfer des Todes sei.

Unter diesen Umständen einen tellerförmigen Rest des Tumors an seiner Basis sitzen zu lassen, schien mir geradezu ein Vergehen gegen die ersten Regeln der Kunst; ich hielt es für Pflicht, alles Krankhafte auf das Sorgfältigste zu beseitigen, und die Operirte wenigstens nicht durch meine Schuld an einem sofort aus dem zurückgelassenen Geschwulstreste wieder herauswuchernden Recidiv umkommen zu lassen; ein Verfahren, womit auch alle anwesenden und mitberathenden Collegen einverstanden waren.

In dieser meiner falschen Diagnose der pathologischen Natur des Tumors lag das Moment, welches mich veranlasste, von meinem Verfahren abzugehen, welches ich principiell anwende und auch in vorliegendem Falle vor Beginn der Operation anzuwenden entschlossen war. Ich exstirpirte also die Geschwulst in toto, liess nichts Krankhaftes zurück, beraubte mich dadurch der Sicherheit vor Nachblutung etc., setzte dagegen die Operirte allen Chancen der Gefahren der Nachblutung aus, einzig in der ungegründeten Besorgniss — nichts von dem Medullarcarcinom zurückzulassen, in der wenn auch geringen Hoffnung, statt des sicheren sofortigen Recidivs, doch wenigstens einige Zeit zu gewinnen, in welcher die Operirte, wenn auch nicht der Gesundheit, doch scheinbarer Heilung sich erfreuen könnte — wenn sie überhaupt die Gefahren der Nachblutung etc. glücklich bestehen sollte.

War dieser Fehler, welcher die Operirte gewissermaassen dem sichern Tode mit grosser Wahrscheinlichkeit preisgab, zu entschuldigen? Hätten andere Wundärzte unter vorliegenden Umständen anders gehandelt? Ich will letztere Frage unbeantwortet lassen; die erstere aber muss ich verneinen, mit der unerbittlichsten Strenge gegen mich selbst. Ich hätte aus der vierjährigen Dauer des Uebels schon die Möglichkeit, dass es kein Markschwamm sei, nicht mit Unrecht a priori entnehmen können, da ein Markschwamm in der Regel schon nach einjähriger Dauer das Leben vernichtet. Ich hätte vor der Operation auch auf einen solchen zweifelhaften Fall gefasst sein müssen, und während der Operation durch eine in möglichster Beschleunigung vorgenommene mikroskopische Untersuchung feststellen lassen können, ob der Tumor ein Medullarcarcinom sei, oder nicht. Der Leser wird mit einigem Erstaunen diesen Satz betrachten, denn bis jetzt ist es wohl noch niemals vorgekommen, dass ein Operateur während der Operation sich über die gutartige oder bösartige Natur eines Tumors durch eine mikroskopische Untersuchung Aufklärung verschaffte, um hiernach sich erst den Plan zur Beendigung der Operation zu bilden. Trotzdem halte ich den von mir ausgesprochenen Satz fest. Ein Mikroskop und Alles zur mikroskopischen Untersuchung Nöthige konnte vor der Operation schon hergerichtet sein; unter den Assistenten war ein mit derartigen pathologischen Untersuchungen sehr vertrauter Mann, der binnen wenigen Minuten die Frage, ob Krebszellen, ob Fasergeschwulst hier vorhanden sei, erledigt haben würde. Ich selbst hätte die Operirte keine Augenblick zu verlassen nöthig gehabt. Und die wenigen Minuten, welche durch das Warten auf das Resultat der Untersuchung verloren gingen, hätten der Operirten vielleicht das Leben gerettet. Dass jene Untersuchung nicht geschah, werden wohl alle heutigen Wundärzte entschuldigen; ich selbst aber bin fern von dieser Entschuldigung. Ich werde niemals wieder in zweifelhaften Fällen mich des Hülfsmittels berauben, noch während der Operation durch mikroskopische Untersuchung möglichste Sicherheit über die Natur des Tumors zu erlangen, wenn hiervon allein das schliessliche Operationsverfahren abhängen muss, und werde es mein ganzes Leben hindurch bedauern, dass ich es in dem vorliegenden Falle unterlassen habe.

Ein anderer Einwurf liegt sehr nahe, und ich will nicht unterlassen, denselben hier zu erörtern, der Einwurf, dass die an der Basis der Geschwulst sichtbaren Theile vor der Abtrennung des Tumors nicht mit der genügenden Sorgfalt untersucht, dass also nicht mit der nöthigen Sicherheit bestimmt worden sei, welche Theile unterbunden und durchschnitten wurden. Ich darf alle genannten Assistenten zu Zeugen aufrufen, dass dieser Vorwurf kein gegründeter ist, dass wir gemeinschaftlich untersuchten resp. genau erkannten, dass wir die Eierstöcke nebst Tubis Fallopii vor Augen hatten, dass wir die beiden Cysten als Theile der Nebeneierstöcke erkannten, dass ich — weil kurz vor der Operation die Menses vorhanden gewesen waren — auf die Möglichkeit aufmerksam machte, dass diese anscheinend abnormen Cysten Folgen physiologischer, normaler Vorgänge seien, weshalb ich die eine Tuba sammt Eierstock nicht mit exstirpirte; dass ich ferner — von der Ueberzeugung ausgehend, dass der Uterus gesund sei — den mittleren Stiel für einen mit dem rechten Seitenrande des Uteruskörpers in Verbindung stehenden Theil hielt. Aus diesem Grunde unterliess ich die Untersuchung des Uterus in der Beckenhöhle selbst; ein Umstand, der mir zwar mit Recht könnte zum Vorwurf gemacht werden, für den ich aber dennoch nicht werde ohne Entschuldigung bleiben können. Ein jeder Operateur weiss, wie in derartigen Fällen ein jeder längere Aufenthalt vermieden wird, um die Bauchhöhle nicht länger uneröffnet zu lassen, als eben dringend nothwendig ist. Und da ich vor der Operation sicher zu sein glaubte, dass der Uterus selbst normal sei, so dachte ich nicht, mit der genaueren Untersuchung seines Verhaltens im Becken mich beschäftigen zu müssen. Gesetzt aber auch, ich hätte dasselbe ganz klar erkannt, so wäre mir unter vorliegenden Umständen doch nichts Anderes übrig geblieben, als genau so zu verfahren, wie ich es gethan. Ich hätte den Uterus nicht aus dem Tumor ausschälen und im Becken zurücklassen können, wie jeder vorurtheilsfreie Wundarzt einsehen wird. Eine tödtliche Hämorrhagie hätte die unmittelbare Folge davon sein müssen.

Soll ich endlich zum Schlusse die Frage erörtern, ob nicht vor der Operation durch eine genauere Untersuchung hätte festgestellt werden können, dass der Uterus und nicht das Ovarium der hauptsächlich leidende Theil war, dass also durch Ermittelung dieser Frage eine Contraindication gegen die Operation überhaupt festgestellt werden musste?

Ich glaube, dass ich mit gutem Gewissen diese Frage verneinen kann. Denn ich fand die Vaginalportion fast oder ganz wie im Normalzustande. Denn die leichte Richtung derselben nach hinten kann doch nicht als Abnormität bezeichnet werden. Was mir bei der Untersuchung per vaginam auffiel, war der Umstand, dass ich den Körper des Uterus durch das Laquear vaginae nicht hindurch fühlen konnte, wie das in der Regel bei Cystovarien der Fall ist, wo der Körper des Uterus mehr oder minder deutlich geknickt, nach vorn oder nach hinten durch das Laquear vaginae hindurch, bei Knickung nach hinten durch den Mastdarm gefühlt werden kann. Ich fühlte von dem Körper des Uterus selbst gar nichts, weder vom Laquear vaginae, noch vom Mastdarm aus. Da ich nun die Uterus-Sonde in die Höhle des Uterus einführen konnte und zwar nicht tiefer und nicht in anderer Richtung als dies im Normalzustande der Fall ist, da ich das kleine Becken gewissermaassen ganz leer fand (aus oben berührtem Grunde), so glaubte ich ganz sicher, dass der Uterus mit dem Tumor ganz normal sei. Dass trotzdem diese meine Ansicht nicht die richtige war, darf — meines Erachtens — mir nicht zum Vorwurf gereichen. Denn bei dem heutigen Stande unserer Kenntnisse, glaube ich, würden die aus der Manual- und Instrumentaluntersuchung des Uterus per vaginam und aus der Manualuntersuchung per rectum gewonnenen Ergebnisse, wie ich solche oben mitgetheilt habe, in jedem Wundarzte die Ueberzeugung festgestellt haben, dass der Uterus in vorliegendem Falle gesund und an der Krankheit nicht unmittelbar betheiligt sei. Für mich aber entnehme ich aus diesem Falle die Warnung für alle Zukunft, niemals wieder in ähnlichen Fällen den Uterus für gesund zu erklären, wenn ich nicht durch das Scheidengewölbe oder den Mastdarm mit aller Evidenz von dem normalen Umfang des Uterus durch den Finger mich überzeugen kann.

Möchten die vorstehenden Blätter Allen denen, die in der Lage sind, derartige Operationen auszuführen, wie sie hier bezeichnet worden, ein Mahnruf sein, auch in den anscheinend verzweifeltsten Fällen nicht aus der äusseren Erscheinung, dem äusseren Habitus eines Tumors seine carcinomatöse Natur zu diagnosticiren, ohne durch die mikroskopische — während der Operation vorgenommene — Untersuchung eine möglichst sichere Ueberzeugung gewonnen zu haben; möchten ferner die Wundärzte unter allen Umständen den Grundsatz festhalten: nach der Excision des Tumors die Schnittfläche des Stieles oder der Geschwulstbasis stets ausserhalb der Bauchhöhle in den unteren Wundwinkel zu lagern und zu befestigen.

Nach dieser Abschweifung kehre ich zu meinem eigentlichen Thema zurück und schliesse mit einigen Bemerkungen über die Hauptgrundsätze, die bei der Ovariotomie zu beachten sind.

1) Der Einschnitt in die Bauchdecken darf weder zu klein, noch weniger aber zu gross sein. In jedem Fall muss er gleich Anfangs von einer solchen Grösse gemacht werden, dass man mit Wahrscheinlichkeit voraussetzen kann, er genüge zur Ausziehung eines grossentheils oder ganz von seiner Flüssigkeit entleerten Cystovariums. Als die passendste Länge des Einschnitts durch die ganze Dicke der Bauchdecken bezeichne ich diejenige, welche sich von dem Mittelpunkte der Linea alba zwischen Nabel und Symphysis ossium pubis, abwärts bis zu der letztgenannten Symphyse erstreckt. Bei sehr ausgedehntem Unterleibe ist diese Strecke 4—6 Zoll lang und länger; nach beendeter Operation ist sie kaum 2—3 Zoll lang, nach der Heilung kaum 2 Zoll lang. Dass vor Beginn der Operation der Mastdarm und die Blase entleert werden müssen, versteht sich ganz von selbst; ersterer freiwillig oder durch ein Clystier, letztere durch den Catheter.

2) Entleerung der Flüssigkeit aus dem Cystovarium. Nach dem Einschnitt in die Bauchwandungen (mit Einschluss des Bauchfells) muss die in dem Cystovarium enthaltene Flüssigkeit mittelst starker Troikarts nach und nach und nicht allzurasch entleert werden. Man muss hierbei einen jeden Erguss des Fluidums in den Peritonäalsack zu verhüten suchen, einestheils dadurch, dass man durch ge-

schickte Assistenten die Bauchdecken stets dicht an den Tumor angedrückt erhalten lässt, anderntheils dadurch, dass man die Canüle des Troikarts lang genug über die Bauchfläche hervorstehen lässt, dass etwa neben dem zum Auffangen der Flüssigkeit dienenden Gefässe vorbeifliessende Partien derselben oder aus der Canüle des Troikarts neben dem Gefässe her abfliessende, beim Wechsel der Füllgefässe abtropfende Quantitäten des Fluidums, wenn sie auch die vordere Bauchfläche oder die Geschlechtstheile, die Oberschenkel der Operirten etc. berühren, jedenfalls nicht in das Bereich der Operationswunde gelangen. Man kann dies auch dadurch verhüten, dass man, nach Einsenkung des ersten Troikarts, alsbald neben der Canüle einen scharfen Haken einsetzt, mit welchem man den Tumor stark gegen die Bauchwände, resp. aus derselben heraus, vorzieht, und dass man, durch Einsetzen neuer Haken und allmälig immer verstärktes Hervorziehen des Tumor in die Bauchwunde und aus derselben heraus, die letztere gewissermassen stets ausgefüllt erhält und dadurch das Eindringen von Flüssigkeit in das Cavum peritonaei verhindert.

3) Verhütung des Vorfalls der Unterleibseingeweide. Dieses Moment ist begreiflicher Weise eines der bedeutendsten. Ein geschickter Gehülfe muss seine beiden Hände rechts und links neben dem Einschnitt in die Bauchwandung der Länge nach fest anlegen, die Bauchwände gegen den Tumor stetig und fest angedrückt erhalten, so dass es unmöglich ist, dass sich etwas anderes zwischen den Rändern der Wunde in den Bauchwandungen sehen lässt, als eben die vordere Fläche des Cystovariums. Wenn die Operation so ausgeführt wird, und keine Adhäsionen mit Darmschlingen, Netz etc. vorhanden sind, so darf man von den Contentis der Bauchhöhle während der ganzen Operation, mit Ausnahme des Cystovariums, keine Spur zu Gesicht bekommen. Die beiden comprimirenden Hände des Gehülfen dürfen während der ganzen Dauer der Operation nicht einen Augenblick von den Seiten der Wundränder der Bauchwand weichen. Hat man den Tumor ganz oder grösstentheils entleert, wozu oft das Anstechen von 3—4 Cysten und mehrerer mit dem Troikart nöthig sein kann, und ist er so weit verkleinert, dass man ihn aus der Bauchwunde in toto herausziehen kann, alsdann ist es besonders nothwendig, mit der grössten Vorsicht, Ruhe und Behutsamkeit recht langsam die Extraction des Tumors zu bewirken, damit nicht zugleich mit ihm Darmschlingen etc. aus der Bauchwunde heraustreten. Der Assistent oder zwei Assistenten müssen dann mit besonderer Achtsamkeit, je weiter der Tumor aus der Bauchhöhle herausgefördert wird, desto mehr die Bauchwandungen mit ihren Händen andrücken und gleichsam hinter

dem Tumor zusammenzudrücken oder die Wundränder hinter dem Tumor her gegen einander zuzudrücken suchen oder einander entgegenschieben.

Ist aber trotz aller Vorsicht eine oder mehrere Darmschlingen vorgetreten, so bringt man sie auf der Stelle mit dem Finger wieder zurück; den letzteren besonders zu erwärmen oder mit Oel u. dergl. zu bestreichen, halte ich für überflüssig und selbst für schädlich. Nur sei der Finger rein, nicht mit Blut und Ovariumflüssigkeit verunreinigt.

4) Abtrennung des Tumors von seinem Stiele. Da man die Operation, die wegen der langsamen Entleerung ihres Contentums schon an und für sich lange Zeit in Anspruch nimmt, doch möglichst rasch zu beendigen streben muss, so ist es gut, eine provisorische Ligatur um die Basis des Tumors zu legen, und dann letzteren durch einen Messerschnitt zu entfernen. Bei langem Stiele braucht man gar nichts vom Tumor zurückzulassen; bei kurzem Stiele lässt man ein kleines Stück des Tumors am Stiele sitzen, und lässt nun letzteren von einem Gehülfen in dem unteren Wundwinkel, nach Aussen gerichtet, festhalten.

5) Vereinigung der Bauchwunde. Man beginnt hiernach die Vereinigung der Bauchwunde durch sehr nahe an einander gelegte Knopfnähte mittelst der Graefe'schen Fadenbändchen vom obern Wundwinkel anfangend und nach abwärts fortschreitend. Auf die Wundlänge von einem Zoll müssen drei bis vier starke Knopfnähte angelegt werden, welche auch das Bauchfell mitfassen. Die Wundränder müssen auf das Genaueste vereinigt werden, so dass, bei späteren Brechbewegungen, wenn durch das Zwerchfell die Gedärme gegen das Wundgebiet gedrängt werden, keine nachgiebige Stelle, keine Lücke in den vereinigten Wundrändern entsteht, durch welche eine Darmschlinge hervortreten kann, ein Umstand, der wegen Schlaffheit der Bauchdecken sehr leicht eintritt, wenn man die Nähte nicht nahe genug an einander angelegt hat.

6) Befestigung des Ovariumstiels und hermetischer Verschluss der Bauchwunde. Das unstreitig wichtigste Moment für den ganzen Erfolg der Operation und die Nachbehandlung ist die richtige Behandlung des Stiels des Tumors und des unteren Wundwinkels der Bauchwunde. Zuerst fixirt man den Stiel in dem unteren Wundwinkel dadurch, dass man eine 5—6″ lange starke Lanzennadel quer durch die beiderseitigen Ränder der Bauchwunde inclusive des Bauchfells und durch die ganze Dicke des Stiels hindurch stösst, den Stiel zwischen den Bauchwundrändern gleichsam festspiesst. Die Nadel muss unterhalb der angelegten provisorischen Ligatur her geführt werden.

Hiernach führt man einen starken Baumwollenfaden zuerst oberhalb des Stiels, dann einen zweiten unterhalb des Stiels in Schlangen- oder doppelten 8 Touren unter und über den beiden Enden der Lanzennadel her, und vereinigt so die Bauchwundränder auf das Innigste um den Stiel herum mit letzterem, so dass der Stiel zwischen den Bauchwundrändern im unteren Wundwinkel ganz festgeklemmt ist, und wie der Pfropf aus einer Flasche mehr oder minder lang und dick hervorsteht.

Hiernach stösst man durch die ganze Dicke der Stielbasis, in gleicher Ebene mit der freien vorderen Fläche der Bauchhaut, also diesseits der Lanzennadel, eine starke, mit einer doppelten seidenen starken Ligatur versehene Nadel hindurch, bringt die eine Ligatur um die rechte, die andere um die linke Hälfte der Stielbasis, führt jede Ligatur durch ein Graefe'sches Ligaturstäbchen, und schnürt sie so fest als es nöthig ist.

Die zuerst angelegte provisorische Ligatur kann man jetzt abnehmen, oder auch liegen lassen.

7) Verband nach Beendigung der Operation. Hat man, wie oben auseinandergesetzt, den Stiel gehörig unterbunden und sich gegen jede Blutung aus demselben sicher gestellt, so bedeckt man zuerst die vereinigten Ränder der Bauchwunde mit dachziegelförmig quer über einander herliegenden, theilweise einander deckenden, kurzen und schmalen Heftpflasterstreifen.

Alsdann bringt man unter die beiden Enden der Lanzennadel, je eine auf jeder Seite, eine nicht zu dicke, kleine Leinwandcompresse, und befestigt solche mit Heftpflasterstreifen. Dies muss aus dem Grunde geschehen, um das Einschneiden der Lanzennadelenden in die Bauchwand zu verhüten. Unterlässt man das eben Gesagte, dann schneiden die Enden der Lanzennadeln tiefe, eiternde Wunden in die Bauchwandungen und können selbst durch die ganze Dicke der Bauchwand hindurch eitern, indem der von der Lanzennadel aufgespiesste Ovariumstiel die Neigung hat, sich stark in die Bauchhöhle zu retrahiren, und einen stetigen Zug nach unten und hinten auf die ganze Lanzennadel und also auch auf deren beiderseits hervorstehende Enden ausübt. Diesem Zuge muss durchaus entgegen gewirkt werden.

Ist dies Alles geschehen, so umgibt man jedes der beiden Graefe'schen Ligaturstäbchen sammt Ligatur mit einer dünnen Leinwandcompresse, und befestigt beide mittelst Heftpflasterstreifen auf der seitlichen Bauchwand rechts und links.

Alsdann legt man lange und breite Heftpflasterstreifen vom Rücken her quer über den Bauch, einestheils um den ganzen Unterleib mässig zu comprimiren, anderntheils aber und hauptsächlich, um bei allen nachfolgenden Körperbewegungen der Operirten die Bauchwand und die vereinigte Bauchwunde so gegen jede Ausdehnung, Zerrung etc. zu schützen, dass von Auseinanderdehnung der Wundränder, von Durchtritt der Darmschlingen zwischen jenen etc. nicht füglich die Rede sein kann. Es versteht sich von selbst, dass das Heftpflaster sehr gut kleben und dass es auf starkes Zeug (Leinwand oder Baumwollenstoff) aufgestrichen sein muss, und dass also die breiten Heftpflasterstreifen den Bauch wie ein dichter Cuirass umgeben resp. decken. Es ist aber nicht anzurathen, den ganzen Körper gürtelförmig mit den Heftpflasterstreifen zu umgeben, weil bei Anlegung derselben die Operirte zu stark bewegt werden muss, was Ohnmacht zur Folge haben könnte; anderntheils würde auch die Spannung, die eine solche Masse breiter Heftpflastergürtel um den ganzen Leib herum macht, nach kurzer Zeit unerträglich werden und — wie ich in einem Falle erfahren, wieder durch Abnahme der Pflaster beseitigt werden müssen.

Ich lasse daher das eine Ende eines jeden der Heftpflasterstreifen von der Gegend des Musculus longissimus dorsi an beginnen und führe solches nach vorn über den Bauch quer bis in die entgegengesetzte Seite, etwa 2—3 Hände breit jenseits der Linea alba, was, ohne den Rumpf der Operirten zu heben, leicht geschehen kann.

Ist alles dieses besorgt, alsdann wird der Ovariumstiel mit Charpie bedeckt, die selbst wieder mit einigen Heftpflasterstreifen befestigt wird. Hiernach wird schliesslich ein mässig breites Handtuch um den ganzen Leib gelegt und mit starken Stecknadeln befestigt.

8) Nachbehandlung unmittelbar nach beendeter Operation und beendetem Verbande. Das nächste, was jetzt geschehen muss, ist der Transport der Operirten vom Operationstische in ihr Bett. Ein Hauptaugenmerk ist darauf zu richten, dass das Bett durchaus gut erwärmt ist, und dass die Operirte sich während des Transports, der ja nur ganz kurz, wenige Schritte sein muss, ganz passiv verhalte; sie darf durchaus sich nicht dabei eine active Bewegung gestatten. Ihre Kräfte sind an und für sich durch die Operation erschöpft genug; drei bis vier starke Personen müssen den Transport mit Leichtigkeit und ohne die Operirte in irgend einer Weise zu erschüttern, verrichten.

Das Zimmer, in welchem die Patientin operirt wurde, und in welchem sie nach der Operation bleibt, muss im Winter gut erwärmt gehalten werden, und durch fleissige vorsichtige Lüftung muss die Luft darin mit grosser Sorgfalt rein gehalten werden.

Fühlt sich die Operirte sehr matt, so kann man ihr unmittelbar nach der Operation (und selbst während des Verbandes) ein Glas guten alten Weins, oder eine Tasse warmer Bouillon reichen lassen. Später aber darf sie nichts geniessen, und ausser Wasser und Zuckerwasser in den ersten 2—3 Tagen auch nichts trinken.

Der Stuhlgang kann bis zum 12. oder 14. Tage unterdrückt bleiben, wenn nicht irgendwie Anlässe auftreten, die eine künstliche Beförderung desselben erheischen. Je später der erste Stuhlgang nach der Operation erfolgt, um so besser und sicherer können die Heilungsprocesse im Wundgebiete vor sich gehen.

Wird der Urin nicht 8—10 Stunden nach der Operation freiwillig entleert, so muss der Catheter applicirt, und dessen Anwendung täglich 2—3 Mal wiederholt werden, wenn diese Function sich nicht freiwillig einstellt.

Im Zimmer der Operirten muss die grösste Ruhe herrschen; kein überflüssiges Wort darf gesprochen, der Schlaf durch nichts gestört werden.

Tritt nicht irgend ein Symptom ein, welches den Verband früher zu untersuchen zwingt, so sieht man in den ersten 3—4 Tagen täglich zweimal nach dem Stiel des Ovariums und den Ligaturen desselben. Bei der geringsten Nachblutung zieht man die Ligaturen fester; auch geschieht letzteres, wenn man sieht, dass die Ligaturfäden nicht mehr straff angezogen sind.

Sobald der Stiel mortificirt, schwarz und breiig wird und anfängt, den eigenthümlichen Brandgeruch zu verbreiten, so schneidet man mit der Scheere alle erweichten Theile weg und bestreut den Rest mit frischem Holzkohlenpulver, oder legt kleine, mit Kohlenpulver gefüllte Säckchen von Gaze neben und auf den brandigen Stiel, damit die Brandjauche von dem Kohlenpulver aufgesaugt werde.

Die Knopfnähte, welche die Ränder der Bauchwunde vereinigt haben, nehme man ja nicht zu früh, lieber etwas zu spät hinweg. Vor dem achten Tage rathe ich solche nicht zu entfernen.

Die grosse Lanzennadel darf nicht vor dem Ende des vierzehnten Tages ausgezogen werden, will man der soliden Verwachsung des Stiels im unteren Wundwinkel sicher sein.

Vom vierten oder fünften Tage an kann man die Kranke mit flüssigen Brühen ernähren, Bouillon, Milch gestatten; vom achten bis neunten Tage an kann man Thee oder leichten Kaffee erlauben. Feste Nahrung lasse ich vor dem vierzehnten Tage nicht geben.

Die solide Vereinigung der Bauchwunde ist vor dem Ende der

dritten Woche gar nicht zu erwarten, selbst wenn sie prima intentione heilte [1]).

Die Operirte darf daher auch vor Ende der dritten Woche ihr Lager nicht verlassen; noch besser ist's, sie wartet bis zum Ende der vierten Woche oder länger bis zur vollständigen Vernarbung der Bauchwunde (und des Stieles) in ihrer ganzen Länge.

Hiermit ist aber nicht ausgeschlossen, dass die Operirte das Bett wechselt. Im Gegentheil, man kann vom zweiten oder dritten Tage an sie täglich in ein anderes gut gemachtes und erwärmtes Bett bringen lassen. Die Operirte muss aber bei diesem Umbetten gleichfalls jede active Bewegung vermeiden. Zwei bis drei Personen müssen den Transport aus einem Bett in's andere, ohne Erschütterung der Operirten, besorgen.

Grosse Vorsicht ist auch bei dem Wechsel der Leibwäsche zu nehmen. Vor dem dritten Tage nach der Operation darf die Wäsche nicht gewechselt werden. Nach dieser Zeit kann solches alle 2—3 Tage geschehen, aber ohne dass die Operirte sich dabei körperlich anstrengen darf.

9) Verfahren bei Verwachsungen des Cystovariums. Ich füge noch einige Bemerkungen bei über die gewöhnlichste Complication, die während der Operation vorkommen kann, nämlich über das bei Verwachsungen des Tumors zu beobachtende Verfahren.

Zunächst ist es ein verwerfliches Verfahren, nach Eröffnung der Bauchhöhle mit Sonden oder der Hand etc. einzugehen, den Tumor umfühlen oder umgreifen zu wollen, um zu ermitteln, ob Verwachsungen da sind oder nicht. Man weiss nicht mit Sicherheit, ob die Sonde oder ein ähnliches Instrument nicht irgendwo — da man ja ganz im Finstern operirt, und nicht wissen kann, was man berührt, wenn man tief eindringt — mehr oder weniger bedeutende Verletzungen, Löcher im Netze u. dergl. erzeugt. Das Einführen eines Fingers könnte nur für die nächste Strecke hinter der Bauchwunde eine Aufklärung geben, die aber ganz ungenügend, daher auch überflüssig ist, wenn sie nicht durch die Anspannung der Bauchwandungen noch dazu schädlich wirkt. Nun gar aber die ganze Hand in die Bauchhöhle einführen, den Tumor umgreifen zu wollen — das ist ein so beleidigendes rohes Verfahren, dass kein Chirurg sich darauf einlassen sollte. In der Regel gelingt es nicht, weil die Spannung der Bauchwandungen durch den Tumor so gross, die Unterleibshöhle dadurch so aus-

---

[1]) Daher die Berichte über vollständige Heilung solcher Operirten nach 10 Tagen oder in noch kürzerer Zeit wohl zu den Märchen gehören.

gefüllt ist, dass eine Mannshand keinen Platz mehr findet. Wollte aber ein Operateur mit Gewalt seiner Hand Raum schaffen, so wäre ein solches Verfahren eine so bedeutende, auf Bauchfell und Muskeln, die Unterleibseingeweide und endlich auf den ganzen Organismus wirkende, mechanische Schädlichkeit, dass sie allein schon genügen könnte, den ganzen Erfolg der Operation in Frage zu stellen; es wäre ein so grausames Verfahren, dass man nicht Worte finden könnte, um es genügend zu verurtheilen. Ein solches Verfahren, wie das ganze Suchen nach Adhäsionen, ist aber auch, im glücklichsten Falle nicht blos unnütz, sondern zeitraubend, und schon dadurch schädlich. Sind keine Adhäsionen zu finden gewesen, so waren gewiss alle die dazu angewendeten Manipulationen nutzlos. Sind Adhäsionen aber vorhanden, so kommen solche im Verlaufe der Operation zum Vorschein, wozu also solche erst aufsuchen wollen?

In der Regel finden sich die Adhäsionen in dem oberen oder seitlichen Theil des Tumors, seltener an dem unteren oder mittleren Theil der vorderen Fläche desselben; sie kommen zum Vorschein, sobald man den Tumor durch Abzapfung seines flüssigen Inhalts mehr oder minder verkleinert hat und denselben aus der Bauchwunde hervorzuziehen versucht.

Bei der Trennung dieser Adhäsionen hat man vor allen Dingen an die Folgen zu denken, und die unangenehmen zu verhüten. Als solche sind zu bezeichnen: die Nachblutung und die Eiterung. Man trenne also die Adhäsionen durch kleine, flache Messerzüge, dicht am fibrösen Gewebe des Tumors; die Adhäsionen mit dem Finger oder Scalpellstiel abzureissen, scheint mir nicht so räthlich, weil gerissene Wunden leicht Eiterung zur Folge haben. Man mache daher möglichst nur einfache, reine Trennung der Continuität durch Schnitt. Mit dem Glüheisen solche Adhäsionen zu trennen und gleichzeitig die Blutung zu stillen, scheint mir verwerflich, weil hiernach nothwendig Eiterung in den Bauchfellsack folgt. Das gleiche muss ich von den Trennungen durch Quetschinstrumente und den Ecraseur sagen.

Trifft man auf grössere Blutgefässe, so schliesst man sie durch die Torsion, findet man Arterien, die über $\frac{1}{2}$ — 1 Linie Durchmesser haben, so wendet man die Gefässdurchschlingung[1]) an, ist die Adhäsion

[1]) Ad vocem Gefässdurchschlingung, welche von mir im Jahre 1832 erfunden wurde, und welche ich für die einzige und beste rationelle Methode erklären muss, um den Verschluss grösserer Blutgefässe zu bewirken, ohne dass die verschlossenen Enden eitern — so hoffe ich, dass ein Engländer oder Franzose solche gelegentlich noch einmal erfinden wird, damit sie den ihr gebührenden Platz in der Reihe der chirurgischen Operationen ein-

so fest und mit so zahlreichen grossen Blutgefässen versehen, dass es zu zeitraubend und gefährlich sein würde, dieselbe zu trennen, und jedes einzelne Gefäss zu schliessen, alsdann lässt man das betreffende Stück der Cystenwandung sitzen, indem man solches von der Hauptmasse des Tumors abtrennt

---

nimmt. — Bis heute haben die Chirurgen sich vergebene Mühe gegeben, die Ligatur der grossen Arterien zu ersetzen. Die Gefässdurchschlingung hat sie längst ersetzt, aber man kennt sie nicht, man gibt sich nicht die Mühe, sie kennen zu lernen, und ich bin auch nicht so hartnäckig, um den Chirurgen immer von Neunm von einer Sache zu reden, die sie eben nicht kennen lernen zu wollen belieben. Ich hoffe, dass Simpson, der bei Anwendung seiner Acupressur gelegentlich wohl auf die Gefässdurchschlingung fallen wird, die letztgenannte Operation annehmen und ihr zu ihrem Rechte verhelfen wird. Diejenigen Leser, welche Interesse für genannte Operation haben, mache ich auf meine Schrift über Gefässdurchschlingung (Marburg bei Elwert 1833. 8.) und über die Bildung und Metamorphose des Thrombus (Eisenach bei Bärecke 1834. 8.) aufmerksam; ferner auf Gurlt und Hertwig's Archiv für die Thierheilkunde, Berlin 1835, worin in einer ausführlichen Arbeit Hertwig's die Gafässdurchschlingung als die sicherste aller bis jetzt erfundenen Methoden der Blutstillung bezeichnet wird. Was ich am meisten hierbei bedauern muss, ist der Umstand, dass tüchtige deutsche Chirurgen sich durch die Mode, auf die Gefässdurchschlingung verächtlich herabzusehen, hinreissen lassen, dieselbe ohne irgend eine Kenntniss derselben zu vernachlässigen und zu verurtheilen. So hat sich auch Prof. Dr. O. Weber in Bonn (in dem neuesten Handburch der allgemeinen und speciellen Chirurgie, redigirt von Pitha und Billroth, Erlangen 1865, bei Enke, I. Band, 1. Lieferung S. 165) blosgestellt, indem er sagt: „Bei der eben so unzweckmässigen Durchschlingung . . . steckt man das freie Arterienende durch einen Schlitz in der Wand hindurch und knüpft so gewissermassen mit dem Gefässe selbst einen Knoten. Wer sieht nicht, dass bei allen sogenannten Methoden . . . das Gefäss ganz nutzlos weit losgezerrt und dem Absterben preisgegeben werden muss."

Weber beweist hierdurch, dass er auch nicht die entfernteste klare Idee von der Gefässdurchschlingung hat, dass er auch meine Schrift über die Bildung der Metamorphose des Blutpfropfs, in welcher durch mehrere Hunderte von Experimenten an lebenden Thieren aller Art unzweideutig für alle Zeiten von mir nachgewiesen worden ist, dass die Gefässenden nach der Durchschlingung niemals eitern und absterben, sondern umgekehrt normal bleiben, wenn auch gelesen, doch aber ohne denjenigen Nutzen gelesen hat, welchen ein Jeder daraus ziehen muss, der sie mit nur einiger Aufmerksamkeit liest. Ich müsste es sehr bedauern, wenn Weber mit seinen andern Studien ein solches Schicksal hätte, wie mit denjenigen über die Gefässdurchschlingung, über welche er sich als Kritiker aufgeworfen hat, und wobei Alles, was er sagt, das vollständigste Gegentheil der Wahrheit ist.

Gibt dagegen die Adhäsion schon bei einem leichten Zug nach und trennt sich, so kann man solche unbedenklich durch leichten Zug abreissen. Ich habe davon, bei ausgedehnter Adhäsion in einem Falle (1863, deutsche Klinik) keinen Nachtheil gesehen.

Nach Trennung aller Adhäsionen beachte man genau die ganze Trennungsfläche, so weit es möglich ist, und beobachte, ob die Blutung ganz aufgehört hat. Die Berührung der wunden Stellen des Netzes mit der atmosphärischen Luft bringt allein schon die getrennten Capillargefässe bald zur Contraction und Thrombusbildung in denselben. Sollte noch eine geringe capillare Blutung stattfinden, so kann man einen in kaltes Wasser getauchten Schwamm kurze Zeit aufdrücken oder ein Stückchen Eis auflegen. Doch wird das Alles kaum nothwendig; ein geringer Bluterguss aus capillaren Gefässen in die Bauchhöhle kann kaum als ein bemerkenswerther Nachtheil angesehen werden.

10) Die Gehülfen bei der Operation müssen ganz besonders gut instruirt sein. Man bedarf deren mindestens vier. Kann man einen bis zwei mehr haben, um so besser. Der Hauptassistent comprimirt die Wundränder auf dem Tumor und verhütet den Vorfall von Eingeweiden neben dem Tumor. Zuweilen bedarf man dazu noch eines zweiten Gehülfen, der den ersten unterstützt, oder ihn, bei Ermüdung desselben, ersetzt. Ein dritter Gehülfe reicht die Instrumente und besorgt die erste Blutstillung bei dem Schnitte durch die Bauchwandungen, ein vierter achtet auf die Unterhaltung der Chloroformnarkose. Man bedarf ausserdem noch einer Person, um allerhand Verrichtungen zu besorgen, Gefässe zu bringen und zu wechseln etc.

11) Einige Bemerkungen über die Anwendung der Clay'schen resp. Hutchinson'schen Klammer. Es ist bekannt, dass Clay sich einer „Klammer" bedient, eines scheeren- oder zangenartigen Instruments, mit welchem der Stiel des Cystovariums durchgeklemmt wird, ähnlich wie die Thierärzte bei Castration der Pferde sich der „Kluppen" bedienen. Es lässt sich nicht läugnen, dass man mit dieser Klammer eine genügend starke und allmälig auch nach Belieben zu verstärkende Compression ausüben kann, dass man den Stiel diesseits der Klammer zum Absterben bringt, und dass dieses Instrument in seiner Anwendung alle wünschenswerthe Sicherheit darbietet.

Aber dies Instrument hat den einen grossen Nachtheil, dass es wegen seiner Grösse und seines Umfangs einen grossen Theil der Ränder der Bauchwunde dem Blicke des Wundarztes entzieht; die andern Nachtheile desselben, dass es durch seine Schwere einen unangenehmen Druck auf den Unterleib der Operirten ausübt, dass es rostet und verdirbt, wenn es von Stahl ist, sind nicht hoch anzuschlagen.

Es muss daher wünschenswerth erscheinen, ein Verfahren zu besitzen, mittelst dessen man alle die Vortheile der Clay'schen Klammer erreicht, ohne durch deren Nachtheile gestört zu werden. Dieses Verfahren finden wir in der Anwendung der Graefe'schen Ligaturstäbchen. Dieselben bedecken nur eine ganz schmale Stelle der Ränder der Bauchwunde, belästigen nicht durch ihre Schwere, und sind (von Neusilber gefertigt) dem Verderben durch Rost nicht unterworfen. Ausserdem gestattet die Schraube an denselben, die Ligatur ganz allmälig fester und fester zu ziehen, viel sicherer noch, als die Clay'sche Klammer gestattet, bei welcher der Fingerdruck des Operateurs nach Gutdünken die anzuwendende, nicht immer sicher genug zu bemessende Kraft bestimmt, bei welcher man häufig eine zu weit gehende Compression oder Durchquetschung veranlassen kann.

Aus diesen Gründen halte ich es für das Beste, den Stiel der Ovarialgeschwulst mittelst einer grossen Nadel, welche eine doppelte starke Seiden-Ligatur enthält, durch die Mitte seiner Basis in seiner ganzen Dicke zu durchstechen, die eine Ligatur um die rechte Seitenhälfte der Stielbasis, die andere Ligatur um die linke Seitenhälfte derselben zu schlingen, und nun durch ein rechts und links angelegtes Ligaturstäbchen die beiden Ligaturen, je eine auf jeder Seite, so fest zuzuziehen, dass jede Blutung aufhört, und jede Stielhälfte fest zusammengeschnürt ist.

Da bei dicken Stielen namentlich die umschnürende Ligatur nach kürzerer oder längerer Zeit mehr oder minder nachgibt, da ferner die festweichen Theile des Stieles, welche unmittelbar von der Ligatur berührt werden, nach oben und unten mehr oder minder der Ligatur ausweichen und nachgeben, so kommt es in der Regel, dass die centralen Theile des Ovariumstiels wenige Stunden nach angelegter Ligatur nicht mehr so stark comprimirt werden, als unmittelbar nach Anlegung derselben. Hieraus folgt, dass die in dem Centrum des Stieles verlaufenden Arterien, die unmittelbar nach Anlegung der Ligatur so fest comprimirt waren, dass ihr Lumen ganz verschlossen war und die Blutung aufhörte, nach kürzerer oder längerer Zeit, 10, 20—40 Stunden, allmälig immer weniger comprimirt werden, so dass endlich die Gewalt des Blutstroms grösser wird, als die äussere comprimirende Gewalt der Ligatur auf diese Arterien, mit einem Wort: dass eine Nachblutung erfolgt. Wird diese Nachblutung nicht durch eine neue Ligatur zum Stehen gebracht, so kann sie tödtlich werden, wie das bekannt genug ist.

Ist aber der Stiel durch die Ligaturstäbchen unterbunden, so kann zu jeder Zeit durch wenige Umdrehungen der Flügelschraube eines jeden der Ligaturstäbchen die lose gewordene Ligatur so fest gezogen werden, dass von Fortdauer der Nachblutung nicht mehr die Rede sein kann. Dabei ist das Manöver zur Ausführung dieser kleinen Nachhülfe ein so leichtes, für die Operirte ganz und gar unbeschwerliches, dass ich nicht wüsste, wie irgend ein anderes Hülfsmittel dem genannten an die Seite gesetzt werden könnte.

Somit glaube ich, dass die Empfehlung der Graefe'schen Ligaturstäbchen zur Unterbindung des Ovariumstiels sehr gerechtfertigt ist, und dass sie die Anwendung der andern bisher bekannten Hülfsmittel zur Mortification etc. des Stieles nicht blos übertreffen, sondern auch verdrängen wird.

Alle folgenden Operationsfälle, vom 6. bis 10. aus den Jahren 1864 und 1865 machte ich in A. Göschen's Deutscher Klinik, 1865, No. 1 u. ff. bekannt. Ich publicirte daselbst zunächst den 6. u. 7. Fall wie folgt:

Im Laufe des eben verflossenen Jahres 1864 habe ich vier Ovariotomien gemacht. Drei derselben wurden nach der von mir vor nahezu 30 Jahren erfundenen Methode der extraperitonäalen Unterbindung und Einheilung des Ovariumstielrestes ausgeführt. Alle diese Fälle wurden von glücklichem Erfolge gekrönt. Ein Fall aber, der vierte, bei welchem ich, in Folge mehrfacher dabei vorgekommener diagnostischer Irrthümer, meine Principien nicht in Anwendung brachte, in welchem ich vielmehr nach der alten Methode operirte, endete tödtlich. In No. 34 und 35 des vorvorigen Jahrgangs dieser Zeitschrift (1863) habe ich einen Operationsfall bekannt gemacht, welcher gleichfalls ein glückliches Resultat hatte. Die Operirte lebt noch und steht im Begriff sich zu verheirathen. Ebendaselbst habe ich auf die beiden früher, 1841 und 1849, von mir veröffentlichten Fälle hingewiesen, von denen einer — nach meinen Principien operirt — ebenfalls glücklich geheilt wurde, während der andere (mein erster Fall im Jahre 1837), nach der damals üblichen (alten) Methode ausgeführt, unglücklich endete. Ich habe also bis heute 7 Mal die Ovariotomie ausgeführt.

In 5 Fällen wandte ich die extraperitonäale Unterbindung und Einheilung des Ovariumstiels an; alle diese Fälle wurden geheilt. In den beiden anderen Fällen, wo ich den Ovariumstiel in der Bauchhöhle liess, trat der Tod ein. Wäre es mir also gestattet, aus meiner eigenen, bis jetzt allerdings noch geringen, Erfahrung einen Schluss zu ziehen, so würde derselbe dahin lauten: dass die nach meiner Operationsmethode ausgeführte Ovariotomie in der Regel die Heilung zur Folge hat, dass aber die nach der alten Methode ausgeführte Operation in der Regel den Tod nach sich führt.

Seitdem ich meine Ideen über die Verbesserung des Operationsverfahrens bei der Ovariotomie in Holscher's Annalen 1841, Bd. I. p. 306 — 309 ff. bekannt gemacht habe, und zwar mit allen Details dieser Methode, sind Hunderte von Ovariotomien, hauptsächlich in Amerika und England, einige auch in Frankreich und in Deutschland ausgeführt worden. In Deutschland bezeichnete man das neue Operationsverfahren als das „englische", während man in Amerika und England und auch in Frankreich wenigstens discret genug war, das von mir präcisirte Operationsverfahren zu adoptiren, ohne meinen Namen zu nennen, aber auch ohne sich die Urheberschaft desselben anzueignen. Ich beabsichtige hier nichts weniger, als mich auf eine ausführliche Geschichte der Ovariotomie einzulassen. Ich halte es nur für Pflicht, die ich der Rücksicht auf die Lauterkeit der Geschichte jeder Wissenschaft schuldig zu sein glaube, hier nochmals mir mein Eigenthum zu revindiciren, die neue Methode nämlich, welche ich (1837) erfunden habe, um die grössten Gefahren der Ovariotomie, durch welche diese Operation in der Regel einen tödtlichen Ausgang nahm, zu beseitigen, ich meine die Gefahren der Nachblutung und des Eitergusses in das Cavum peritonaei mit allen ihren schrecklichen Folgen.

Durch die Ausführung meiner Idee, den Ovarialstiel und die Wundfläche desselben ausserhalb der Höhle des Bauchfells und der ganzen Bauchhöhle zur Heilung und Vernarbung zu bringen — wird es mit absoluter Sicherheit vermieden, sowohl das Peritonäum wie die Unterleibseingeweide mit Blut und Eiter in Contact zu bringen, die Blutung wird vielmehr in der Regel mit Sicherheit verhütet und — wenn sie eintritt — mit aller Sicherheit bekämpft; und was die Eiterung des Ovarialstiels betrifft, dessen unterbundener Theil nothwendig brandig wird und durch Eiterung zur Vernarbung kommen muss, so ist diese Eiterung und brandige Zersetzung des Ovarialstiels — ebenso wie eine allenfalls entstehende Nachblutung — eine rein äusserliche, extraperitonäale, gleichsam auf der vorderen Bauchfläche vor sich gehende, klar unter den Augen des behandelnden Wundarztes stattfindende, wobei die Unterleibeingeweide und das Bauchfell nicht im mindesten betheiligt werden. Ist also das vergrösserte Ovarium glücklich aus der Bauchhöhle herausgezogen, und hat man den Stiel desselben, nach meiner Methode, im unteren Wundwinkel befestigt, so dass jener, wie ein Pfropf aus der Flasche, frei auf der vorderen Bauchfläche hervorsteht; ist ferner die Bauchhöhle durch die Naht hermetisch geschlossen, alsdann kann man — caeteris paribus, d. h. wenn nicht Umstände, die von der Operation ganz unabhängig sind, nachtheilige Wirkungen üben — in der Regel eine Heilung erwarten.

Zahlreiche Fälle von Ovariotomie, in allen Ländern der civilisirten Welt in den letzten Jahren ausgeführt, haben bewiesen, dass die von mir aufgestellten Principien ausschliesslich es sind, welche den günstigen Ausgang der Ovariotomie bedingen. Die günstigen Erfolge Atlee's u. A. in Amerika, Clay's, Spencer Well's u. A. in England, Köberlé's in Strassburg und mancher Anderer in Deutschland werden jedem unbefangenen Beobachter, der die betreffenden Operationsgeschichten liest, die Ueberzeugung geben, dass der glückliche Ausgang nur dadurch bedingt war, dass der Ovarialstiel in dem unteren Wundwinkel nach aussen gelegt, aus der Bauchhöhle entfernt wurde, so dass Blutung und Eiterung nach aussen stattfinden mussten, und das Cavum peritonaei ganz aus dem Bereich der Blutung und Eiterung gebracht, vor Berührung des Eiters geschützt war. Dahingegen wird man finden, dass in allen solchen Fällen, welche einen unglücklichen Ausgang nahmen, in der Regel eine Blutung in das Cavum peritonaei oder ein Eitererguss in dasselbe stattfand, weil man den Stiel des Ovariums innerhalb des Bauchfellsacks zurückliess. In solchen Fällen, wo letzteres geschah und dennoch Heilung erfolgte, hatte man entweder den Stiel durch Fadenschlingen (welche man durch die Bauchwand führte) in der Nähe des unteren Wundwinkels fixirt und dadurch wenigstens die Eiterung zunächst des offenen unteren Wundwinkels erhalten und dem Eiter einen leichten Austritt aus der Bauchhöhle verschafft, so dass die Berührung der Baucheingeweide mit dem Eiter des Ovarialstiels in nur geringem Grade stattfand, oder aber: die Natur überwand auch hier die in der Regel am schwierigsten zu überwindenden Nachtheile und brachte es — trotz aller Schädlichkeiten — dennoch zum glücklichen Ausgang. Letztere Fälle müssen aber zu den sehr seltenen Ausnahmen von der Regel gezählt werden, und ich halte es, nach den jetzt vorliegenden zahlreichen Erfahrungen, für ein Verbrechen, dessen sich der Operateur an der Kranken schuldig macht, wenn derselbe, nach der Extraction des Ovarialtumors aus der Bauchhöhle, den unterbundenen Stiel desselben in dem Cavum peritonaei zurücklässt. Ich halte es vielmehr für ein dringendes Gebot, das ich nicht laut genug betonen kann, und welchem sich kein Wundarzt bei der Ovariotomie, ohne die schwerste Verantwortung auf sich zu laden, entziehen darf, ich halte es also, sage ich, für ein dringendes Gebot, den Ovarialstiel ausserhalb des Bauchfellsacks nach vorn und aussen im unteren Wundwinkel zu befestigen, mag man nun die Unterbindung des Stiels anwenden, oder mag man solchen mittelst der Hutchinsonschen Klammer (gewöhnlich Clay'sche genannt) einklemmen, um die Blutung zu verhüten und den Stielrest zum Absterben zu bringen. Nur allein hierdurch schützt man die Operirte vor den in der Regel todbringenden Gefahren einer Peritonitis purulenta, nur hierdurch wird man in den Stand gesetzt, eine der eingreifendsten, gefahrvollsten, in der Regel sehr schwierigen Operationen, in Vergleich zu welcher alle übrigen chirurgischen Operationen als Kinderspiel erscheinen, mit einer fast sicheren Hoffnung auf glücklichen Erfolg auszuführen.

Dass neben diesem Cardinalpunkt der Ovariotomie noch verschiedene andere, zwar minder wichtige, aber dennoch wohl zu beachtende Cautelen zu berücksichtigen sind, versteht sich von selbst. Die erste und bedeutendste ist die hermetische Schliessung der Bauchwunde. Die übrigen werde ich im Lauf der folgenden Mittheilungen nach einander zu besprechen Gelegenheit nehmen.

Ich gehe nun zur speciellen Mittheilung der einzelnen Fälle über, deren jeder sein besonderes Interesse darbietet.

Sechster Fall.

Enormes Cystovarium von vierjähriger Dauer. Multiloculäre Cystengeschwulst. Dreimalige Punction unter fortschreitender Verschlimmerung des Uebels. Ovariotomie nach der Extra-Peritonäal-Methode des Autors. Vollständige Heilung.

Caroline Gesang, 32 Jahre alt, aus Georgenthal bei Gotha, unverheirathet, von mittlerer Grösse, gracilem Körperbau, aber doch gut genährt und kräftig, regelmässig seit dem 14. Jahre menstruirt, und übrigens ganz gesund, nie schwanger gewesen, leidet seit 4 Jahren an einer allmälig zunehmenden Anschwellung des Leibes, wegen deren die Kranke im Monat März 1864 zuerst den Rath des Hrn. Dr. Thomas in Ohrdruf einholte. Hr. Dr. Thomas fand damals den Leib wie durch einen hochschwangeren Uterus ausgedehnt, die Percussion desselben ergab überall einen leeren Ton, der oben und zu beiden Seiten von einem tympanitischen Schall begrenzt war. Der Leib bot überall eine pralle Oberfläche, eine sehr deutliche Fluctuation, die Geschwulst konnte ein wenig seitwärts verschoben werden[1]). Im Mai und Juni 1864 traten wiederholt heftige Schmerzen im oberen Theil der Geschwulst ein; bei der Palpation derselben wurde zuweilen ein knarrendes Geräusch bemerkt. Dr. Thomas diagnosticirte eine cystoide Degeneration des Ovariums und unternahm am 29. Juni 1864 die Punction des Tumors. Dieselbe lieferte circa fünf Kannen einer trüben Flüssigkeit; oberhalb der Symphyse blieb, in der Höhe von 5—6 Zoll, noch ein leerer Percussionston; nach einigen Tagen war auch hier wieder Fluctuation nachweisbar, so dass Dr. Thomas eine mehrkammerige Cyste mit ziemlicher Sicherheit diagnosticiren zu können glaubte. Schon am 22. August 1864 musste, wegen der enormen Ausdehnung des Bauches, die zweite Punction vorgenommen werden. Thomas punctirte an einer etwas tieferen Stelle als zum ersten Male, und war auch, nach Entleerung einer fast gleichen Menge (wie beim ersten Male) etwas blutig gefärbter Flüssigkeit, nicht mehr im Stande, zurückgebliebene Flüssigkeit nachzuweisen. Der Sack füllte sich aber auch nach der zweiten Punction bald wieder, die Beschwerden der Kranken, namentlich beim Liegen, nahmen in rapider Weise zu, so dass am 2. October 1864 die dritte Punction vorgenommen werden musste. Die in ziemlich gleicher Menge wie früher entleerte Flüssigkeit war gelbbräunlich, trübe, wenig klebrig, nicht blutig gefärbt. Nach erfolgter Entleerung trat eine bedeutende Beklemmung der Respiration ein, und Dr. Thomas war genöthigt, rasch durch Handtücher den Unterleib zu comprimiren. Derselbe war daher auch verhindert, eine Palpation und Percussion des Unterleibes nach Entleerung der Cyste vorzunehmen. Die Untersuchung per vaginam vor der Punction ergab: Das vordere Scheidengewölbe prall elastisch, nicht herabgedrückt, die Portio vaginalis derb, ziemlich gross, etwas nach vorn gerichtet, zapfenartig jungfräulich, wenig tiefer stehend als normal; im hinteren Scheidengewölbe fühlte man den unteren Theil des Uterus, der aber nicht oder kaum zurückgelagert erscheint. Dasselbe Resultat ergab die Untersuchung per rectum. Nach der Entleerung der Cyste war das vordere Scheidengewölbe weicher, die Vaginalportion höher stehend und weniger nach vorn gerichtet, der untere Theil des Uterus nicht mehr so deutlich fühlbar wie vorher.

[1]) Hr. Dr. Thomas war so gütig, alle diese anatomischen Mittheilungen zu notiren.

Nach dieser letzten Punction war die Kranke sichtlich schwächer als früher; es dauerte 14 Tage, bis sie das Bett verlassen konnte, und ehe sie anfing, wieder einige Kräfte zu sammeln, machten sich die Beschwerden in Folge der früher als das letzte Mal wieder eintretenden Füllung des Cystoids in solchem Maasse fühlbar (hochgradige Beängstigung, Unmöglichkeit zu liegen, Dysurie etc.), dass schon nach 5 Wochen der Zustand unerträglich wurde, und die Kranke sich der Radicaloperation zu unterwerfen entschlossen war.

Hr. Dr. Thomas ersuchte mich, die Operation vorzunehmen, und nachdem die Patientin im städtischen Krankenhause in Gotha, unter der Leitung des Hrn. Dr. Hess, ein gutes Unterkommen gefunden hatte, traf ich am 5. November 1864 in Gotha ein.

Untersuchung am 5. November, Nachmittags 3 Uhr. Patientin ist von mittlerer Grösse, brünett, von sehr gut entwickeltem Knochen- und Muskelbau, ihre Ernährung ist recht gut, ihre Kräfte ebenfalls, ihr Aussehen fast blühend zu nennen. Der Unterleib in sehr hohem Grade ausgedehnt, wie bei einer Schwangeren vor der Niederkunft, überall fluctuirend. Die Exploratio per vaginam ergab, dass die Vaginalportion ganz nach hinten gerichtet war, der Körper des Uterus liess sich deutlich im vorderen Laquear vaginae durchfühlen. Der Uterus lag also fast horizontal, antevertirt. Per rectum liess sich nichts Abnormes fühlen. Ich musste also die Diagnose meines Collegen Thomas bestätigen und ebenso die Indication zur Radicaloperation.

Ovariotomie. Am 5. November 1864, Nachmittags 4 Uhr, in Gegenwart der Herren Medicinalrath Madelung, Dr. Hess aus Gotha, Dr. Thomas aus Ohrdruf, Dr. Köllein, Amtsphysicus aus Waltershausen, Dr. Hennicke, Amtsphysikus, Dr. Kieselhausen und des Hofchirurgen Hrn. Erbe aus Gotha und unter Assistenz der genannten Herren. Patientin hatte am Morgen genügende Stuhlentleerung gehabt, die Chloroformnarcose wurde eingeleitet und während derselben die Blase mittelst des Catheters entleert; hiernach unmittelbar der Bauchschnitt in der Linea alba gemacht, vom Mittelpunkte zwischen Nabel und Symphyse an abwärts bis zu letzterer; die Länge dieses Schnitts betrug 3½—4 Zoll. Nach Trennung der Haut und Muskelschicht und der unter dieser über (vor) dem Peritonäum gelegenen Fettschicht, zeigte sich das Bauchfell in der ganzen Länge des Schnittes mit dem Tumor verwachsen. Dasselbe wurde rechts und links in der Breite mehrerer Finger mit dem Messer abgelöst und erwies sich schwartenartig verdickt. Ein grosser Troikart wurde in den auf solche Weise zum kleinen Theil blossgelegten Tumor eingestochen, und das Contentum desselben entleert. Es flossen neun grosse Waschnäpfe voll einer dicklichen, graulich weissen, mit vielen weissen Flocken gemischten trüben Flüssigkeit aus, wodurch der Leib ganz zusammenfiel. Es schien der ganze Tumor nur aus einer einzigen Cyste zu bestehen. Als der Ausfluss aufgehört hatte, setzte ich einen scharfen Haken in den Tumor und suchte ihn aus der Wunde hervorzuziehen. Es war aber unmöglich; die Verwachsungen desselben erstreckten sich über die ganze vordere Oberfläche desselben, und wurden theils mit der Schärfe des Messers, theils mit dem Hefte des Scalpells allmälig unter grosser Mühe sorgfältig gelöst. Nach langer Arbeit war dieser Zweck erreicht; es wurden nach und nach mehrere Haken eingesetzt, und endlich die ganze Cyste aus der Bauchwunde herausgezogen. Sie hatte einen Stiel von der Breite einer Manneshand (Ligamentum latum, Tuba Fallopii einschliessend). Ich legte die Clay'sche Klammer an und schnitt oberhalb derselben den Tumor ab, indem ich einen apfelgrossen Rest seiner Basis sitzen liess. Hiernach wurde die Bauchwunde von oben abwärts mit Knopfnähten (Graefe'schen Fadenbändchen) sorgfältig vereinigt, durch die Basis des Stiels und beider Bauchwundränder im unteren Wundwinkel eine 5 Zoll lange, starke Lanzennadel durchgestochen, der so aufgespiesste Stiel mittelst der umschlungenen Naht fest in dem unteren Wundwinkel mit den Rändern der Bauchwandungen vereinigt; alsdann diesseits der grossen Lanzennadel eine starke doppelte seidene Ligatur rechts und links um die Basis des hervorstehenden Geschwulststiels geführt, letzterer mit Hülfe der Graefe'schen Ligaturstäbchen fest unterbunden, dann wurde die Clay'sche Klammer entfernt, Leinencompressen unter die seitlich vorstehenden Enden der Lanzennadel gebracht und mit Heftpflaster befestigt, hiernach ein solider Heftpflasterverband um den ganzen Unterleib angelegt, der Tumorstielrest mit Charpie bedeckt, das Ganze mit Compresse und Bauchbinde umgeben, und die Operirte in ein wohlerwärmtes Bette gebracht.

Die Operation sammt Verband hatte 1¼ Stunde gedauert. Der Blutverlust war nur unbedeutend gewesen. In der Wunde kam nur ein olivengrosses Stückchen einer Darmschlinge zum Vorschein, welches sorgfältig reponirt wurde. Die Operirte hatte während der Operation keinerlei unangenehmen Zufall gehabt, die Schmerzen waren mässig; beim Unterbinden des Stiels und beim Zunähen der Bauchwunde war die Operirte aus der Narcose erwacht. Ihr Aussehen war gut, sie verlangte und trank etwas Wein, der Puls hatte nach der Operation 72 gut entwickelte Schläge. Sie klagte nur über Schmerzen im Rücken; woher diese kamen, konnte ich vorerst nicht ermitteln. Ob vielleicht bei Trennung der Adhäsionen einige Nerven gezerrt oder verletzt worden waren, ob die Zerrung des Stiels am Uterus diese Schmerzen veranlasste?

Da die Schmerzen nicht enorm waren, so geschah nichts dagegen. Patientin hielt sich auch ruhig, wie verordnet wurde. Gegen 7 Uhr Abends, als sie heftigen Harndrang spürte, wurde mit dem Catheter eine geringe Menge (3—4 Unzen) klaren Urins entleert. Trotzdem blieb der Harndrang. Ich verliess die Operirte in einem im Ganzen befriedigenden Zustande. 3 Stunden später fand ich dieselbe noch immer über Schmerzen im Rücken klagend. Der Puls war aber ruhig (70 bis 75), die Operirte hatte Appetit. Der Urin wurde noch einmal durch den Catheter entleert; es war nur wenig, 2—3 Unzen, in der Blase.

Ich erhielt nun anfangs täglich, später weniger häufig Berichte über das Befinden der Operirten, welche jetzt der trefflichen Fürsorge des Hrn. Dr. Hess, dirigirenden Arztes am städtischen Krankenhause in Gotha, anvertraut blieb. Ich theile im Folgenden den wesentlichen Inhalt dieser Berichte mit.

Am 6. November. In der verflossenen ersten Nacht nach der Operation schlief die Patientin im Ganzen 2—3 Stunden, freilich sehr unterbrochen. Die Schmerzen und die Unruhe, zeitweise bedeutend, erreichten doch nicht die Höhe, dass Dr. Hess genöthigt gewesen wäre, zum Morphium zu greifen, was vorher für solchen Fall verabredet worden war. Das Fieber war mässig, der Puls schwankte zwischen 80 und 85 Schlägen in der Minute, war ziemlich voll, die Hauttemperatur normal, gegen Morgen trat etwas Schweiss ein. Grosse Trockenheit des Mundes, zeitweise Singultus, keine Uebelkeit.

Die Blutung am Stiele war ganz unbedeutend. Die Ligaturfäden, etwas gelockert, wurden angezogen, auf den Stiel frische Charpie gelegt. Der Urin wird nur mittelst des Catheters entleert, reichlich, nicht sehr hochgefärbt, klar. Unterleib schmerzlos bei Berührung. Die Kranke hat nichts genossen als etwas Wasser und — auf dringendes Verlangen — ein wenig Haferschleim.

Am 7. November. Während in der ersten Nacht nach der Operation Hr. Dr. Hess bei der Operirten wachte, hatte in der zweiten Nacht nach der Operation Hr. Dr. Thomas die Sorge für dieselbe übernommen, und berichtete, dass am vorhergehenden Abend der Puls 108—112 Schläge in der Minute hatte, die Temperatur auf 30,7° R. gestiegen war, und die Zahl der Respirationen 32 in der Minute betrug. Die Zunge war schwach weisslich belegt, bisweilen trat übelschmeckendes Aufstossen (doch nicht mehr nach Chloroform schmeckend wie anfangs) ein, die Operirte hatte das Gefühl von Hohlheit im Leibe, wodurch es ihr angeblich schlecht wird. Von Zeit zu Zeit empfindet sie Kreuzschmerzen und alle $\frac{1}{4}$—$\frac{1}{2}$ Stunde einmal Kollern im Leibe und einen kurz dauernden Schmerz darin, wie ein Messerstich durchfahrend, besonders in der rechten Inguinalgegend. Meistens kommt dieser Schmerz, wenn die Operirte einen Schluck Wasser genommen hat, aber auch ohne dieses. Die Empfindlichkeit des Leibes bei leichtem Betasten ist kaum nennenswerth, doch mehr rechts als links; subjectives Hitzegefühl; Allgemeinbefinden übrigens leidlich. Schon ad distans deutlich wahrnehmbarer Eitergeruch. Unter der Charpie zeigt sich eine mässige Quantität blutiger Flüssigkeit; aber keine Spur von Nachblutung. In der Nacht trat sehr häufig ein ruhiger Schlaf ein, von $\frac{1}{4}$ zu $\frac{1}{4}$ Stunde unterbrochen durch Durst oder Schmerz; im Ganzen schlief die Operirte mehr als sie wachte. Morgens 5 Uhr: Puls 112 bis 116; Temperatur 31,2° R.; Respirationen 32 in der Minute. Um 11 Uhr Morgens hatte die Operirte stark geröthete Wangen, die Zunge war feucht und blass, Puls 110, Respirationen 32 in der Minute, die Temperatur war dagegen nur 29,8° R. Von Zeit zu Zeit traten heftige Schmerzen im Unterleib auf, die mit dem Abgang von Blähungen sich minderten, der Unterleib war ein wenig meteoristisch aufgetrieben, bei Berührung, besonders der rechten Unterbauchgegend, empfindlich; das Aussehen der Wunde war gut, gar keine Blutung, beginnende Eiterung; Ligaturen fest, überraschend schnelles Fortschreiten des brandigen Absterbens des Geschwulststieles. Das oberflächliche Sphacelöse wird entfernt, Charpie, Compressen, Handtücher erneuert, die Patientin umgebettet, auf dringendes Verlangen eine Tasse leichte Grieswassersuppe erlaubt. Urin nur durch den Catheter abgehend, klar, hochgefärbt. Abends 8 Uhr klagt Patientin über grosse Hinfälligkeit, sie hat zeitweise geschlafen, dann und wann Schmerzanfälle gehabt; Puls 120, Respiration 34, Temperatur 30,2° R. Durst sehr bedeutend, daher Eispillen öfters gereicht.

Am 8. November. In voriger Nacht hat Patientin 4 Stunden unterbrochenen Schlaf gehabt, weniger über Schmerzen geklagt, doch sehr viel Durst gehabt. Ihr Aussehen ist gut, die Haut schwitzt stark, Zunge feucht und mehr belegt als gestern, Durst mässiger. Puls 106, Respiration 20, Temperatur 29,6° R. (Morgens 11 Uhr). Die Operirte hat eine normale Stuhlentleerung spontan gehabt, Urin wie gestern; Leib weicher, weniger empfindlich gegen Druck; Eiterung und Gangränescenz am Stiel zunehmend. Die oberste Bauchnaht eitert stark; sie wird daher entfernt und aus ihr circa 1 Unze eitriger seröser Flüssigkeit durch Druck entleert. Sonst Alles in bester Ordnung. Der Verband wird täglich zwei Mal erneuert. Die Kranke trinkt eine Tasse leichter Kalbsbouillon. In der folgenden Nacht hat die Kranke 4 Stunden unterbrochenen Schlaf.

Am 9. November früh hatte die Operirte 106 Pulsschläge und 34 Respirationen in der Minute, ihre Temperatur betrug 31,2° R.; sie empfand zeitweise kolikartige, doch nicht besonders heftige Schmerzen im Leibe; zwischendurch war sie aufgeregt, meistentheils aber munter, und fühlt sich nicht schwach. Haut transpirirt häufig, Leib überall weich, bei Druck wenig schmerzhaft. Aus dem oberen Winkel der Bauchwunde entleert sich viel dünnflüssiger Eiter, wie es scheint nur aus den Stichcanälen. Die Ränder der Bauchwunde sind gut verklebt. Wegen einer geringen Blutung beim Reinigen des Stieles wurde eine neue Ligatur um denselben gelegt. Abends war das Befinden im Ganzen unverändert, mässige Aufregung, Urin roth, sedimentirt; die Operirte hat etwas Fleischbrühe mit Appetit verzehrt. In der Nacht schlief die Kranke einige Stunden, wie in der vorigen.

Am 10. November. Befinden im Allgemeinen befriedigend. Die Operirte ist schmerzfrei, klagt zuweilen über Blähungen. Aussehen gut und heiter. Puls 104, Respiration 32, Temperatur 31° R. (11 Uhr Morgens); der obere Wundwinkel entleert fortwährend viel Eiter, doch klafft derselbe nicht. Ein Ligaturstäbchen wurde entfernt. Der Stiel der Geschwulst hat sich, nach Entfernung des Sphacelösen, auf die Grösse einer Wallnuss reducirt, das Residuum ist ziemlich fest, weiss, sehnig, glänzend; die Operirte genoss heute etwas Milch und Fleischbrühe, hat guten Appetit; übrigens Alles wie gestern.

Am 11. November. Der Zustand dauert in gleich guter Weise wie gestern fort. Die sämmtlichen Knopfnähte werden entfernt, die Bauchwunde ist gut vereinigt; der mortificirte Stumpf ist ebenfalls heute grösstentheils entfernt worden; der Rest hat einen geringen Umfang und ist mit guten Granulationen bedeckt. Der Unterleib ist etwas aufgetrieben, Aufstossen, Unruhe vorhanden. Da bisher kein Stuhlgang wieder erfolgt, so wurde ein Clystier applicirt, wonach ein geringer, normaler Stuhlgang erfolgte. Der Urin muss noch immer mit dem Catheter entleert werden; derselbe sedimentirt stark. Der Appetit mehrt sich, der Schlaf ist gut, ebenso das Allgemeinbefinden; der Durst geringer, Puls 100.

Vom 12. bis 14. November ging es fortwährend gut. Auf die stärkere Fieberreaction der letzten Tage, wobei der Puls namentlich Abends einige Male auf 120 stieg, die Nächte unruhig, die Hauttemperatur sehr gesteigert war, ist jetzt wieder ein Nachlass eingetreten, der wohl dem Abnehmen der Eiterung zuzuschreiben ist. Der Puls betrug gestern Abend noch 110, Respiration 32, Temperatur 30,6° R., heute früh (14. Nov.) Puls 100, Respiration 26, Temperatur 30,4° R. Aussehen gut, Stimmung heiter, Zunge feucht, weniger belegt als seither, Durst vermindert, Haut häufig schwitzend, Appetit genügend. Schmerzen werden selten geklagt, nur Blähungsbeschwerden. In der letzten Nacht hatte die Kranke 5 Stunden Schlaf. Der Leib ist noch ziemlich aufgetrieben, aber schmerzlos, weich. Die Wunde ist bis auf den obersten Endpunkt gut verheilt; die Eiterung oben hat entschieden nachgelassen. Die Lanzennadel, welche nur noch durch eine dünne Hautbrücke gehalten wurde, ward heute entfernt; die Verwachsung des Stiels mit der Bauchwand ist anscheinend eine ganz feste.

Vom 15. bis 17. November. Das Allgemeinbefinden ist fortwährend ein befriedigendes, Aussehen und Kräfte gut, Appetit mehr wie zu stark, Fieber mässig. Puls 90—96. Zeitweise treten kolikartige Schmerzen im Unterleibe auf, die sich mit dem Abgang von Blähungen verlieren. Am 15. November trat eine freiwillige Stuhlentleerung ein, dabei etwas weisslicher gallertartiger Schleim. Urin muss noch immer durch den Catheter entleert werden. Die Nächte sind grösstentheils gut; der untere Wundwinkel entleert nur wenig Eiter; die fistulöse Oeffnung am oberen Ende der Wunde ist geschlossen. Der untere Wundwinkel hat sich, nach Entfernung alles Brandigen und aller Ligaturen und der Lanzennadel, tief trichterförmig eingezogen, so dass man in die Oeffnung bequem eine Haselnuss einlegen könnte. Die Ränder dieser Oeffnung zeigen schöne Granulationen, nicht aber der Grund.

Am 20. November. In dem Befinden der Operirten hat sich nichts Wesentliches geändert. Sie schläft Nachts leidlich, jedoch nicht anhaltend; sie hat einen Puls von 80—86 Schlägen, wenig Hitze und fast keinen Durst. Ihr Aussehen ist gut, der Appetit stark, nur die Darmfunction ist noch nicht geregelt, der Leib fortwährend, namentlich links, aufgetrieben, dabei aber weich, der Percussionston durchweg tympanitisch. Seit 5 Tagen ist keine Stuhlentleerung erfolgt, auch ein gestern applicirtes Clystier blieb erfolglos. Dafür geht jetzt unter lästigem Drängen eine beträchtliche Menge glasigen gallertigen Schleimes ab. Urinverhaltung fortdauernd. Der fortwährend tief eingezogene untere Wundwinkel granulirt sehr schön.

Am 23. November. Nachdem am 20. November das Fieber wieder zugenommen (Puls 104, Respiration 34), der Abgang schleimiger, Froschlaich ähnlicher Massen sich progressiv so gesteigert, dass zeitweise $\frac{1}{2}$ Nösel auf einmal abging, die Auftreibung stärker als je war, namentlich in der Gegend des Colon transversum, der Unterleib zwar weich, jedoch bei tiefem Druck auf die Leber- und Milzgegend schmerzhaft war, in der rechten Unterbauchgegend, von der Inguinalfalte gegen den Nabel hin, eine entschiedene Dämpfung 3—4 Querfinger breit stattfand, so wurden doch alle diese beunruhigenden Symptome sämmtlich gemindert, als heute früh nach einem Esslöffel Oleum Ricini, welchen die Kranke genommen, reichliche dünne, breiartige Stuhlentleerungen folgten, wonach später auch Abgang vieler Flatus eintrat. Hiernach wurde der Zustand ganz leidlich, Puls 80, Urin gelb, sedimentirend, Appetit gut, trotz belegter Zunge. Vorgestern wurde der Urin in kleinen Quantitäten freiwillig entleert, seitdem nicht wieder. Die Wunde selbst ist in befriedigendem Zustande. Seit gestern sind die Granulationen aus der Tiefe stärker geworden, die Tiefe der Oeffnung um $\frac{1}{3}$ verringert. Eiterung mässig. Der Hauptsache nach ist der Verschluss der Bauchwunde ein vollständiger.

Am 29. November. Das Befinden der Operirten ist fortwährend befriedigend. Gestern trat, in Folge einer deprimirenden Gemüthsaffection, theilweise auch wohl in Folge einer zu starken unvorsichtigen Körperbewegung, beim Hervorholen der Bettschüssel unter dem Bette, eine stärkere Fieberbewegung und demzufolge stärkere Eiterung der Wunde ein. Die letztere wird jetzt mit Chamillenfomenten behandelt. Das Aussehen der Wunde ist übrigens vorzüglich, der untere Wundwinkel hat sich fast ganz ausgefüllt und bildet nur noch eine ziemlich flache, gut granulirende Grube. Der Leib sehr zusammengefallen, überall weich, ergibt durchweg normalen Percussionston. Urinexcretion seit 3—4 Tagen freiwillig und reichlich, Stuhlentleerung normal, auch öfter Abgang von Blähungen. Der Appetit noch weniger gut, die Zunge etwas belegt.

Von jetzt an konnte die Operirte als geheilt betrachtet werden und Hr. Dr. Hess stellte die Einsendung seiner Krankenberichte an mich ein.

Am 18. December schrieb mir College Hess, dass die Operirte sich wohl befinde, dass an den Bauchdecken äusserlich zwar keine Contuinitätstrennung, eben so wenig eine Eiterabsonderung mehr bemerkbar sei, dass jedoch zwei Stichcanäle (der ehemaligen Knopfnähte), sowie diejenige Stelle in der Mitte, aus welcher früher die starke Eiterung stattgefunden, nicht überhäutet, sondern mit einer schwammigen Gewebsmasse ausgefüllt seien, in welche die Sonde bis in die Tiefe eines halben Zolls eindringe. Uebrigens aber sei Alles in der schönsten Ordnung, die Gegend des eingeheilten Stieles kaum noch durch eine seichte Grube angedeutet, alle Functionen vollständig geregelt, nur die Menses noch nicht wieder eingetreten. Die Kranke ist den grössten Theil des Tages ausser Bett, gut bei Appetit und Kräften, klagt beim Gehen höchstens noch über ein etwas ziehendes Gefühl in der Unterbauchgegend.

Somit dürfte die Operirte als geheilt betrachtet werden. —

Die anatomische Untersuchung des exstirpirten Tumors ergab, dass derselbe hauptsächlich eine einzige, grosse, dickwandige Cyste bildete, deren Wandungen an verschiedenen Stellen verschieden dick, aussen ziemlich glatt, innen aber durchweg rauh und zottig, mit vielen Vorsprüngen und häutigen Anhängseln versehen waren. Die Wandungen hatten ein weisses, sehniges, glänzendes Ansehen. Nächst der Basis befanden sich noch mehrere kleine Cysten, die aber nicht merklich entwickelt waren. Eine mikroskopische Untersuchung derselben habe ich bis jetzt noch nicht vorgenommen.

Die in der Cyste enthaltene Flüssigkeit wurde von Hrn. Dr. Wiederhold, Lehrer der Chemie an der polytechnischen Schule in Cassel, einer Untersuchung unterworfen, welche folgende Ergebnisse lieferte:

Specifisches Gewicht = 1,019; neutrale Reaction. 100 Theile enthielten:

Albuminate	3,069
Fette	0,040
Extractivstoffe, d. h. durch Alkohol ausziehbare Stoffe, die mineralischen abgerechnet	0,764
Mineralbestandtheile (Asche, enthaltend: Chlornatrium, Chlorkalium, phosphorsaures Natron, phosphorsauren Kalk und Magnesia, Eisenoxyd)	0,427
Wasser	95,700
	100,000

Das Sediment, welches sich nach dem Stehen in der Flüssigkeit bildete, enthielt neben Epithelialgebilden vorzüglich Eiterzellen. Die über dem Sediment stehende Flüssigkeit enthielt keine organisirten Elemente.

Siebenter Fall.

Enormes Cystovarium von vierjähriger Dauer. Mehrmalige erfolglose Punction; nachher erfolglose Jodinjection. Endlich Ovariotomie nach der Extra-Peritonäal-Methode. Secundärer Abscess im Ovarialstiel, Durchbruch der Blasenwandung und Eiterausleerung mit dem Urin. Heilung.

1864, November. Frau Herrmann, 44 Jahre alt, aus Ohrdruf bei Gotha, eine hochgewachsene Brünette, mit kräftig entwickeltem Knochen- und Muskelsystem, in den letzten Jahren aber auffallend abgemagert und von blasser Gesichtsfarbe, von phlegmatischem Temperament, verheirathet, hat vor etwa 20 Jahren ein Mal im 6. Monat abortirt, war ausserdem nie schwanger, immer regelmässig menstruirt. Seit 1860 spürte sie eine allmälig zunehmende Schwellung des Unterleibes, im März 1862 füllte eine grosse fluctuirende Geschwulst den ganzen Leib aus[1]), welche überall einen leeren Percussionston, seitlich und oben begrenzt durch einen tympanitischen, ergab. Ausser mässiger Abmagerung des übrigen Körpers und leichtem wechselndem Oedem der Unterschenkel befand sich damals die Kranke ziemlich wohl. Die im Juli 1863 vorgenommene erste Punction lieferte einen Wassereimer voll von gelblicher, wenig eiweisshaltiger, ziemlich klarer Flüssigkeit, und die nach der Punction vorgenommene Untersuchung sprach für das Vorhandensein einer einfachen Cyste.

Schon im folgenden September begann der Sack sich wieder zu füllen. Im Juni 1862 wurde zum zweiten Male punctirt, aber schon Mitte August war die Anschwellung wieder so gross, dass die heftigsten Athembeschwerden etc. eintraten. Da voraussichtlich eine neue einfache Punction denselben nur vorübergehenden Erfolg haben musste, wie die früheren, so wurde beschlossen, derselben eine Jodinjection folgen zu lassen, nach dem in Würzburg geübten, von Dr. O. v. Franque dem Hern. Dr. Thomas persönlich mitgetheilten Verfahren.

Am 24. August 1864 wurde in halber Seitenlage in der Mitte der Linea alba mit weitem Troikart punctirt; nach Entleerung von circa ¾ Eimer Flüssigkeit stockte der weitere Ausfluss, trotzdem blieb die

---

[1]) Hr. Dr. Thomas aus Ohrdruf, Hausarzt der Patientin, war so gütig, die obenstehenden anamnestischen Data mitzutheilen.

Geschwulst noch kindskopfgross, schlaff, fluctuirend, fühlbar. Erst in der Rückenlage und durch allseitige Compression gelang es, den noch beträchtlichen Rest des Fluidums zu entleeren. Hierauf wurde durch den Troikart ein gut schliessender elastischer Catheter eingeführt, und durch diesen hindurch mit einer zinnernen Spritze 4 Unzen reiner Jodtinctur eingespritzt, der Cystensack damit 5 Minuten lang nach allen Richtungen hin vorsichtig geknetet, hierauf der Inhalt abgelassen und der Rest desselben mit der Spritze ausgezogen. Die so entfernte Flüssigkeit betrug ein paar Unzen mehr als die eingespritzte Jodtinctur, war schmutzig braun, feinflockig. Der Catheter wurde mit der Canüle gleichzeitig herausgenommen, die Wunde mit einem Heftpflaster geschlossen. Während man den Cystensack mit der Jodtinctur knetete, wurde gar kein Schmerz geklagt, eben so wenig hinterher. Der Leib wurde mit breiter Binde comprimirt und eine Eisblase aufgelegt, letztere aber nach einigen Stunden wegen eintretenden Frostes wieder entfernt. In der folgenden Nacht ziemlich guter Schlaf.

Am 25. August. Harndrang, leichter Meteorismus, Uebligkeit, Kreuzschmerzen. Gegen Abend mehrmaliges Erbrechen mit Aufhören der Beschwerden (die wahrscheinlich durch Diätfehler veranlasst waren).

Am 26. August. Stärkere Schmerzhaftigkeit des Leibes bei Druck; am folgenden Tage: Schluchzen, heftiger Schmerz in der Kreuz- und Blasengegend. Durch den Catheter wurden 1½ Nösel Urin entleert.

Am 28. August. Guter Schlaf, viel Schweiss, Zunge stark belegt, Appetit fehlt; der Catheter wurde zwei Mal applicirt.

Am 30. August. Die Urinentleerung geschieht wieder spontan, und nur zwischendurch war in den folgenden Tagen die Application des Catheters nöthig.

Am 4. September. Seit einigen Tagen fühlt die Kranke den Leib wie „wund“, d. h. ein brennendes Gefühl im Leibe, das durch Druck wenig vermehrt wird. Urin- und Stuhlexcretion normal, Zunge rein, Appetit ziemlich gut. Die Abmagerung, besonders im Gesicht, erscheint bedeutender als vor der Operation. Mattigkeit sehr beträchtlich. Erst 3 — 4 Wochen nach der Operation war der Kräftezustand wieder ein befriedigender zu nennen.

Ehe noch die Flüssigkeit ganz aus der Cyste entleert war, fühlte man links neben dem Nabel eine rundliche, ziemlich derbe, verschiebbare Geschwulst mit fast glatter Oberfläche von circa 3 Zoll Durchmesser, nach unten und innen mit dem Sack zusammenhängend; nach links und oben aber eine zweite, weniger deutlich zu umgrenzende Geschwulst, die sich bis zu den Rippenbogen erstreckte. Ueber beiden Geschwülsten ergab die schwache Percussion einen leeren, die starke einen schwach tympanitischen Ton. Ueber der Symphyse war in ziemlicher Ausdehnung der zusammengezogene Sack zu fühlen.

Am 9. September ergab die Untersuchung Folgendes: Der Umfang des Abdomen (einige Tage nach der Operation 96 Centimeter) betrug 92½ Centimeter. Der leere Percussionston erstreckt sich von der Symphyse bis in die Höhe der Nabelgegend und darüber; über den Schambeinen nimmt sie beiderseits über die Hälfte des Raumes zwischen Spina ossis ilium und Symphyse ein, rechts mehr als links. Nach oben und links sind die beiden erwähnten kleinen rundlichen festen Geschwülste von der grösseren abzugrenzen, zwischen der oberen Geschwulst und den Rippenbogen ist mehrere Finger breit tympanitischer Schall. Der Hauptteil der Geschwulst zeigt in der Tiefe undeutliche Fluctuation.

Im October 1864 füllte sich der Sack allmälig wieder. Im November nahm die Anschwellung immer mehr zu. Die letzte Menstruation fand in der Mitte Octobers statt.

Obgleich die Jodinjection ohne dauernden Nachtheil blieb, so war die lange Prostration der Kräfte doch nicht gleichgültig, und trotzdem der Erfolg gleich Null.

Da nun die Beschwerden der Kranken sich von Woche zu Woche verschlimmerten, so rieth Hr. Dr. Thomas seiner Patientin, sich der Radicaloperation zu unterziehen. Am 5. November 1864 sah ich die Patientin in Gemeinschaft mit Hrn. Dr. Thomas, und nach einer sorgfältigen Untersuchung derselben konnte ich mich nur der Ansicht meines Collegen Thomas anschliessen. Die Kranke bot eine sehr bedeutende Geschwulst des Unterleibes dar, der einen Umfang von 114 Centimeter hatte. Die Geschwulst bot an allen Stellen die deutlichste Fluctuation. Leber und Milz waren bedeutend aufwärts gedrängt, verhielten sich aber, so weit sich ermitteln liess, normal. Bei der Untersuchung per vaginam stand der Muttermund horizontal nach vorn gerichtet. Durch das vordere Laquear vaginae konnte deutlich die Fluctuation hindurchgefühlt werden. Uebrigens schien das Becken, von hier aus, dem untersuchenden Finger wie leer. Im hinteren Theil des Laquear vaginae fühlte man den Körper des Uterus, der also in ganz horizontaler Lage befindlich und retrovertirt war.

Die Untersuchung per rectum ergab wesentlich nichts Anderes, als was diejenige per vaginam schon ergeben hatte. Ich erklärte mich also zur Ausführung der Ovariotomie bereit und veranlasste die Patientin, zu diesem Zwecke nach Cassel überzusiedeln.

Am 30. November traf Patientin in Cassel ein. Am zweitfolgenden

Tage gab ich derselben einen Theelöffel voll Electuarium lenitivum, welcher 5—6 Stuhlentleerungen zur Folge hatte.

Operation am 3. December, Morgens 10½ Uhr. Nachdem die Patientin freiwillig den Urin entleert hatte, brachte ich dieselbe in die Chloroformnarcose. Hiernach wurde sie auf den vorher bereiten Operationstisch gelagert und der Einschnitt in die Bauchdecken in der gewöhnlichen Weise in dem unteren Viertel der Linea alba, d. h. von der Mitte zwischen Nabel und Symphysis ossium pubis an abwärts bis zum Mons veneris ausgeführt. Hr. Dr. Endemann und Dr. Schwarzenberg assistirten mir bei der Operation, bei welcher ausserdem Hr. Zahnarzt Bender hülfreiche Hand leistete. Als ich das Peritonäum öffnete, strömte eine bedeutende Menge klarer, seröser, weingelber Flüssigkeit aus, welche evident im Cavo peritonaei ganz frei befindlich gewesen war. Als der Ausfluss cessirte, eröffnete ich das Peritonäum in der nämlichen Länge, wie die übrigen Bauchwandungen. Auch hierbei strömte von Neuem eine grosse Menge des eben beschriebenen Fluidums aus; zusammen mochte deren Menge wohl 1½—2 Pfund betragen haben. Es präsentirte sich jetzt der bläulich glänzende Tumor ovarii in der Wunde. Bei oberflächlichem Betasten gab derselbe das deutliche Gefühl der Fluctuation. Ich stiess daher in dem oberen Wundwinkel einen dicken Troikart von mindestens 8 Mm. Durchmesser ein. Nach zurückgezogenem Stilet strömte eine schmutzig dunkelbraune, trübe, chocoladenartige Flüssigkeit aus, 5—6 grosse Nachttöpfe voll, deren jeder mindestens 5 Schoppen fasste. Als der Ausfluss aufgehört hatte, fasste ich die Wand des Tumors mit einem scharfen Haken, um jenen aus der Wunde herauszuziehen. Derselbe sass aber wie festgemauert. Ich öffnete also mit dem Scalpell, nachdem ich die Troikartcanüle zurückgezogen hatte, die Stichwunde, in welcher die Canüle befindlich gewesen war, und gelangte so zur Ansicht der hinteren Wand der geöffneten ersten Cyste. Hier zeigte sich ebenfalls Fluctuation der nachgiebigen dunkelblau aussehenden fibrösen Wandung, evident eine zweite Cyste. Auch diese wurde mit einem Troikart angestochen, und ihr Inhalt, 1½—2 Nachttöpfe voll, entleert. Ich setzte von Neuem Haken und die Muzeux'sche Zange ein, um den Tumor in die Wunde hinein und hervorzuziehen. Es war aber platterdings nicht möglich. Derselbe schien an seiner Peripherie bedeutend verwachsen. Jedoch gelang es, den Tumor etwas seitwärts zu ziehen. Hierbei strömte eine grosse Menge von Flüssigkeit, ähnlich wie nach Eröffnung des Bauchfells, aus der Wunde resp. dem Cavum peritonaei. An den sichtbar gewordenen seitlichen Theilen des Tumor präsentirten sich neue Cystenabtheilungen, welche durch Anstechen mit dem Troikart gleichfalls entleert wurden.

Die jetzt entströmende Flüssigkeit war aber ganz und gar verschieden von der bisher ausgeleerten; sie war so dick und zähe, dass sie auch selbst durch den dicksten Troikart nicht ausfloss, ihre Farbe war milchweiss. Ich musste eine grosse Oeffnung mit dem Messer in die Cyste machen, um dieselbe zu entleeren. Es wurden hiernach von Neuem Haken in die Wandung des Tumors gesetzt, um denselben aus der Wunde hervorzuziehen. Dies Bemühen blieb aber eben so vergeblich wie das bisherige. Ich entschloss mich daher, die Wunde in den Bauchwandungen nach oben um 1 Zoll zu verlängern. Auch hiernach blieb die Sache wie sie war. Ich konnte jetzt zwar an den seitlichen Grenzen des Tumors einige Adhäsionen sichtbar machen, und ich trennte dieselben mit vorsichtigen Messerzügen. Trotzdem aber sass der Tumor fest, und bei stärkerem Anziehen rissen seine morschen Wandungen ein, dergestalt, dass es nicht möglich erschien, auf diesem Wege zum Ziele zu gelangen. Ich war daher genöthigt, die Wunde der Bauchwandungen nochmals nach oben zu erweitern, bis zum Nabel hin, um die vordere Fläche des Tumors in möglichst grosser Ausdehnung blos zu legen. Jetzt gelang es allmälig mehr Adhäsionen zu Gesicht zu bringen, dieselben zu lösen und nach und nach neue Stücke der Tumorwandung mit dem Haken und der Muzeux'schen Zange zu erfassen und hervorzuziehen. Es kamen dabei mehrere dünnwandige, hydatidenartige Cysten zum Vorschein, andere mit dickeren Wänden versehene Cysten wurden angestochen und ihres Inhalts entleert, noch andere barsten beim Anziehen des Tumors und entleerten in dicken Strahlen ihren Inhalt über mich und meine Collegen. Jede besondere Cyste schien einen ganz eigenthümlichen Inhalt zu besitzen, der in Farbe und Consistenz von dem der übrigen Cysten verschieden war. Die letzterwähnten Cysten hatten einen ganz dünnflüssigen, destillirten wasserähnlichen Inhalt. Endlich, nach Entleerung aller der im Wundgebiet zum Vorschein gekommenen Cysten, nach wiederholter Trennung von Adhäsionen mit dem Messer, gelang es den oberen Theil des Tumors aus der Wunde und aus der Bauchhöhle herauszuziehen. Dagegen bot der im Becken befindliche Theil des Tumors noch grosse Schwierigkeiten. Auch er war vielfach verwachsen, und nach Trennung der Adhäsionen suchte ich durch scharfe Haken und Zangen denselben hervorzuziehen. Hierbei zeigte es sich, dass die untere Hälfte des Tumors aus festeren Colloidmassen bestand. Beim Anziehen mit der Zange rissen die Wandungen dieser Colloidcysten ein, und es drängte sich eine blumenkohlartige, mehr gallertige Masse hervor, die ich mit den Händen wegschob oder wegschöpfte. Nachdem alles Weichere entfernt war, was mit den Fingern entfernt werden konnte, suchte ich an den festeren Resten des unteren Theils des Tumors letzteren herauf und hervorzuziehen, und nach vieler Mühe gelang es, endlich auch den unteren Theil desselben zu Gesicht zu bringen. Derselbe war von sarcomatöser Beschaffenheit, derb und fest, höckerig, hier und da mit weicheren, rundlichen Massen, zum Theil von grünlichweisser Farbe, wie mit einzelnen Aepfeln gleichsam besetzt, die auch in der Tiefe des Beckens an mannigfachen Adhäsionen fest sassen und die den wiederholten Gebrauch des Messers zu ihrer Ablösung erforderten. Endlich nach langer Arbeit und vieler Mühe war es möglich, den ganzen Tumor aus der Bauchhöhle herauszuheben und zu seinem Stiele zu gelangen. Derselbe war aber so dick, dass es mir nicht möglich war, ihn mit meiner Hand zu umfassen, er war wohl mannsarmdick und schien mit dem Uterus in der unmittelbarsten Verbindung zu stehen. Ich musste mich beeilen, die Operation zu beenden, denn die Patientin war aus der Narcose mehrmals erwacht und war in einem nicht sehr ermuthigenden Zustande. Es waren wiederholt Darmschlingen vorgefallen und zurückgebracht worden. Ich stach also eine Nadel mit doppeltem Fadenbändchen durch die Mitte des kurzen Stiels, unterband nach beiden Seiten provisorisch, und schnitt diesseits der Ligatur den Tumor ab, indem ich ein circa mannsfaustgrosses Stück darauf sitzen liess. Hierauf ging ich daran, die „Toilette“ des Stieles zu machen. Es wurden doppelte Seidenligaturen rechts und links in die Graefe'schen Ligaturstäbchen gebracht und möglichst fest angelegt. Der Stiel war aber für diese Methode zu voluminös. Eine Ligatur zerriss. Während ich eine neue anzulegen beschäftigt war, hatte sich eine auffallende Blutung aus der Bauchhöhle eingestellt. Nach langer Mühe, nachdem die Patientin wohl über 1—1½ Pfund Blut, das schon dicke Coagula in dem Becken gebildet hatte, verloren, gelang es, die Quelle dieser Blutung zu finden. Ein Theil des Durchschnittrandes des Tumors hatte sich aus der zerrissenen Schlinge ganz in die Tiefe des Beckens zurückgezogen, und eine darin enthaltene Arterie von der Dicke einer Rabenfeder hatte die Blutung verursacht. Nachdem diese Arterie unterbunden und um die eine Hälfte des Stiels eine nochmalige Ligatur angelegt worden war, stand die Blutung. Zu grösserer Sicherheit aber wurde, diesseits der Ligaturen, die Clay'sche Klammer angelegt. Wegen der Dicke des Stiels war es anfangs gar nicht möglich, dieselbe zu appliciren. Nachdem derselbe aber unter Anwendung von grosser Gewalt mit dem beweglichen Hebel in die festen Theile der Klammer hineingequetscht war, gelang es, die Klammer, wenn auch im weitesten Durchmesser, zu schliessen.

Hiernach wurde die Bauch- und Beckenhöhle von allem Blute mit

Schwämmen gereinigt, die vorgefallenen Darmschlingen reponirt, und die Bauchwunde mit Fadenbändchen durch die Knopfnaht (4 oder 5) vereinigt. Die Clay'sche Klammer war hierbei sehr hinderlich, und machte es unmöglich, den unteren Wundwinkel zu vereinigen, resp. hermetisch zu schliessen. Da aber in diesem der dicke Geschwulststiel lag und die Wunde völlig verstopfte, so liess ich eine Strecke der Hautwunde von etwa 1½ Zoll Länge, an die ich, der Klammer wegen, nicht mit der Nadel gelangen konnte, unvereinigt. Ich beschloss die Operation mit der Einführung einer 5—6 Zoll langen, 1 Linie dicken Lanzennadel, welche ich durch den untersten Theil der Bauchwundränder und durch die Mitte der Stielbasis hindurch führte, wodurch ich also den Stiel mit den Bauchwandungen vereinigte, gleichsam fest spiesste. Hierbei fand ich, dass die Stielbasis ein ganz festes, derbes Gewebe war, und ich befürchtete, es sei der Uterus zwischen meinen Fingern, resp. von der Nadel aufgespiesst Trotzdem konnte ich nicht füglich anders handeln, durfte auch, ohne die augenscheinlichste eminente Lebensgefahr für die Operirte, nicht lange mit weiterer Untersuchung des Stiels Zeit verlieren. Ich war sicher, keinen Darm, keinen Theil des Netzes u. s. w. mitgefasst zu haben. Ich brachte zwar den Finger in die Vagina, um aus dem Stande der Vaginalportion Aufschlüsse zu erlangen; jedoch ohne genügendes Resultat. Da ich sah, dass die Lanzennadel unter der Clay'schen Klammer die betreffenden Theile gut gefasst hielt, wurden kleine Leinwandcompressen unter die beiderseits hervorstehenden Enden der Lanzennadel und unter die Clay'sche Klammer gelegt, um das Einschneiden dieser Theile in die Bauchwand zu verhüten, und hiernach die Operirte in das erwärmte Bett gebracht ohne anderweiten Verband, der ganz unnütz gewesen wäre, denn die Bauchdecken waren ganz schlaff und runzelig, der Bauch platt wie ein Brett. Nur einige Servietten als Compressen wurden auf den Bauch gelegt.

Die Operirte war einer Todten ähnlich. Die Respiration sehr flach, der Puls sehr klein, schwach, 72 in der Minute. Es wurde derselben etwas guter Wein eingeflösst. Nach ¼ Stunde erholte sie sich. Der Puls hob sich, die Respiration wurde tiefer; die Todtenblässe des Gesichts schwand ein wenig.

Die Operation hatte 1¾ Stunden gedauert.

Die Kranke wurde nun instruirt, die grösste Ruhe zu beobachten. Eine halbe Stunde nach Beendigung der Operation hatte sich der Puls noch mehr gehoben. Eine Stunde nach derselben stellte sich Harntrieb ein und die Operirte entleerte freiwillig eine ziemlich bedeutende

Menge klaren Urins. Dieses wiederholte sich von ½ zu ½ Stunde. Die Operirte klagte über heftiges Brennen in der Wunde. Etwa 2 Stunden nach der Operation stellte sich ein Frösteln ein, die Operirte verlangte sehr warm zugedeckt zu werden. Nach halbstündigem Frösteln folgte Hitze und allgemeiner Schweiss. Dabei hob sich der Puls auf 100 Schläge. Die Frequenz stieg im Lauf des Abends (9 Uhr) bis auf 110 Schläge. Die Operirte hatte aber gegen 10 Uhr Abends weniger Schmerzen, war selbst auf kurze Zeit eingeschlummert, trank aber viel Wasser und liess oft und viel Urin. Ihr Sensorium war klar, der Blick und Habitus gut; am Stiel des Tumors fand sich nichts Auffallendes von Bedeutung. Ich verliess die Operirte Abends 10 Uhr in ganz befriedigendem Zustande.

In der nun folgenden Nacht schlief Patientin nur ganz kurze Zeit, etwa 10 Minuten, im Ganzen etwa 1 Stunde. Sie hatte starken Durst, trank viel Wasser, liess oft und viel Urin, im Ganzen zwei grosse Nachttöpfe voll, bis zum folgenden Morgen. Sie schwitze anhaltend.

Am 4. December, Morgens 9½ Uhr, fand ich die Operirte in ganz leidlichem Zustande. Ihr Blick war klar und gut, die Schmerzen in der Wunde gemildert. Der Puls hatte 116 Schläge, bei 32 Respirationen in der Minute. Der Urin war klar und nicht auffallend tingirt. Der Unterleib war platt, weich, schmerzlos. Der Stiel war bereits ganz brandig, verbreitete einen üblen Geruch und war zum Theil in eine schmierige Masse verwandelt. Blutung hatte nicht stattgefunden. Die Haut war warm, schwitzte mässig. Der Durst war sehr gross. Patientin fühlte sich zwar sehr schwach, doch ohne anderweite Beschwerden. Ich entfernte die von Brandjauche durchtränkten Compressen, entfernte von dem brandigen Stiele, was sich mit dem Schwamm entfernen liess, legte, frische, trockene Compressen über und unter die Lanzennadel und Klammer und empfahl fortwährend die strengste Ruhe.

Als ich gegen 12 Uhr die Operirte wieder sah, hatte sie ein Mal Schleim und Wasser erbrochen und fühlte Uebelkeit. Nachdem einige Blähungen abgegangen, fühlte sie sich sehr erleichtert und die Uebelkeit war geschwunden. Die Operirte wurde aber sehr von Husten gequält, woran sie schon seit Monaten und Jahren gelitten hatte (chronischer Lungencatarrh), und der mit schmierigem seltenen Schleimauswurf begleitet war. Als ich den Unterleib entblösste, fand ich die Compressen mit Blut getränkt. Es mochte wohl eine 2—3 Unzen betragende Blutung aus dem Stiele stattgefunden haben. Ich schloss daher die Klammer stärker, was sehr leicht ging; sie war entschieden zu weit um den Stiel, d. h. letzterer war sehr collabirt, und dieser Umstand, in Verbindung mit der Erschütterung durch den Husten, mochte die geringe Nachblutung bedingt haben. Ich sah hiernach kein Blut mehr aus dem Stiele hervorkommen. Der Unterleib war in der Regio mesogastrica und epigastrica ein wenig durch Luft aufgetrieben. Die Gesichtsfarbe der Operirten war noch immer todtenblass, die Zunge in der Mitte trocken und ein wenig russig belegt, eben so die Zähne.

Abends 9 Uhr fand ich die Operirte in tiefem Schlafe; sie hatte im Laufe des Abends bereits drei Mal ½ Stunde lang gut geschlafen. Sie schwitzte, hatte 36 Respirationen und 118 - 120 Pulsschläge in der Minute. Als sie erwachte, fand ich ihr Aussehen gut, sie fühlte nur geringen Schmerz. Der Durst hatte sich bedeutend gemindert. Da sie über Schmerzen im Kreuze wegen des schlechten Lagers klagte, wurde ein frisches Leinentuch untergelegt, wonach sie sich behaglich fühlte. Urin war wiederholt gelassen, auch mehrere Blähungen waren abgegangen. Der Husten war sehr auffallend selten geworden, fast geschwunden. Da ich am Operationsgebiet Alles in Ordnung fand, verliess ich die Kranke in guter Hoffnung.

Am 5. December. Die verflossene Nacht war eine verhältnissmässig ganz gute. Die Operirte hatte bis Mitternacht mehrmals ½ bis ¾ Stunden anhaltend geschlafen. Um Mitternacht trat ein Hustenanfall ein, welcher ½ Stunde lang sehr quälend war. Hiernach hörte er auf und Patientin schlief wiederholt, im Ganzen 4½—5 Stunden. Sie schwitzte anhaltend. Als ich sie Morgens 10 Uhr sah, fand ich sie entschieden besser aussehend als gestern, die Gesichtsfarbe besser, der Blick noch kräftiger, die Zunge rein und feucht, die Haut duftend, Urin klar. Puls 116—120, gut entwickelt, Respiration 32 in der Minute. Lust nach Milch, ohne grossen Durst. Der Unterleib wie gestern, schmerzlos, flach; der brandige Stiel zerfloss theilweise und wurde immer kleiner. Die Klammer wurde, da sie nicht fest schloss, wieder ein wenig mehr geschlossen, so dass sie eine gelinde Compression auf den Stiel ausübte. Blutung war nicht eingetreten.

Die schmutzigen Verbandstücke wurden entfernt, das Operationsgebiet von der Brandjauche gereinigt, frische Compressen aufgelegt. Die Operirte fühlte sich ganz behaglich und schmerzfrei. Sie schlief im Laufe des Vormittags wiederholt ½—¾ Stunden. Eben so im übrigen Laufe des Tages, im Ganzen beinahe 7 Stunden. Der brandige Stiel zerfloss in eine zerquetschten Heidelbeeren ähnliche Masse und war Abends 10 Uhr bis auf einen wallnussdicken Rest geschmolzen. Die Klammerbranchen berührten jetzt einander und hatten also den Stiel fast durchgeschnitten. Die Operirte fühlte sich wohl und schmerzfrei. Wäre der sehr frequente Puls nicht gewesen, so hätte man ihren Zustand für sehr günstig halten müssen.

Am 6. December. Seit gestern Abend hatte Patientin die ganze Nacht hindurch, mit Unterbrechungen nach jeder halben oder ganzen Stunde, durch Husten oder Durst verursacht, geschlafen. Sie fühlte sich wohl, schwitzte, hatte einen Puls von 120 Schlägen, respirirte noch 32 Mal in der Minute, urinirte ziemlich oft, der Urin war klar und mässig tingirt. Der Unterleib war ganz flach und schmerzfrei, der Stiel des Ovariums, bis auf einen Rest von der Grösse einer Bohne, ganz zerflossen. Die Bauchwunde schien per primam reunionem gut vereinigt. Die schmutzigen Verbandstücke wurden entfernt und durch neue ersetzt. Am Nachmittage sollte die Operirte in ein frisch gemachtes Bett gebracht werden. Sie schlief den ganzen Tag hindurch, einmal 2 Stunden anhaltend, ausserdem mit kurzen Unterbrechungen. Als ich sie Nachmittags 4 Uhr besuchte, fand ich sie in tiefem Schlafe, mit 28 Respirationen in der Minute. Das Umbetten unterblieb also heute. Patientin schlief auch den Abend hindurch, im Ganzen heute 7—8 Stunden. Abends 10 Uhr erneuerte ich den Verband. In der folgenden Nacht wurde die Operirte aber mehr durch Husten und Schleimauswurf gestört, als in den vorhergegangenen Nächten. Sie schlief daher, häufig unterbrochen, im Ganzen nur 3 Stunden in dieser Nacht.

Am 7. December, Morgens 9½ Uhr, fand ich aber die Operirte trotzdem in einem sehr befriedigenden Zustande. Sie sah sehr wohl aus, fühlte sich — den Husten abgerechnet — frei von allen Beschwerden. Sie schwitzte anhaltend mässig, hatte nur wenig Hitze, geringen Durst und der Puls hatte höchstens 110 Schläge; auch war die Respiration weniger frequent als bisher, d. h. nur 20—24 Mal in der Minute. Der Urin war klar und mässig tingirt. Patientin hatte, gegen mein Wissen und Willen, eine Tasse Milchcaffe mit Behagen getrunken. Das Wundgebiet sah ganz gut aus. Vom Ovariumstiel war nur noch eine kleine bohnengrosse Stelle in der Klammer, übrigens war letztere ganz geschlossen und hatte den Stiel bis auf wenige Fasern durchgeschnitten. Ich nahm daher die Klammer ab, und legte aus Vorsicht noch eine Ligatur um die Basis des Stielrestes, welchen ich mit der Scheere, da er ganz schwarz und lederartig war, grösstentheils abschnitt. Der untere Wundwinkel, der sich jetzt frei präsentirte, bildete eine etwa 1¼ Zoll lange Wunde mit schwarzem Grunde, durch die Oberfläche des brandigen Stiels bedingt. Der Stiel war aber fest mit den Bauchwandungen, in Folge der sehr festliegenden Lanzennadel, in Verbindung, und wenn auch bei jedem Husten die ganze Bauchwand stark bewegt wurde, so konnte doch von einer Abtrennung des

Stiels nicht die Rede sein, so gut und fest war derselbe durch die Lanzennadel fixirt. Ich bedeckte den unteren Wundwinkel mit Charpie, die täglich 2—3 Mal erneuert wurde. Die übrige Wunde wurde nur mit Leinwandcompressen bedeckt. Die Fadenbändchen fingen an einzuschneiden und Eiter zeigte sich um dieselben in den Stichcanälen. Die Operirte wurde jetzt in ein anderes, wohl erwärmtes Bett gebracht und befand sich hiernach sehr wohl. Der Tag verlief ohne weitere Störung. Sie schlief 1½—2 Stunden. Der Husten war das Einzige, was sie quälte. Abends 4 Uhr hatte sie 20 Respirationen und 116—120 Pulsschläge in der Minute. Der Leib war ganz flach und schmerzfrei. Abends 10 Uhr gab ich der Operirten ein Pulver aus ⅙ Gran Morphium aceticum, um den quälenden Hustenreiz zu mindern. Gegen Mitternacht wurde ich eiligst zu der Patientin gerufen. Sie lag in grosser Qual und Unruhe, mit heftigem aber vergeblichem Harntrieb. Sie hatte in den letzten 3—4 Stunden keinen Urin gelassen. Ich applicirte sofort den Catheter und entleerte 1½ Pfund klaren, mässig tingirten Urin. Die Patientin befand sich hiernach „wie im Himmel". Die Ursache dieser Harnverhaltung war mir ein Räthsel. Die Operirte schlief nun die ganze folgende Nacht hindurch, fast ohne Unterbrechung bis 7 Uhr Morgens.

Am 8. December, Morgens 9½ Uhr, fand ich die Operirte im befriedigendsten Zustande, sehr heiter und wohl aussehend. Sie hatte 20 Respirationen und 116—120 Pulsschläge in der Minute, die Haut schwitzte mässig. Der Husten war sehr gering. Durst eben so, Appetit noch nicht hervorstechend. Der untere Wundwinkel hatte nur ganz wenig genässt, das Brandige war fast gänzlich abgestossen, man sah schon einzelne Stellen des Stielrestes röthlich durchschimmern. Ich verband ganz einfach mit trockener Charpie, legte einen elastischen Catheter in die Blase, mittelst dessen ich etwa 1 Pfund klaren, mässig tingirten Urin entleerte, und unterwies die Wärterin, alle 3—4 Stunden den Stöpsel des Catheters wegzunehmen und den Urin zu entleeren.

Die Patientin schlief den ganzen Vormittag wiederholt 2 Stunden ohne aufzuwachen. Auch den übrigen Tag verbrachte sie meist schlafend. Nicht minder die ganze folgende Nacht; sie erwachte in der Regel alle 1—2—2½ Stunden, um zu trinken oder zu husten.

Am 9. December, Morgens, war die Operirte sehr heiter. Sie fühlte keinerlei Beschwerden. Der Puls war noch immer frequent, 116—120 in der Minute, die Respiration wie gestern, auch übrigens Alles wie gestern. Der Urin war etwas dunkler tingirt als seither, wahrscheinlich weil Patientin viel weniger trank. Der Urin wurde täglich 2—3 Mal durch den Catheter abgelassen. Appetit stellte sich noch nicht ein; die Wunde eiterte mässig. Sie wurde mit trockener Charpie verbunden. Die Operirte schlief den grössten Theil des Tages, von 2 zu 3 Stunden unterbrochen. Abends 6 Uhr, als der bisher sehr gelinde Husten sich wieder heftiger einstellte, nahm sie $\frac{1}{6}$ Gran Morphium. In der folgenden Nacht schlief sie eben so gut wie in der vorhergehenden.

Am 10. December. Im Ganzen war heute der Zustand wie gestern. Die Regio mesogastrica und epigastrica war mehr aufgetrieben, man gewahrte durch die Bauchwandungen die einzelnen Windungen der Gedärme, die zum Theil durch Luft aufgebläht waren. Stuhlgang war bis heute noch nicht erfolgt. Nach dem Abgange von Blähungen minderte sich die Auftreibung des Unterleibes. Der untere Wundwinkel sonderte ziemlich copiöse Eitermengen ab, der Stielrest darin bedeckte sich mit Granulationen. Der Puls war heute bis auf 105—108 in der Minute gesunken. Zwei Knopfnähte, welche bedeutend in die Bauchwand eingeschnitten hatten, wurden heute entfernt. Appetit war noch nicht vorhanden; die Zunge feucht und etwas weisslich belegt. Im Uebrigen Alles wie gestern. Der Verband (trockene Charpie) wurde täglich drei Mal erneuert, der Catheter drei Mal angelegt. Der Tag verlief ganz gut. Die Operirte schlief aber nur wenig heute.

Am 11. December. Die Operirte befindet sich fortwährend sehr gut. Sie hat fast die ganze verflossene Nacht geschlafen, alle 2 bis 3 Stunden erwachend, um zu trinken oder einmal zu husten. Sie schwitzt continuirlich, doch mässig. Ihr Habitus ist sehr gut. Die noch offene Partie der Wunde eitert stärker als bisher. Puls 104. Respiration 20 in der Minute. Ich nehme heute sämmtliche Knopfnähte weg; auch lösen sich die beiden Gefässligaturen, die noch lagen. Die Operirte geniesst Mittags Kalbsbouillon mit Behagen. Sie schläft den grössten Theil des Tages. Abends liess sie wieder freiwillig Urin. Gegen Mitternacht hatte sie einen ganz normalen freiwilligen Stuhlgang. Sie schlief die ganze Nacht hindurch, mit nur seltenen und kurzen Unterbrechungen.

Am 12. December. Der Zustand der Operirten bessert sich von Tage zu Tage. Sie hat heute früh wieder freiwilligen Stuhlgang gehabt. Der Puls hat 96—100 Schläge in der Minute. Appetit stellt sich stärker ein. Patientin geniesst Kalbsbouillon, weich gesottene Eier, Apfelcompot, verlangt ein wenig Wein und geniesst solchen mit Behagen. Der Unterleib ist jetzt ganz flach, von Darmwindungen keine Spur mehr zu sehen. Der Urin wird täglich öfter freiwillig entleert. Die Wunde granulirt sehr schön und sondert mässig viel Eiter ab. Gegen Abend stellt sich 5—6 Mal Durchfall ein, wahrscheinlich in

Folge zu vielen Fruchtsafts, welchen Patientin unter Wasser genossen hat. Trotzdem befindet sie sich ganz wohl.

Am 13. December. Patientin hat im Laufe der verflossenen Nacht 5 Mal Durchfall gehabt, daher auch nur wenig geschlafen. Trotzdem ist ihr Befinden ganz gut. Puls 100—104. Die Wunde hat ein sehr gutes Aussehen, eitert stark. Der Ovariumstiel hat sich bedeutend retrahirt und ist mit guten Granulationen bedeckt. Die bisher sehr fest liegende Lanzennadel lässt sich leicht hin und her schieben.

Auch im Laufe des Tages wiederholte sich der Durchfall noch 6 Mal, obwohl ich der Operirten nur guten Rothwein zum Trinken und schleimige Suppen hatte darreichen lassen. Ich verordnete ihr daher gegen Abend 12 Tropfen Laudanum liquidum Sydenhami in Rothwein zu nehmen. Hiernach stillte sich der Durchfall, die Patientin schlief mehrere Stunden, und als ich sie spät am Abend wiedersah, fühlte sie sich sehr wohl. Sie schlief die ganze folgende Nacht mit nur ganz kurzen Unterbrechungen (um Rothwein mit Wasser zu trinken) hindurch und sehr erquickend.

Am 14. December früh Morgens fand ich die Operirte sehr heiter und vergnügt. Sie hatte sich (ohne mein Wissen) auf die Seite gelegt. Die Wunde verkleinerte sich von Tage zu Tage, die Eiterung war mässig und gut, Puls 104—106, Zunge rein, alles Uebrige in Ordnung. Sie ass heute mehr als in den früheren Tagen, Bouillon, gebratenes Huhn, Caffee mit Zwieback, Rothwein. Der Tag verlief gut. In der folgenden Nacht schlief sie nur 6 Stunden nach Mitternacht. Vor Mitternacht war sie unruhig, heiss, hatte mehr Durst. Gegen Morgen stellte sich 2 Mal Durchfall ein. Sie nahm alsbald 12 Tropfen Laudanum.

Am 15. December fand ich die Kranke zufriedenstellend. Puls 104--106. Der ganze Körper mit Miliaria bedeckt, wie bei eiternden Wunden in der Regel. Sonst Alles wie gestern und gut. Im Laufe des Tages schlief Patientin viel. Der Puls wurde aber frequenter. Er stieg auf 120 gegen Abend. Starker Schweis war vorhanden; das beabsichtigte Umbetten unterblieb daher. Ich zog die Lanzennadel aus, welche ganz locker sass und die jetzt keinen Nutzen mehr hatte, da der Stiel an der Bauchwand festgewachsen war. Die Pulsfrequenz kam vielleicht von dem Rothwein und von Caffee, den die Kranke getrunken hatte. Ich verbot ihr daher, ferner Wein und Caffee zu geniessen, und gestattete nur Reiswasser, um den Durst zu löschen. Patientin schlief in der folgenden Nacht sehr gut, ein Mal 3 Stunden ohne Unterbrechung.

Am 16. December Morgens hatte der Puls wieder 104 Schläge

in der Minute. Es war 2 Mal breiige Stuhlentleerung vorhanden gewesen. Die Operirte fühlte sich sehr wohl. Ich erlaubte ihr, auf dringendes Bitten, sich auf die Seite zu legen. Die Wunde sah gut aus und im Uebrigen war Alles in bester Ordnung. Ruhe und strenge Diät wurden der Kranken ernstlich anempfohlen. Die Operirte schlief den grössten Theil des Tages, und Abends 5 Uhr, als ich sie zuletzt sah, fand ich sie ganz zu meiner Zufriedenheit. Um 10 Uhr liess Patientin von der Wärterin den Verband nachsehen. Derselbe war durchtränkt mit einer bedeutenden Masse blutiger eitriger Jauche von sehr üblem Geruch. Nachts 1 Uhr war der Verband wiederum von einer gleichen Masse solcher eitrigen Jauche durchnässt. Die Kranke schlief, trotzdem sie sich wegen dieser Jaucheausflüsse alterirt hatte, ganz gut, wohl 8 Stunden in dieser Nacht.

Am 17. December, Morgens 9 Uhr, fand ich die Operirte ganz heiter. Ihr Gesicht war aber auffallend verfallen und blass, das grosse Auge etwas gläsern, die Zunge an beiden Seitenrändern stark weisslich belegt, die Zähne mit einem braunen schmutzigen Ansatz (wie bei Typhösen) versehen. Der Puls war aber ruhiger geworden, hatte 92 Schläge in der Minute, bei 20—24 Respirationen. Als ich den Verband abnahm, fand ich denselben durchdrungen von einer bedeutenden Masse übelriechender, chocolatefarbiger, jauchiger Eitermasse, die aus der Tiefe des unteren Wundwinkels der Bauchwunde hervorkam und nach der Reinigung der Wunde bald wieder von Neuem nachquoll. Es schien mir dies entweder ein Abscess im Ovarialstiel oder in der Höhle des Peritonäum zu sein, vielleicht Folge von Residuen von Blutextravasat, das während der Operation in die Bauchhöhle gelangt und nicht aus ihr entfernt worden war. Da aber die Operirte sich ganz wohl fühlte, auch Appetit hatte, so musste ich, trotz des üblen Aussehens im Gesichte, dennoch diesen Zwischenfall vorerst noch als einen ziemlich indifferenten ansehen. Der Ovarialstielrest granulirte gut und war mit den Bauchwandungen fest verwachsen. Die Quelle der Jauche konnte vorerst nicht mit Sicherheit ermittelt werden. Ich liess alle 2 Stunden den Verband wechseln und den Eiter entfernen. Im Laufe des Tages minderte sich der Ausfluss aus der Wunde bedeutend, so dass er Abends erschöpft schien und nur die gewöhnliche Menge des Eiters, wie in den vorhergegangenen Tagen, abgesondert wurde. Die Kranke hatte auch im Laufe des Tages eine ganz gesunde Stuhlentleerung gehabt, viel geschlafen, Nachmittags mit grossem Verlangen und Behagen eine Tasse Milchcaffee (gegen meinen Rath) getrunken. Der Urin war klar und copiös. Gegen Abend wurde die Operirte in ein frisches Bett gebracht. Auch jetzt hatte der Puls nur 92 Schläge. Um 5 Uhr Nachmittags (etwa eine Stunde nachdem sie umgebettet war) entleerte sie mit dem Urin eine Quantität von etwa einer Unze mit Blut gemengten Eiters, ohne Beschwerde oder Schmerz. Eine Stunde später entleerte sie klaren Urin, in welchem nur eine geringe Spur von Eiter sichtbar war. Abends 10 Uhr fand ich die Operirte in einem ganz befriedigenden Zustande; der Eiterausfluss aus der Wunde war entschieden gemindert.

War der mit dem Urin ausgeleerte Eiter Folge eines Durchbruchs des Ovarialstiel-Abscesses durch die Blasenwandung? War es Eiter aus den Nieren? Kam der Eiter aus dem Cavo peritonaei und war von hier aus die Blase durchgeeitert? Alle diese sich aufdrängenden Fragen mussten vorerst unbeantwortet bleiben. Immerhin sprach nichts für eine Affection der Nieren. Das Wahrscheinlichste war und blieb, dass der dicke Stiel des Ovariums, in Folge der Unterbindung, weiter nach innen vereitert, dass in seinem theilweise colloiden Gewebe sich discrete Abscesse gebildet hatten.

Die Operirte hatte im Laufe des Tages viel geschlafen, und — so bedenklich ihr Zustand immerhin sein mochte — der ruhiger gewordene Puls, das bessere Aussehen der Zunge etc. liessen immer noch einen günstigen Ausgang hoffen.

Am 18. December. In der verflossenen Nacht hat Patientin nur 5 Stunden geschlafen; im Uebrigen ist ihr Zustand befriedigend. Sie hat 92—94 Pulsschläge, der Eiterausfluss aus der Wunde ist mässig, aber noch immer übelriechend. Im Urin befindet sich eine zähe, gallertartige Masse wie Faserstoff, der dem Boden des Gefässes so fest anklebt, dass man beim Umkehren desselben diese Masse nicht ausleeren kann. Die Patientin hat auch bei den letzten Malen des Urinlassens Schmerzen empfunden. Die gallertartige Masse ist entschieden mit Eiter und Blut vermischt. Es scheint mir fast gewiss, dass die Blasenwand an einer Stelle perforirt ist und mit dem Eiterheerd in dem Reste des Ovarialstiels communicirt. Trotz dieser misslichen Complication befindet sich die Operirte leidlich. Sie hat guten Appetit, geniesst ihren Milchcaffee, Cacao, Bouillon, Milch etc. mit Behagen, und ihr Gesichtsausdruck ist heiter. Im Laufe des Tages hatte sie zwei Mal normale Stuhlausleerung, ziemlich viel Schlaf. Sie legte sich jetzt meist auf die eine oder andere Seite, da sie am Kreuzbein eine wunde schmerzhafte Stelle hat. Die Urinexcretion findet alle 2—3 Stunden statt, und zwar freiwillig.

Am 19. December. Patientin hat in voriger Nacht sehr gut geschlafen, mehrmals 2—3 Stunden anhaltend. Sie fühlt sich sehr wohl und kräftig, liegt meist auf der Seite, hat mit Behagen Milchcaffee heute früh getrunken. Ihr Aussehen ist gut, der Puls hat 100 bis 104 Schläge, Stuhlentleerung war früh Morgens in ganz normaler Weise da. Im klaren, mässig tingirten Urin ist auffallend weniger Schleim als gestern, das Urinlassen selbst viel weniger schmerzhaft als gestern. Der Unterleib klein, weich, schmerzfrei, die Wunde hat ein gutes Aussehen, die Eiterausleerung ist mässig. Im Laufe des Tages minderte sich die Pulsfrequenz bis auf 92 Schläge in der Minute.

Am 20. December. Patientin hat auch in verflossener Nacht 6—7 Stunden geschlafen. Sie urinirt auch ohne alle Beschwerde und im Urin findet sich nur eine ganz geringe Spur von Schleim und Eiter. Stuhlgang war heute regelmässig da, der Puls hat 92—94 Schläge, die Eiterung der Wunde ist entschieden geringer, deren Aussehen besser, die Granulationen gut. Der Zungenbelag ist fast ganz geschwunden. Aussehen und Stimmung der Operirten recht gut. Sie verlangt nichts sehnlicher, als das Bett zu verlassen und behauptet, sich dazu ganz kräftig zu fühlen. Begreiflicherweise konnte ich ihr diesen Wunsch noch nicht erfüllen, obwohl ich sie ausser aller Gefahr erklären konnte. Denn der Stiel der Geschwulst war mit den Bauchwandungen ringsum fest verwachsen, die Wunde war bedeutend verkleinert, zu einer schmalen, etwa 4 Linien tiefen und 1 Linie langen Spalte zusammengesunken, deren Vernarbung sich nun bald erwarten liess.

Am 21. December. Patientin hat vorige Nacht trefflich geschlafen, alle ihre Functionen sind geregelt. Die Eiterung der Wunde mindert sich, das Aussehen und die Stimmung sehr gut. Puls 92. Ebenso am 22. December. Vom 23. December an genoss sie, ausser kräftiger Bouillon, Cacao, Milchcaffee, auch feste Speisen, gebratenes Fleisch, Weissbrot, leichte Gemüse; sie fühlte sich am 27. December so wohl und kräftig, dass sie dringend das Bett verlassen zu dürfen bat. Ich hielt es aber noch für besser, sie nicht aufstehen zu lassen.

Am 10. Januar 1865. Der untere Wundwinkel ist bis auf eine kleine Stelle geschlossen, die übrige ehemalige Bauchwunde fest vernarbt, die Patientin ganz gesund und wohl aussehend. Der Umfang des Unterleibes in der Horizontalebene des Nabels = 74 Cm. (gegen 114 Cm. vor der Operation). Sie ist den ganzen Tag ausser Bett. Am 12. Januar reiste sie in ihre Heimath zurück. —

Die äussere Beschaffenheit der exstirpirten Geschwulst ist oben beschrieben worden; eine genauere histologische Untersuchung derselben habe ich bis jetzt noch nicht vorgenommen, gedenke aber solche bei Gelegenheit nachzuholen und zu veröffentlichen.

Die in dem Tumor enthaltene Flüssigkeit wurde von Hrn. Dr. Wiederhold, Lehrer der Chemie an der polytechnischen Schule dahier, geprüft. Ich theile nachstehend die Ergebnisse seiner Untersuchung mit:

Seröse Flüssigkeit aus der grössten Ovariencyste, von hellgelber Farbe, neutraler Reaction und einem specifischen Gewichte von 1,025, enthielt in 100 Theilen:

Albuminate	5,018
Extractivstoffe [1]) (d. h. in Alkohol lösliche Körper, die mineralischen abgerechnet)	0,842
Fette	0,055
Mineralbestandtheile (vorzugsweise Chlornatrium, phosphorsaures Natron und phosphorsauren Kalk, ferner Chlorkalium, Eisenoxyd, phosphorsaure Bittererde)	0,635
Wasser	93,450
	100,000

In der frisch entleerten Flüssigkeit zeigten sich bei der mikroskopischen Untersuchung keine organischen Elemente. Nach circa vierzehntägigem Stehen dagegen hatte sich ein leichtes Sediment gebildet, welches Eiterkörperchen und Epithelialzellen enthielt.

Indem ich mich einer ausführlichen epikritischen Betrachtung dieses Falles enthalte, erlaube ich mir nur auf einen Punkt aufmerksam zu machen, der ganz besondere Beachtung verdient. Dies ist die Abscedirung des Ovarialstiels im Verlaufe der Heilung und die dadurch erzeugte Perforation der Harnblase. Der eigenthümliche Umstand, dass aus der Höhle des Abscesses der Eiter in die Harnblase drang, während dagegen keinerlei Anzeichen vorhanden war, dass Urin aus der Höhle der Blase in die Abscesshöhle resp. in die Bauchwunde sich nach aussen ergoss, lässt sich wohl durch die Annahme einer Art von Klappenverschluss der Blase an deren Perforationsstelle erklären, durch welchen es möglich war, dass der Eiter in die zum Theil gefüllte Blase eindringen, nicht aber Urin aus derselben nach hinten und oben heraustreten konnte.

Ich beschliesse diese Mittheilungen mit einigen Worten über die Urinverhaltung nach Ovariotomieen, da ich über die anderweiten, bei und nach der Ovariotomie zu beachtenden Umstände bereits oben (am Schluss des fünften Falles) mich genauer ausgelassen habe.

---

[1]) Die Reactionen auf Harnstoff ergaben ein negatives Resultat.

Ueber die Urinverhaltung nach der Ovariotomie.

Durchliest man die verschiedenen Operationsgeschichten, so findet man, dass in vielen Fällen von Ovariotomie Harnverhaltung eintritt, welche die Application des Catheters dringend nothwendig macht, während wiederum in anderen Fällen sich keine Spur von Harnverhaltung zeigt, und die Urinexcretion nicht im Mindesten durch den operativen Eingriff alterirt wird. Von meinen eigenen Operationsfällen hatten die ersten 3 keine Harnverhaltung zur Folge, im 4. und 5. Falle trat solche ein, im 6. und 7. Falle fand sie nicht statt. Die Harnverhaltung nach der Ovariotomie ist also nichts weniger als eine constante Erscheinung, und nichts ist weniger gerechtfertigt als die Behauptung, dass nach jeder Ovariotomie der Urin mit dem Catheter abgenommen werden müsste.

Zunächst drängt sich dem denkenden Chirurgen die Frage auf: durch welche Ursachen wird die Harnverhaltung nach der Ovariotomie bedingt, resp. welche Momente wirken auf deren Eintritt oder Ausbleiben?

Ich will es versuchen, diese Frage kurz zu erörtern, so weit meine Erfahrung mir gestattet. Ich habe gefunden, dass bei dünnem und langem Stiele in der Regel die Harnverhaltung nicht eintritt, dass dagegen bei voluminösem, breitem, derbem und kurzem Stiele in der Regel die Harnverhaltung eine gewöhnliche Folge der Ovariotomie ist.

Lässt sich eine Erklärung für dieses Verhältniss finden? Ich glaube diese Frage mit Ja! beantworten zu können. Und zwar aus folgenden Gründen. Je dicker der Ovarialstiel ist, um so bedeutender, dicker und zahlreicher müssen die in ihm enthaltenen Blutgefässe sein, um so mehr Blut strömt zu und von dem Tumor durch den Stiel desselben. Wird die Continuität dieser Blutgefässe durch die Unterbindung nach der Ovariotomie unterbrochen, staut sich der arterielle Blutstrom jenseits der Ligaturen im Stiele, so muss selbstverständlich eine um so bedeutendere Stase des Bluts jenseits der Ligaturen eintreten, je bedeutender der Durchmesser der nun durch die Ligatur und demnächst durch Thrombusbildung verschlossenen Blutgefässe. Dass eine solche Blutstauung mit Durchschwitzung des Blutserums durch die betreffenden Blutgefässe Hand in Hand geht, ist eine durch die Vorgänge bei jeder Entzündung nur zu bekannte Thatsache; mit kurzen Worten zu reden: es entsteht nach der Unterbindung des Ovarialstiels eine entzündliche Anschwellung desselben, ein entzündliches Oedem in demselben und in mehr oder minder grossem Umkreise um denselben, resp. um sein Wurzelgebiet herum. Dieses Oedem, resp. diese Anschwellung wächst anfangs so lange, bis durch Einleitung eines Collateralkreislaufs die für jetzt übergrosse Blutmenge abgeleitet wird; es mindert sich allmälig immer mehr, je bedeutender der Collateralkreislauf sich ausbildet, und schwindet endlich, entsprechend der Organisation der Thrombi, ihrer Rückbildung u. s. w. Wird also das entzündliche Oedem bei seiner Ausbreitung an der Basis des Stiels bis zur Blase sich erstrecken, werden also — wie das ganz natürlich und begreiflicher Weise nicht anders möglich ist — die Blasenwandungen bedeutend ödematös, so folgt daraus selbstverständlich, dass die Contraction der Blase dann nicht mehr in natürlicher Weise vor sich gehen kann. Umgekehrt: erstreckt sich das entzündliche Oedem nicht bis zu der Harnblase, behält letztere vielmehr nach der Ovariotomie die normale Weichheit, Elasticität, Dicke etc. ihrer Wandungen, so wird die Harnexcretion vor wie nach der Operation stattfinden und keine Harnverhaltung eintreten.

In denjenigen Fällen, wo die Harnausscheidung in den ersten Tagen und Wochen nach der Ovariotomie normal von Statten ging, wo aber secundär eine Eiterung eintritt, von Neuem Oedem desselben sich bildet, kann die Harnverhaltung später sich dennoch einstellen, wenn der Operateur schon über alle Berge zu sein glaubte. Dass diese Harnverhaltung in gleicher Weise zu Stande kommt wie die oben bezeichnete erste, versteht sich von selbst.

In prognostischer Hinsicht giebt die Harnverhaltung, wenn sie nach der Ovariotomie eintritt, an und für sich nichts weniger als ein ungünstiges Moment ab; sie zeigt nur, dass das entzündliche Oedem im Becken einen weiten Umkreis um die Basis des Ovarialstiels eingenommen hat. Dagegen ist das Aufhören der Harnverhaltung ganz entschieden als ein günstiges prognostisches Moment anzusehen; denn es folgt daraus ein bedeutendes Abnehmen, resp. ein Verschwinden des Oedems, insbesondere der Harnblase, welches die normale Contraction der letzteren wieder ermöglicht.

Die drei letzten Operationsfälle, welche mir im Jahre 1865 vorkamen, wurden in Dr. A. Göschen's Deutscher Klinik 1865, Nr. 50 ff., 1866 Nr. 1 ff. publicirt wie folgt:

In dem eben verflossenen Jahre habe ich drei Ovariotomien ausgeführt. Alle drei wurden nach der von mir vor 30 Jahren erfundenen Methode der extraperitonäalen Unterbindung und Einheilung des Ovarialstumpfes oder Stieles ausgeführt. Die beiden anderen Fälle endeten tödtlich, und zwar einer, in Folge grosser allgemeiner Schwäche, durch den Choc der Operation und nachfolgende Peritonitis, der andere in ganz unerwarteter und unaufgeklärter Weise, nachdem schon alle Gefahr überwunden schien und das ganze Operationsgebiet der Heilung ganz nahe war, am 12. Tage nach der Operation in Folge von Trismus und partiellem Tetanus. Ich habe also im Ganzen jetzt (vergl. die früheren Berichte) 10 Mal die Ovariotomie ausgeführt. Davon habe ich 8 Fälle nach der von mir erfundenen Extraperitonäalmethode operirt; davon wurden 6 Fälle völlig geheilt. Die beiden anderen Fälle (welche ich alsbald mittheilen werde) endeten tödtlich. Es sind dieses die ersten Todesfälle, welche ich bei Anwendung der Extraperitonäalmethode beobachtet habe. Es ist dabei aber hervorzuheben, dass in beiden Fällen vor der Operation eine ungünstige Prognose gestellt werden musste, und die Operation nur mit einer sehr schwachen Hoffnung auf günstigen Ausgang unternommen wurde. Trotzdem stellt sich das Verhältniss der Geheilten zu den Gestorbenen bei den nach der Extraperitonäalmethode Operirten = 6 : 2, was immerhin ein sehr günstiges genannt werden darf [1]).

Ich theile nun die einzelnen neuen Fälle in der Reihenfolge, nach welcher sie in meine Behandlung kamen, mit.

Achter Fall.

Enormes Cystovarium; vierjährige Dauer der Krankheit; zweimalige vergebliche Punction. Ovariotomie nach der Extra-Peritonäal-Methode des Autors. Tod am vierten Tage nach der Operation.

Mai 1865.

Anamnesis [2]). „Die Kranke, Ehefrau des Spritzenschlauchmachers Volkmar Schönau zu Hörselgau bei Gotha, ist gegenwärtig 47 Jahre

[1]) Die beiden nach der alten Methode von mir operirten Fälle endeten tödtlich durch Nachblutung in die Bauchhöhle. (Vgl. meine früheren Berichte.)

[2]) Ich theile im Nachfolgenden die von dem behandelnden Arzte der Kranken, Hrn. Dr. Köllein, Amtsphysicus in Waltershausen, mir gütigst zugestellten Notizen mit.

alt. Sie ist stets gesund gewesen bis auf eine vor 15—16 Jahren überstandene Pneumonie. Die Menses traten im 16. Lebensjahre ein und waren stets normal, bis vor etwa 5 Jahren Unregelmässigkeiten derselben sich einstellten der Art, dass, wie auch noch jetzt, in kürzeren Zwischenräumen ein mässiger Blutabgang aus den Genitalien sich einfand. Sie ist Mutter dreier Kinder, von denen die jüngsten, ein Zwillingspaar, gegenwärtig 11 Jahre alt sind. Vor etwa 5 Jahren bemerkte sie zuerst in der linken Seite des Unterleibes eine weiche Geschwulst, welche allmälig an Grösse zunahm und ihr Schwangerschaft vortäuschte. Nach und nach verbreitete sich der Tumor über den ganzen Leib gleichmässig, derselbe dehnte sich bedeutend aus, es stellten sich im weiteren Verlauf Abnahme des Appetits, der Körperkräfte ein, die Kranke wurde von andauernden Beängstigungen und Schmerzen — namentlich im Epigastrium — gequält. Da die von verschiedenen Aerzten angewandten Mittel ohne allen Erfolg waren, suchte die Kranke im Mai 1864 Heilung in der geburtshülflichen Klinik zu Jena, wo die Punction der Cyste — angeblich ohne Injection — vorgenommen wurde. Die hierdurch eintretende Erleichterung war eine sofortige, obschon der Leib immerhin noch viel umfangreicher blieb als früher. Allein nach etwa 6 Monaten hatte sich die Cyste wieder gefüllt, und hiermit stellten sich die früheren Beschwerden in derselben Intensität wieder ein. Deshalb begab sich die Kranke Ende November 1864 zum zweiten Mal nach Jena, wo abermals die Punction ausgeführt wurde. Der Erfolg war derselbe, nur dass die Erleichterung von viel kürzerer Dauer war, da die Wiederansammlung der Flüssigkeit, die Ausdehnung des Unterleibes schon Anfangs Mai 1865 einen so hohen Grad erreicht hatte, wie nie zuvor. Hand in Hand hiermit gingen auch die Beschwerden: die Schmerzen mehrten sich, die Angst steigerte sich oft maaslos, die Körperkräfte nahmen rapid ab, so dass die Kranke die Vornahme einer Radicaloperation sehnlichst wünschte.

Sie wurde zu dem Zweck am 18. Mai 1865 in das Krankenhaus zu Gotha aufgenommen.

Status praesens. Die Kranke ist mittelgross, die Musculatur mässig entwickelt, jedoch straff; Gesichtsfarbe gesund, etwas cyanotisch; die Untersuchung des Herzens und der Lungen ergiebt nichts Krankhaftes. Der Leib, über und über mit glänzenden Striemen bedeckt, ist ganz ungeheuer ausgedehnt und erreicht der Hängebauch fast die Kniee. Die Circumferenz desselben vom Rücken über Crista oss. ilei ant. sup. u. s. w. beträgt 129 Cm., die Linie vom Proc. ensiform. bis zur Symphys. oss. pub. misst 88 Cm. Allenthalben deutlichste Fluctuation; die Exploration per vaginam ergiebt die Vaginalportion sehr nach hinten gedrängt; per anum ist nichts Abnormes zu entdecken; der Urin reagirt sauer, enthält kein Eiweiss."

So weit gebe ich die Mittheilungen des Hrn. Dr. Köllein.

Am 22. Mai 1865 Nachmittags 3 Uhr traf ich in Gotha ein. Ich fand die Patientin viel älter aussehend als sie wirklich war, von kleiner Statur, von bläulich rother, mehr cyanotischer Gesichtsfarbe. Ihr Knochen- und Muskelsystem war im Ganzen gut entwickelt, die Haut aber sehr welk und dünn, das Fettgewebe unter der Haut ganz geschwunden. Zähne und Haare sehr mangelhaft; Alles entschiedene Zeichen der Decrepidität. Der Unterleib war so enorm ausgedehnt, wie ich es noch nie gesehen, und hing fassförmig vor den Oberschenkeln her. Der Nabel war fast bis zu den Knieen herabgesunken. Die oben bezeichneten Maasse des Unterleibes fand ich bestätigt. Die ganze Haut des Unterleibes war in hohem Grade verdünnt und ihr Gewebe auseinandergewichen, so dass zahllose Narbenstreifen (sogenannte), wie bei Hochschwangeren solche einzeln gewöhnlich sind, der Haut ein moiréeartiges Ansehen gaben. Zahllose federdicke Venen schimmerten durch die dünnen Hautwandungen hindurch. An allen Stellen des Unterleibes fühlte man die unzweideutigste Fluctuation. Die Leber war bedeutend in die Höhe getrieben, ebenso das Zwerchfell, die Milz etc. Indess ergab die Percussion und anderweite physicalische Exploration keine andere Abnormität dieser Theile. Bei der Exploratio per vaginam fand ich den Muttermund ganz nach hinten gerichtet, horizontal stehend, klein, weich, den äusseren Muttermund so weit offen, dass meine Fingerspitze einige Linien tief wie in einen Fingerhut eindringen konnte. Den Körper des Uterus fühlte ich im vorderen Laquear vaginae von geringem Umfang, schmerzlos bei dagegen angewandtem Druck, beweglich. Im Uebrigen fühlte sich der Raum des kleinen Beckens von der Scheide aus wie leer. Nirgends eine Härte oder sonstige Abnormität. Fluctuation von der Scheide aus war nicht zu fühlen. Bei der Untersuchung per rectum in der Knie-Ellenbogen-Lage fühlte ich nach vorn die Vaginalportion durch, ausserdem aber das ganze kleine Becken gleichsam leer. Ich konnte mit dem tief eingeführten Zeigefinger die Höhlung des kleinen Beckens mit grösster Leichtigkeit in allen Richtungen durchtasten. Nirgend fühlte ich eine Härte oder sonst irgend etwas Auffallendes. Der frisch gelassene Urin der Patientin zeigte eine normale Farbe und Reaction, enthielt kein Eiweiss, wie eine Probe damit ergab. Die Frau hatte nirgend im Unterleibe noch sonst wo Schmerzen; letztere hatten sich nur nach den früheren Punctionen eingestellt und sich später verloren. Von Verschiebung der Geschwulst in der Bauchhöhle konnte keine Rede sein; die ganze Person bestand gewissermaassen nur aus Bauch; Brust, Kopf und Extremitäten schienen nur dessen Anhängsel.

Ich stimmte hiernach in Bezug auf Diagnose mit meinem Collegen Köllein in so fern überein, dass ich eine cystoide Degeneration des linken Ovariums annahm, und bedeutende Verwachsungen der Geschwulst mit der Bauchwandung in Folge der durch die Punctionen verursachten Peritonitis in Aussicht stellte, die Operation aber gleichfalls unter einer sehr zweifelhaften, jedoch nicht absolut ungünstigen Prognose für indicirt hielt.

Ovariotomie, am 22. Mai, 4 Uhr Nachmittags, in Gegenwart und unter Assistenz der Herren Medicinalrath Dr. Madelung, des Oberstabsarztes Dr. Dorl, der Herren DDr. Hess, Hennicke, Kieselhausen aus Gotha, Dr. Thomas aus Ohrdruf und Dr. Köllein aus Waltershausen.

Nachdem die Patientin gehörig gelagert und in die Chloroformnarcose gebracht worden war, führte ich den Hautschnitt von dem Mittelpunkte zwischen dem Nabel bis zur Symphysis ossium pubis. Hierbei musste ich die Schneide des Messers aufwärts gerichtet halten, und während ich den Schnitt bei der Symphyse begann und gegen den Nabel hin führte, musste ich also die Messerklinge in der Richtung von den Oberschenkeln gegen die Knie abwärts führen. Der Bauch konnte nämlich nur ganz unbedeutend erhoben und von den Oberschenkeln entfernt werden, und wenn man sich denkt, dass der Bauch fassförmig vor den Oberschenkeln herabhing, so wird man es begreiflich finden, dass ich in sehr gebückter Stellung die bezeichnete Messerführung (Rücken des Messers dem Fussboden, Schneide des Messers der Decke des Zimmers zu gerichtet) beobachten musste. In mehreren Zügen wurden so die Haut, Bindegewebe, die Linea alba getrennt. Das Bauchfell war in eine feste fibröse Masse verwandelt und mit dem Tumor auf das Innigste verwachsen. Von Eröffnung der Höhle des Peritonäums war also nicht die Rede. Nachdem ich die genannten Gewebsschichten getrennt hatte und dicht hinter der im Grunde des Wundgebiets vorliegenden Gewebsschicht Fluctuation fühlte, stiess ich einen dicken Troikart ein und entleerte binnen 5—8 Minuten gegen 3 grosse Eimer einer schwarzbraunen, unklaren, geruchlosen, ziemlich dünnen Flüssigkeit, welche dem Absude schwarzen Caffees ähnlich sah. Der Unterleib sank begreiflicher Weise bedeutend zusammen, und man fühlte jetzt links eine harte, rundliche Masse von der Grösse einer Kalbsleber; eine andere ähnliche Geschwulst liess sich auf der rechten Seite des Unterleibes über den Hüftbeinen fühlen. Ich setzte nun in die Geschwulst die Muzeux'sche Zange dicht neben dem Troikart ein und suchte sie hervorzuziehen, was aber durchaus unmöglich war, weil die festen Verwachsungen des Tumors mit der vorderen Bauchwand jenes verhinderten. Ich löste daher mit den Fingern est rechts, dann links, dann oben, dann unten die Verwachsungen, jede losgelöste Strecke wurde mit einem scharfen Haken gefasst und in dem Wundgebiet festgehalten. Ich sage bestimmt zu wenig, wenn ich behaupte, dass ich gezwungen war, erst einen Quadratfuss der Oberfläche des Tumors von dem mit ihm innigst verwachsenen Peritonäum loszulösen (durch Zerreissung mit der Hand), bevor ich zu der Grenze der Verwachsungen und zu der noch freien Oberfläche des Tumors zu gelangen im Stande war. Es glückte mir dies zuerst in der rechten Seite des Bauches; jede neu gewonnene Strecke des Tumors wurde mit dem scharfen Haken erfasst und hervorgezogen, dann gelangte ich zum Scheitel desselben, und nachdem auch dieser glücklich zu Tage gefördert war, fand es sich, dass die oben erwähnten beiden Geschwülste rechts und links in der Bauchhöhle über den Hüftbeinen ebenfalls Cysten des nämlichen Tumors waren. Dieselben wurden, nachdem die Wunde in den Bauchdecken um etwa 1 Zoll nach oben verlängert worden, in toto ausgezogen, und nun gelang es, die Bauchhöhle ganz und gar von der Geschwulst zu befreien und zum Stiele der letzteren zu gelangen. Dieser Stiel war weich, 4—5 Mannsfinger dick, platt. Er war kurz, 2—3 Zoll höchstens lang und stand in unmittelbarer Verbindung mit dem Uterus, von dessen rechtem Horne (sit venia verbo) er ausging. Der Uterus fühlte sich gesund an, er war weich und klein. Das linke Ovarium fühlte sich gleichfalls klein und weich an; an der Tuba Fallopii links entdeckte ich keine Abnormität. Ich legte daher an der Basis des Tumors die Clay'sche Klammer an und schnitt diesseits der Klammer den Tumor ab, einen apfelgrossen Rest des Tumors sitzen lassend. Bei der Abtrennung des Tumors ergoss sich noch der Inhalt der tiefsten Cyste (unmittelbar über der Stielbasis) in dickem Strahle über die nächsten Umstehenden. Dieser Inhalt war molkig weiss, gallertig. Es war bis jetzt Alles nach Wunsch verlaufen, nur wenige Darmschlingen waren in Sicht gekommen, die Blutung war sehr unbedeutend gewesen, die Operirte athmete gut, hatte einen ruhigen Puls und ein gutes Aussehen. Ich führte jetzt unterhalb der Clay'schen Klammer eine doppelte Ligatur (aus vierfacher cordonnirter Seide) durch und unterband den Geschwulststiel nach beiden Seiten mittelst der Gräfeschen Ligaturstäbchen. Eine Ligatur, welche ich beim Schliessen zerriss, musste von Neuem angelegt werden. Die Clay'sche Klammer wurde jetzt entfernt; es folgte keine Spur von Blutung aus dem Stiel. Ich schritt jetzt zur genauen Vereinigung der Bauchwunde; 7 bis 8 Knopfnähte (mittelst Gräfe'scher Fadenbändchen) und 5 bis 6 umwundene Nähte mit Hasenschartennadeln vereinigten die Bauchwunde auf das Genaueste. Der Stiel des Tumors ragte aus dem untersten Wundwinkel hervor wie ein grosser Pfropf aus einer Champagnerflasche. Ich führte nun eine 5 Zoll lange Lanzennadel jenseit der Ligaturen durch die Bauchwundränder und die Mitte des Ovarialstiels, so dass letzterer im unteren Wundwinkel zwischen den Bauchwandungen festgespiesst war. Mittelst mehrerer in Achtertouren umgelegten Fadenwandungen wurden die Ränder der Bauchwand in die innigste Berührung mit dem Stiel gebracht und somit war die Bauchhöhle hermetisch geschlossen. Die Operirte wurde jetzt zu Bette gebracht, nachdem sie mit einigen Schlucken guten Weins restaurirt worden war. Von Anfang der Operation bis zu dem beendeten Verbande hatte das Ganze $\frac{3}{4}$ Stunden gedauert. Mit Ausnahme einiger Compressen, welche beiderseits unter die vorstehenden Enden der grossen Lanzennadel und unter die Gräfeschen Ligaturstäbchen gebracht und mit Heftpflastern befestigt wurden, wurde ein Verband durchaus nicht angelegt. Etwa 1 Stunde nach der Operation hatte der Puls der Operirten 75 gut entwickelte Schläge. Die Operirte klagte über keinen Schmerz, sie empfand etwas Harntrieb. Gegen 6 Uhr desselben Tages verliess ich die Operirte in einem im Ganzen befriedigenden Zustande. Das Einzige, was mir unangenehm bei der Operirten auffiel, war ihr apathisches Wesen. Sie lag stets mit geschlossenen Augen theilnahmlos, als ob sie aus der Chloroformnarcose noch nicht völlig erwacht sei.

Hr. Dr. Hess, Arzt am städtischen Krankenhause in Gotha, übernahm nun die Nachbehandlung der Operirten und hatte die Güte, mir täglich Bericht über deren Befinden zukommen zu lassen. Folgendes waren seine Nachrichten:

Am 23. Mai, Mittag 1 Uhr. „In dem Befinden der Operirten sind bisher keine eigentlich beunruhigenden Erscheinungen aufgetreten, wenn dieselbe auch, in Folge der grossen Hitze dieser Tage, eine schlechte unruhige Nacht verbrachte. Als ich sie gestern Abend 7 Uhr verliess, hatte sie 76 Pulsschläge, 15 Respirationen (in der Minute), $+28,2^{0}$ R. Temperatur (bei $+18^{0}$ R. der Atmosphäre). Nach 8 Uhr wurde ich plötzlich wieder hingerufen, weil sich eine ziemlich starke capilläre Blutung, so viel zu erkennen, nur aus dem Stiele gezeigt und die Patientin eine ziemlich beträchtliche Ohnmacht bekommen hatte, wobei der Puls circa 8 Minuten ganz aussetzte. Bei meinem Eintreffen dauerte die Blutung noch fort, die Anlegung einer weiteren Ligatur fruchtete nichts und erst nach dem Anlegen der Klammer sistirte der Ausfluss. Fortan hat sich nichts wieder gezeigt und die

Klammer hat jedenfalls beigetragen, dass der Stiel heute schon ziemlich missfarbig erscheint. Von gestern Abend stieg der Puls gradatim bis früh 11 Uhr auf 104 Schläge, dabei aber nur 16—20 Athemzüge, 29,8—30° R. Temperatur: Wangen ziemlich lebhaft geröthet, viel Durst, Aufstossen, heute früh drei Mal Erbrechen grünlicher Flüssigkeit; bis jetzt noch keine Nahrung eingeführt. Oefteres Drängen zum Uriniren, Urin (nur durch Catheter) ziemlich hochgestellt, reichlich. Leib durchgängig weich und schmerzlos, nur links unten, zur Seite der Wunde, ausgedehnte Dämpfung (mehr als handbreit) und das Gefühl eines abgesackten, ziemlich harten Tumors, ohne deutliche Fluctuation; — sollte hier noch eine Cyste rückständig geblieben sein? Peritonitisches Exsudat kann sich doch noch nicht gebildet haben. Diese Stelle ist auch für die Berührung ziemlich schmerzhaft. Arznei zu reichen fand ich noch keine Veranlassung. Morphium mochte ich der vorausgegangenen Ohnmacht halber nicht geben. Sowie sich die entzündlichen Erscheinungen irgendwie steigern, werde ich antiphlogistisch verfahren. Morgen Weiteres."

Am 24. Mai, Nachmittags 5 Uhr. „So eben erhalte ich Ihren Brief[1]) und finde die darin ausgesprochene Ansicht über die Natur des linksseitigen Tumors ganz plausibel; sollte es zum Abscess kommen, so würde uns derselbe wohl zu schaffen machen. Der Tumor hat übrigens eher noch zugenommen und bildet eine fast wurstförmige Hervorragung unter der Bauchwand, die die Bauchdecken ganz nach der Seite zieht, so dass auch die umschlungenen Nähte fast in querer Richtung liegen. Das sonstige Befinden der Kranken ist nicht gerade übler. Sie hat die letzte Nacht mit Unterbrechungen (im Ganzen wohl 4 Stunden) geschlafen und würde noch mehr geschlafen haben, wenn nicht die häufigen Vomituritionen, wobei es öfters zum Erbrechen gelbgrüner, übelriechender Flüssigkeit kommt, sie sehr belästigten. Schmerzen werden eigentlich nur bei Berührung des Abdomens geklagt, welches indessen viel aufgetrieben ist und die einzelnen aufgeblähten Darmwindungen durchschimmern lässt. Fieberreaction nicht gerade in bedenklicher Zunahme.

Am 23. Mai Abds. 6 U. Puls 104, Resp. 20, Temp. 29,8° R. (bei 19° R.),
Am 24. Mai Morg. 11 „ „ 110, „ 21, „ 30,2° „ „ „ „

Urin (durch Catheter) hochgestellt, wird häufig gelassen, kein Stuhlgang, Klagen über Blähungsbeschwerden. Die Klammer hatte fast zu

[1]) Ich hatte dem Hrn. Dr. Hess geschrieben, dass ich den bezeichneten Tumor von einer Blutung und Ausschwitzung aus der enormen Trennungsfläche des (verwachsenen) Peritonaei ableiten möchte, die eine enorme Ausdehnung hatte.

stark gewirkt, so dass die Gangrän sehr vorgeschritten war und wegen des starken Geruchs das Abgestorbene entfernt werden musste. Sonst Alles in Ordnung; ich werde die Abstossung vielleicht zu verlangsamen bestrebt sein. Ausser Eiswasser, wenig leichter Kalbsbouillon und etwas Thee ist noch nichts genossen worden, obgleich Verlangen nach Nahrung da ist. Zu einem antiphlogistischen Verfahren schien mir die Sache noch nicht angethan. Um der Brechneigung und der Unruhe der Kranken einigermassen zu begegnen, liess ich Nachmittags $\frac{1}{8}$ Gran Morphium reichen und werde dies im Nothfalle Abends wiederholen."

Am 25. Mai, früh 6 Uhr. „Leider muss ich Ihnen mittheilen, dass es mit unserer Operirten schlecht geht. Ich fand schon gestern Abend den Zustand beunruhigend, den Leib viel mehr aufgetrieben, grosse Unruhe und Durst, Würgen und Erbrechen bitter schmeckender Massen, den Puls auf 120 gestiegen, aber klein, die Hauttemperatur nicht wesentlich erhöht, an den Extremitäten eher kühl. Unter diesen Umständen und trotz deutlich ausgesprochener Peritonitis, konnte ich mich nicht entschliessen, Blutegel zu setzen, weil ich einen unvermeidlichen Collapsus befürchtete, eben so wenig schien mir, bei dem kleinen Puls der Kranken, die einige Male Frösteln geklagt hatte, die Kälte indicirt, während für das Opium der Meteorismus zu bedeutend war. Ich beschränkte mich auf leichte Analeptica, Eispillen; beim Verband fand sich Alles in Ordnung, Gangrän sehr vorgeschritten, Dämpfung links unten und Härte daselbst etwas mehr nach oben verbreitet.

Vergangene Nacht 2 Uhr wurde ich wieder zur Kranken gerufen, die ich im Zustande grösserer Beängstigung durch die colossale Auftreibung des Leibes fand, dabei mit kleinem, unregelmässigem, nach 10—12 Schlägen intermittirenden Puls von 120, Respiration 26, kühlen Extremitäten, fortwährender Brechneigung und quälendem Durste. Ihre Stimmung, schon von der Operation an deprimirt, war es jetzt gänzlich. Unter diesen misslichen Umständen liess ich einen grossen aromatischen Umschlag auf den Leib legen und öfters erneuern, gab innerlich mehrmals guten Rothwein löffelweise, kohlensaures Wasser in kleiner Quantität zum Getränk, auch liess ich ein Clystier von starkem Valeriana-Aufguss, der mir in ähnlichen Fällen öfters gute Dienste geleistet, appliciren; dasselbe ist bis jetzt noch nicht abgegangen. Höchst ungünstig erscheint mir besonders, dass die Härte des Leibes auch in der oberen Partie beträchtlich zugenommen hat, was wohl auf eine bedeutende Exsudatbildung hinweist. Uebrigens hatte sich der Zustand, als ich vorhin die Kranke verliess, insoweit gebessert, dass der Puls regelmässig, allerdings noch 130, dabei klein und ziemlich gespannt war, die Temperatur sich gehoben hatte; ich verordnete Fortsetzung der aromatischen Fomentationen, eine Saturation innerlich. Ich habe wenig Hoffnung mehr auf einen glücklichen Ausgang. Die Prostration ist schon zu gross und, wie Sie selbst bemerkt, machen sich die Jahre und ein strapazenreiches Leben doch immer geltend."

Am 26. Mai, früh 9 Uhr. „Der unglückliche Ausgang, der schon in vergangener Nacht vorauszusehen, ist leider bereits gestern Abend 11 Uhr eingetreten. Puls und Hauttemperatur hoben sich seit gestern früh nur zeitweise wieder, Angst und Unruhe nahmen progressiv zu, dyspnoëtische Anfälle wurden immer häufiger, so dass die Kranke ganz in die Höhe gehoben werden musste. Die Auftreibung des Leibes wurde eine colossale, und wich weder auf aromatische, noch auf die von Medicinalrath Madelung vorgeschlagenen Eisumschläge, noch auf trockne aromatische Frictionen; mehrere Clystiere, so wie einige Calomeldosen, Roborantia u. s. w. blieben ohne Erfolg. Mit den Clystieren gleichzeitig ging nur etwas Schleim ab. Bereits am Mittag war der Puls fadenförmig und fast unfühlbar, Zunge dabei immer noch feucht und ziemlich rein. Aus den Wundrändern sickerte etwas röthliche Flüssigkeit. Der Leib nahm die Form eines Spitz- oder Hängebauchs an, so dass das Operationsfeld vor der überliegenden Partie ganz überwölbt und erst nach Hebung der letzteren dem Auge sichtbar wurde. Die Härte war fortwährend in der Zunahme, eben so die Dämpfung, die namentlich auch in der Gegend des Colon transversum bemerkbar wurde. Es unterliegt keinem Zweifel, dass von der Geschwulst in der linken Unterbauchgegend der tödtlich gewordene Krankheitsprocess seinen Ausgang nahm. Schon eine Stunde nach der Operation zeigte sich daselbst die wurstförmige, resistente Geschwulst, und hier allein wurden auch bei der Palpation Schmerzen geklagt. Im Allgemeinen kann man wohl sagen, dass der üble Ausgang mehr durch den allgemeinen Collapsus, die Unzulänglichkeit der Körperkräfte gegenüber dem operativen Eingriffe als durch den localen Krankheitsprocess bedingt war. Auffallend war mir von Anfang an die deprimirte, gleichgültige Gemüthsstimmung der Operirten."

Am 27. Mai, früh. Section. „Vom Ovarialstiel war äusserlich nur ein Minimum da, welches, von der Lanzennadel gut festgehalten, nach deren Lösung in die Bauchhöhle zurückschnellte. Eine Verwachsung der Wundränder war noch nirgends eingetreten. Ein bedeutender freier Bluterguss fand sich nirgends; wohl aber hatte aus der Adhäsionsstelle links von der Wunde eine Blutung stattgefunden, welche das Peritonäalblatt dieser Gegend gelöst und die Umgegend in weiterem Umfange blutig infiltrirt hatte. Von hier aus konnte man das Fortschreiten der Entzündung über einen grossen Theil beider Peritonäalblätter verfolgen. Letztere, ebenso wie die Gedärme unter sich, fanden sich an vielen Stellen locker verklebt, stellenweise mit Gefässinjectionen überzogen, der Darmüberzug durchweg glanzlos, grauröthlich. Auf den Darmwindungen und überall im Cavum ein massenhafter, serös jauchiger, lufthaltiger, nirgends blutig gefärbter Erguss. Mucosa und Muscularis des Darms schlaff, blass. An Stelle des rechten Ovariums und seiner Annexa war der einige Zoll lange Stiel in eine homogene strangartige Masse verwandelt. Das linke Ovarium, Tuba u. s. w. gesund. Der Uterus tief im Becken gelagert, klein (namentlich im Verhältniss zur früheren Zwillingsgeburt), von derbem, doch nicht eigentlich fibroidem Gefüge; Blase leer und — abgesehen von Entzündung des serösen Ueberzugs — gesund. Die Milz welk, hyperämisch, Nieren gesund, von grossem Umfange. In den Brustorganen, ausser der enormen Heraufdrängung, nichts Bemerkenswerthes. Der seröse Ueberzug des ebenfalls ungeheuer ausgedehnten Magens mit einzelnen Ecchymosen besetzt, Schleimhaut anämisch; Leber blass, ohne pathologische Veränderungen."

So weit die brieflichen Mittheilungen des Hrn. Dr. Hess in Gotha.

Die exstirpirte Cystengeschwulst unterschied sich nicht von den gewöhnlichen multiloculären Cysten. Dieselbe bestand aus einer dicken, derben, fibrösen Haut, deren äussere Oberfläche glänzend, glatt, weiss, deren innere Fläche mit zahllosen grösseren und kleineren Filamenten besetzt, zottig, rauh, uneben, röthlich war. Eben solche Wandung hatten die kleineren Cysten.

Der Inhalt dieser Cysten wurde von unserem tüchtigen Chemiker, Hrn. Apotheker Ober-Medicinal-Assessor Dr. Wild untersucht, welcher mir darüber Folgendes mittheilte:

„1) Die betreffende Flüssigkeit scheint neutral gewesen zu sein. Als ich sie erhielt, hatte dieselbe eine sehr schwache alkalische Reaction, welche nach 2—3 Tagen entschiedener auftrat.

2) Das specifische Gewicht beträgt = 1,011.

3) Der Gehalt an festen Bestandtheilen ist = 7,612 pCt., der Wassergehalt demnach = 92,388 pCt.

3) Durch's Filtrum abscheidbare unlösliche Bestandtheile fanden sich 0,163 pCt. vor. Dieselben bestanden aus Fibrin, durch anhängendes Blutroth sehr schwach gefärbt, und etwas Schleim.

5) Die Flüssigkeit zeichnet sich durch einen sehr grossen Gehalt an Albumin aus. Es fanden sich 3,833 pCt. trockenen Albumins vor. (Vogeleiweiss hat 12—13 pCt. feste Bestandtheile.)

6) An anorganischen Bestandtheilen wurden 0,666 pCt. gefunden.

Vorwaltend waren Natron, Kalk, Chlor, Phosphorsäure, Kohlensäure. In geringer Menge fanden sich Eisenoxyd, Kali, Magnesia, Schwefelsäure. Die hieraus resultirenden Salze sind Chlornatrium, phosphorsaurer Kalk, kohlensaures Natron, schwefelsaurer Kalk, Kali und Magnesiasalze. Das Eisenoxyd ist dem vorhandenen Blute zuzuschreiben.

7) An besonderen organischen Stoffen fanden sich vor:

a) Verseifbares Fett;

b) Hämatin chemisch und mikroskopisch bestimmt;

c) Spuren von Harnstoff; desgleichen

d) ein dem Glutein ähnlicher Stoff in geringer Menge, vielleicht Zersetzungsproduct des Fibrins;

e) Osmazon und Fleischextract. Dem Gewichte nach betrugen diese Stoffe = 2,950 pCt.

Zusammenstellung.

Fibrin	0,163
Albumin	3,833
Unorganische Salze	0,666
Organische Stoffe, als Fett, Hämatin, Spuren von Harnstoff, Osmazon u. s. w.	2,950
Wasser	92,388
	100,000

8. Juni 1865. Dr. R. Wild."

Epicritische Bemerkungen.

Der vorstehend mitgetheilte Fall ist der erste unglücklich abgelaufene Fall meiner nach der Extra-Peritonäal-Methode ausgeführten Ovariotomieen. Ein jeder unbefangene Leser wird mir zugestehen, dass nur ein sehr geringer Hoffnungsstrahl vor der Operation vorhanden war, der die Ausführung der Operation überhaupt rechtfertigen konnte. Dass aber die Operation bei so geringer Aussicht auf Erfolg ausgeführt wurde, kann man um so weniger mir zum Tadel anrechnen, als ich zu der Annahme Ursache hatte, dass durch Anwendung meiner Methode jedenfalls die Kranke in die möglichst günstigsten Verhältnisse versetzt werden musste. War nun die Decrepidität der Kranken, ihre cyanotische Gesichtsfarbe, ihre Schwäche und Abmagerung schon vor der Operation Bedenken erregend, so wurde die enorme Verwachsung des Tumors mit dem Bauchfell es in noch höherem Grade. Ich entsinne mich nicht, jemals einen Operationsbericht gelesen zu haben, in welchem eine so immense Verwachsung stattfand als im vorliegenden Falle. Es begreift sich leicht, dass die Loslösung einer so ausgedehnten Adhäsion, die grösstentheils mit der Hand, nur zum geringsten Theil mit dem Messer, geschah, eine entsprechende Wundfläche in der Bauchhöhle setzte, die eine bedeutende Reaction, Entzündung, Ausschwitzung etc. zur Folge haben musste. Wenn ich nicht unmittelbar nach der Operation solche Maassregeln traf, die gegen diese Eventualitäten gerichtet waren, so geschah es in der Hoffnung, dass die vor der Operation ausgedehnte vordere Bauchwand nach der Operation sich bedeutend zusammenziehen und dadurch also das Wundfeld der Adhäsion bedeutend verkleinern würde. Da ich überdies keine erhebliche Blutung bei der Trennung der Adhäsionen eintreten sah, und die ganze verwachsene Stelle des Peritonäums und Tumors wie eine alte, schwartenartige Narbenmasse erschien, von welcher ich annehmen durfte, dass ihre Trennung keine zu heftige Reaction zur Folge haben würde, so richtete ich um so weniger mein Augenmerk gerade auf diesen speciellen Punkt. Und ich sehe mich daher veranlasst, offen hier einen Fehler einzugestehen, welchen ich dadurch begangen zu haben glaube, dass ich nicht unmittelbar nach beendeter Operation Eisumschläge auf den Unterleib appliciren und dieselben so lange fortsetzen liess, bis alle Gefahr einer Peritonitis vorüber war. Vielleicht wäre dadurch die Operirte gerettet worden. Ich sage: vielleicht — denn die Operirte war so decrepid und schwach, dass ich diesen Tadel gegen mein Verfahren höchst wahrscheinlich ganz ungerechter Weise ausspreche. Die Kranke sah nach nichts weniger aus, als nach einer zu erwartenden starken Reaction in Folge des operativen Eingriffs. Und man hätte durch Eisumschläge vielleicht den geringen Rest von Lebensenergie der Operirten noch mehr herunter gebracht, ihr Ende vielleicht beschleunigt. Kurzum, ich bin in der Lage, recht zu empfinden, wie der Tadel leicht und das Bessermachen schwer ist. Auch am 2. Tage nach der Operation, als ich das Exsudat aus der Wundfläche des Peritonäi mit Bestimmtheit erkennen musste, hätten vielleicht noch Eisumschläge nützen können. Doch gilt auch hier wieder das oben ausgesprochene — Vielleicht. Als nun später die enormen Auftreibungen der Gedärme eintraten, hätte wohl auch noch manches geschehen können, was ich unterlassen habe; ich erinnere vor Allem an die Punction der Gedärme durch einen feinen Troikart und die Entleerung der Luft aus denselben. Soll ich aber rückhaltslos meine Meinung aussprechen, so bin ich der Ansicht, dass auch dieses verzweifelte Mittel nicht allein erfolglos hätte bleiben müssen, sondern vielmehr, dass es das Ende vielleicht noch beschleunigt hätte. Kurzum, ich sage: wenn ein Organismus schon so weit herabgekommen ist, dass nach der Ovariotomie, wie im vorliegenden

Falle, eine eitrige Peritonitis der getrennten Adhäsionsstelle auftritt, statt einer einfachen exsudativen, bei welcher das ausgeschwitzte plastische Exsudat von jedem Zerfall und eitriger Metamorphose fern bleibt und nur Verklebung und Verwachsung der benachbarten Theile bedingt -- alsdann ist alle Hülfe vergeblich. Ein jeder Wundarzt wird mir eingestehen, dass a priori solche Fälle nie mit Bestimmtheit diagnosticirt werden können, und daher kann es mir nicht zum Vorwurf angerechnet werden, dass ich die Operation im vorliegenden Falle überhaupt ausgeführt habe. Ich bekenne, ich würde in einem ganz gleichen Falle unbedenklich wiederum die Operation unternehmen, würde aber allerdings auf alle nur mögliche Weise eine Peritonitis zu verhüten bestrebt sein, vor Allem durch Anwendung von Eisumschlägen auf das Wundgebiet.

Ich kann nicht umhin, an diesen Fall eine dringende Mahnung an alle Aerzte anzuknüpfen, die Mahnung nämlich, niemals die Punction einer Eierstockscyste zu unternehmen. Die Punction der Cystovarien ist ein Verbrechen. Ganz abgesehen davon, dass zahlreiche Todesfälle die unmittelbare Folge einer einfachen, anscheinend so unschuldigen Punction waren, indem die aus der Cyste ausströmende Flüssigkeit theilweise in das Cavum peritonaei eindrang und hier eine tödtliche Peritonitis erregte, weil die Cystenflüssigkeit nichts weniger als indifferent war, sondern von deletärer Beschaffenheit, nicht selten Harnstoff und dergleichen enthielt (vergl. die vorstehende Analyse[1]) — ganz abgesehen also von diesem Umstande — sage ich — ist in der Regel eine mehr oder minder ausgedehnte Verwachsung der Cyste mit der vorderen Bauchwand, dem Netze, den Gedärmen u. s. w. die Folge einer jeden Punction; und eine jede wiederholte Punction vermehrt resp. vergrössert die Verwachsungsstellen. Und wie bedeutend die Ausdehnung solcher Verwachsungen werden kann, davon liefert gerade die vorstehende Operationsgeschichte das schlagendste Beispiel. Nun kann man schon bei geringer Erfahrung sich davon überzeugen, wie die Exstirpation eines intacten Cystovariums, d. h. eines solchen, bei welchem noch keine vorgängige Punction gemacht worden war, in der Regel eine wahre Kleinigkeit ist, für den Operateur gewissermaassen, als Operation betrachtet, zu einer höchst unbedeutenden herabsinkt, während eine Ovariotomie bei solchen Cystoiden, an welchen eine oder mehrere Punctionen vorausgegangen waren, zu den schwie-

[1]) Man braucht nur einmal den Kaffeesatz-ähnlichen Inhalt einer Cyste gesehen zu haben, um an seiner Indifferenz genügende Zweifel zu hegen. Viele Cysten enthalten allerdings eine helle, gallertartige, indifferente Flüssigkeit. A priori kann man das aber nie wissen.

rigsten, aufregendsten und langdauerndsten, das Leben der Kranken unmittelbar am meisten bedrohenden Operationen gehören, die man sich nur denken kann. Aus diesem Grunde rufe ich allen Aerzten, welche Cystovarien behandeln, die Warnung zu: nicht punctiren! Denn helfen könnt ihr nicht mit der Punction; ihr müsst vielmehr die Punction über kurz oder lang wiederholen, wenn ihr nicht die einzig helfende Radicaloperation machen wollt. Und wollt ihr die Ovariotomie machen, so erschwert ihr euch die Operation um so mehr, je häufiger ihr vorher die Punctionen angewendet habt. Aber auch die Kranken werden durch jede Punction bedeutend verschlimmert. Die grossen Säfteverluste durch die Absonderung von Flüssigkeit in der Cyste führen nothwendig zu Blutarmuth, Abmagerung, allgemeiner Schwäche, die Resistenzkraft des Organismus gegen den Choc der später vorzunehmenden Ovariotomie wird dadurch geschwächt, die Chancen des glücklichen Ausgangs der Radicaloperation bedeutend herabgesetzt. Ein jeder Arzt, der eine Kranke mit Cystovarium in Behandlung hat, sollte es sich also als ein unübertretbares Gesetz vorschreiben, nicht zu punctiren, sondern die Ovariotomie so früh als möglich vorzunehmen.

So früh als möglich! habe ich nicht ohne Absicht gesagt. Denn je länger das Cystovarium besteht, um so mehr entwickelt sich der krankhafte Process. Ein anfangs einkammeriges Cystovarium wird nach und nach ein multiloculäres, ein anfangs ganz kleines Colloid wird allmälig zu einem umfangreichen, und wie bedeutend die Störungen des Allgemeinbefindens von Monat zu Monat wachsen, welche durch ein Cystovarium bedingt werden, das brauche ich hier nicht hervorzuheben — davon liefern Hunderte von Krankengeschichten einen traurigen Beweis. Das aber ist gewiss, dass eine Ovariotomie um so eher zu einem glücklichen Ausgange führt, je einfacher, weniger complicirt das Leiden ist, je geringer seine Ausdehnung und Dauer, und je weniger dadurch Störungen im übrigen Organismus bereits hervorgebracht worden sind.

Ich hoffe genug gesagt zu haben, um alle diejenigen aufmerksamen Leser, welche für das Wohl ihrer Kranken die wahre Sorgfalt üben, von den beiden verhängnissvollen Fehlern abzuhalten: der Punction und der Verschiebung der Ovariotomie.

Man werfe mir ja nicht ein, dass oft genug Fälle vorkommen, in denen mehrere, selbst oft wiederholte Punctionen dennoch keine Adhäsionen des Tumors zur Folge haben; ich antworte: solche Fälle bilden die Ausnahme, während Adhäsionen, Verschlimmerung des Uebels, Verschlechterung des Allgemeinbefindens, Schwächung der Constitution die Regel der Folgen der Punctionen sind. Ich wage vielmehr dreist zu behaupten, dass die Ovariotomie erst dann wird richtig gewürdigt werden können, wenn dieselbe so früh als möglich ausgeführt wird, wenn die Punctionen verbannt sind, wenn man operirt, so lange die Kräfte der Kranken noch in ungeschwächtem Zustande sind, und wenn man die Kranken bewegt, sich nicht mit trügerischen Hoffnungen zu tragen und so lange gegen die Radicaloperation zu stemmen, bis es zu spät geworden ist. Erst dann wird die Statistik der Ovariotomie eine so günstige werden, dass man die Ovariotomie als eine der segensreichsten Operationen zu bezeichnen gezwungen sein wird.

Neunter Fall.

Mittelgrosses multiloculäres Cystovarium von zweijähriger Dauer. Ovariotomie nach der Extra-Peritonäal-Methode. Vollständige Heilung.

1865. 25. Juli. Catharina Elisabeth Arend, 18 Jahre alt, aus Haddamar bei Fritzlar (in der Nähe von Cassel), eine grosse, trefflich entwickelte, gut genährte Brünette, von blühend gesundem-Aussehen, die in ihrem Leben nie auffallend krank gewesen war, verspürte seit etwa 1½ Jahren eine Anschwellung des Unterleibs, die allmälig stärker wurde. Die Menstruation und alle anderweiten Functionen blieben dabei normal. Sie wandte sich an einen Arzt in Fritzlar, der ihr Uebel als Wassersucht behandelte und ihr eine Menge Arzneien, Pillen, Pulver und Tropfen verordnete, jedoch ohne allen Erfolg. Die Kranke consultirte deshalb meinen Collegen Obermedicinalrath Dr. **Lambert**, welcher alsbald die Diagnose eines Cystovariums der rechten Seite stellte und die Kranke an mich wies. Ich fand bei der ersten Untersuchung den Unterleib der Patientin wie bei einer Schwangeren kurz vor der Niederkunft ausgedehnt, der Umfang des Leibes in der Höhe des Nabels betrug 95 Cm., der Raum zwischen der Herzgrube und der Symphyse 44 Cm. Die Fluctuation war an allen Stellen des Unterleibes deutlich. Die Percussion ergab fast überall einen matten Ton, doch war auf der linken Seite Darmton unter dem Hypochondrium bemerklich.

Bei der Exploratio per vaginam fand ich die Vaginalportion in normaler Höhe und Richtung. Die Sonde drang in den Uterus nur dann leicht ein, wenn ich die Spitze nach links und oben richtete.

Die Gebärmutter war also ein wenig nach links gedrängt. Die Höhle des Uterus schien von normaler Grösse. Uebrigens liess sich per vaginam nichts Abnormes entdecken; die Fluctuation liess sich jedoch auch durch das Laquear vaginae ein wenig hindurchfühlen. Bei der Exploratio per rectum fand ich auch nichts Aussergewöhnliches. Aus diesen Gründen konnte ich daher die Diagnose meines Collegen, cystoide Degeneration des rechten Ovariums, nur bestätigen. Die Kranke hatte früher in beiden Seiten Schmerzen gehabt; es liess sich daher wohl auch annehmen, dass Adhäsionen stattfinden möchten. Trotzdem aber liess sich nicht leugnen, dass alle übrigen Verhältnisse zu einer Ovariotomie sehr günstig waren.

Am 27. Aug. stellten sich die Menses ein, welche vor 4 Wochen zum ersten Male cessirt hatten.

Am 2. September 1865, Nachmittags 4 Uhr, wurde die Kranke, nachdem sie freiwillig Stuhlgang gehabt und Urin gelassen hatte, in die Chloroformnarcose versetzt, und nunmehr in Gegenwart und unter gütiger Assistenz der Herren Obermedicinalrath Lambert von hier, DDr. Küneke aus Göttingen, Endemann, Fröhlich, meines Sohnes und des Zahnarztes Bender, die Ovariotomie unternommen. Ich machte einen Einschnitt, dicht oberhalb der Symphyse beginnend, aufwärts $2\frac{1}{2}$—3 Zoll gegen den Nabel hin sich erstreckend, in der Linea alba, durch Haut, Muskelschicht und Peritonäum. Der Tumor zeigte jetzt einen Theil seiner Oberfläche als eine atlasglänzende, weissblaue, pralle, fluctuirende Masse im Grunde der Wunde. Ich stiess einen dicken Troikart (von 8 Mm. Durchmesser) in die Geschwulst und es entleerte sich, nach Zurückziehung des Stilets, eine dunkelbraune, trübe, caffeeartige Flüssigkeit, im Ganzen drei grosse Nachtgeschirre voll, circa 18—24 Pfd. Ich setzte jetzt einen scharfen Haken in die Geschwulst und zog dieselbe aus der Wunde möglichst hervor; dies gelang aber in nicht ausreichender Weise. Die eine angestochene Cyste war entleert; eine zweite, nicht minder grosse Cyste war aber jetzt der Bauchwunde genähert, ohne durch sie hindurch nach aussen gezogen werden zu können. Die Kleinheit der Bauchwunde machte es mir unmöglich, die Cyste von der äusseren Oberfläche des Tumors aus anzustechen, denn die Cyste war oberhalb und hinter der Bauchwunde. Ich schnitt also mit dem Scalpell die vordere Wand der entleerten ersten Cyste der Länge nach auf und gelangte so zur Ansicht der in diese hineinragenden Wandung der zweiten Cyste. Ich stach in diese den dicken Troikart ein, und entleerte nach zurückgezogenem Stilet 2—3 grosse Nachttöpfe voll einer fast schwarzbraunen, caffeesatzähnlichen Flüssigkeit. Nachdem auch aus dieser Cyste der ganze Inhalt entleert war, suchte ich mit Muzeux's Zange und scharfen Haken die Geschwulst immer weiter aus der Bauchhöhle herauszuziehen. Aber es gelang noch immer nicht, den ganzen Tumor zu Gesichte zu bekommen, weil eine dritte dicke Cyste hinter der Bauchwunde sich präsentirte, aber nicht durch dieselbe hindurch nach aussen gezogen werden konnte. Im Begriff auch diese Cyste mit dem Troikart anzustechen und zu entleeren, barst sie an einer kleinen Stelle und entleerte in langem starken Strahle eine milchweisse Flüssigkeit, im Ganzen etwa einen Nachttopf voll (5—6 Pfd.). Jetzt gelang es, den ganzen Tumor durch die Bauchwunde nach aussen zu fördern. Bei dem Anziehen des Tumors hatte ich zu wiederholten Malen das Gefühl, als rissen einige Adhäsionen los; ich musste bei dem Anziehen ziemliche Gewalt anwenden. Es ergab sich, dass wir das degenerirte Ovarium vor uns hatten. An seiner Basis war die Tuba Fallopii ganz nach aussen getreten.

Es wurde jetzt die Clay'sche Klammer angelegt, und oberhalb derselben der Tumor abgeschnitten; ein apfelgrosses Stück desselben blieb diesseits der Klammer sitzen. Dicht oberhalb der Klammer legte ich noch eine Metallligatur an, die ich fest zusammendrehte. Bis jetzt war Alles vortrefflich gegangen. Dank der trefflichen Assistenz meiner Collegen, war keine Darmpartie sichtbar geworden; ein geringer Theil des Netzes, der sich im oberen Wundwinkel zeigte, wurde reponirt und die Wunde mit drei Gräfe'schen Fadenbändchen und drei umschlungenen Nähten geschlossen. Die Clay'sche Klammer hinderte leider, den unteren Wundwinkel, so wie ich gewünscht, ganz zu schliessen. Es blieben etwa $^3/_4$ Zoll der Wunde, welche von der Klammer bedeckt waren, unvereinigt. Der Stiel des Tumors war zu kurz, um unterhalb der Klammer eine Doppelligatur mit Ligaturstäbchen anzubringen.

Ich beschloss also die Operation und die Kranke wurde in ihr erwärmtes Bett gebracht.

Die ganze Operation von Anbeginn bis zur Beendigung des Verbandes hatte 30 Minuten gedauert.

Die Patientin erwachte erst nach völliger Beendigung der Operation aus der Narcose.

Der Blutverlust war fast Null. Sonstige unangenehme Ereignisse hatten sich nicht eingestellt.

Der Puls der Patientin hatte vor der Operation 65—70 Schläge. Nach derselben eben so viel; eine Stunde nach der Operation nur 62!

Die Geschwulst war eine multiloculäre Cystengeschwulst; die Wandungen der Cysten bestanden aus einer dicken, derben, fibrösen Masse, wie solche gewöhnlich beobachtet wird. Nur die zweite (nach dem Innern der ersteren hin gerichtete) Cyste hatte eine ganz dünne, leicht zerreissliche Wandung; zwei ungeöffnete Cysten, deren eine von der Grösse einer sehr starken Mannsfaust, die andere von der Grösse eines dicken Apfels, enthielten Haare, welche mit einer gelblichen, talgartigen Masse vermengt waren. Diese Haare waren den Kopfhaaren der Patientin ähnlich, die grosse Mehrzahl derselben war lose in den Cysten, ein geringer Theil wurzelte fest in der Wandung der beiden Cysten. Die Quantität dieser Haare war bedeutend, eine ganze Hand voll.

Die Beschaffenheit der in den Cysten enthaltenen Flüssigkeit kann ich, zu meinem Bedauern, nicht genauer beschreiben, da die ausgeleerte Flüssigkeit durch ein Versehen weggegossen worden war.

Die eine Tuba Fallopii hing fest in ihrer Totalität an dem abgeschnittenen Tumor. Der letztere war also in unmittelbarer Nähe des Uterus abgetrennt worden.

Die Operirte klagte, bald nachdem sie zu Bette gebracht worden war, über Schmerzen in der Wunde und dem Unterleib. Es wurden Eisüberschläge in Blasen gemacht. Hiernach minderten sich die Schmerzen und hörten bald auf. Als ich die Operirte, 1½ Stunden nach beendeter Operation, verliess, befand sie sich in dem erwünschtesten Zustande. Sie trank einige Theelöffel Zuckerwasser und hatte übrigens keine Klagen.

Abends 9 Uhr begann sie zu schlafen. Ihr Puls hatte sich etwas beschleunigt und war nicht ganz regelmässig; doch hatte er in der Minute höchstens 90 Schläge. Sie schlief, mit wiederholten Unterbrechungen von ½ – ¾ Stunde, den grössten Theil der Nacht hindurch.

Am 3. September, Morgens 9 Uhr, fand ich die Operirte im befriedigendsten Zustande. Sie hatte nirgends Schmerzen, der Unterleib war ganz glatt und weich, die Wunde schien per primam intentionem verklebt, der aus dem unteren Wundwinkel hervorstehende Geschwulststumpf war bleich und matschig und die Fäulniss desselben schien zu beginnen. Derselbe wurde mit Liquor ferri sesquichlorati bestrichen. Die Kranke hatte seit gestern Abends 8 Uhr, wo ich den Urin mit dem Catheter entfernte, keinen Harn gelassen, empfand aber auch nicht den mindesten Drang dazu. Auf meine Aufforderung, den Harn in ein vorgesetztes Gefäss zu entleeren, machte die Operirte einen Versuch dazu, jedoch vergeblich. Ich entleerte daher mittelst des Catheters 10—11 Unzen eines ganz normal erscheinenden Urins. Im Uebrigen wurde mit Eisumschlägen und der absoluten Diät fortgefahren. Die Patientin verlangte nichts zu essen, trank nur selten einige Theelöffel voll Zuckerwasser. Ihre Zunge zeigte einen leichten, weisslichen Anflug als Belag, der Puls hatte 95—98 Schläge in der Minute, geringes Kopfweh war vorhanden. Das Lager war ihr unbequem, doch wollte sie noch ruhig aushalten, der Wechsel des Bettes wurde daher verschoben. Hr. Staatsrath v. Heyfelder aus St. Petersburg sah die Operirte mit mir bei dem heutigen Morgenbesuche.

Die Operirte schlief den ganzen Vormittag mit wenigen Unterbrechungen. Nachmittags 1 Uhr sah ich sie wieder; die Haut schwitzte mässig. Urin war nicht gelassen, auch kein Trieb dazu. Um 6 Uhr entleerte ich mit dem Catheter 5—6 Unzen Urins, der etwas dunkler tingirt war als bisher. Die Operirte hatte im Laufe des Nachmittags $1\frac{1}{2}$ Stunden geschlafen. Abends 8 Uhr fand ich um den Stiel der Geschwulst einen geringen Bluterguss ($\frac{1}{4}$—$\frac{1}{2}$ Theelöffel voll). Die Quelle der Blutung ward mir nicht klar, obwohl ich den Stumpf des Tumors auf das Genaueste untersuchte. Wahrscheinlich hatte die Wärterin bei dem Wechsel der Eisumschläge eine Zerrung der Clay'schen Klammer bewirkt und dadurch die Blutung hervorgerufen. Ich schloss — um jeder unangenehmen Eventualität vorzubeugen, die Clay'sche Klammer fester, so dass der Stumpf des Tumors unmöglich mehr Blut ergiessen konnte, empfahl die grösste Ruhe und verbot jede Berührung der Clay'schen Klammer.

Im Laufe der folgenden Nacht schlief Patientin nur wenig, mehrmals $\frac{1}{2}$—$\frac{3}{4}$ Stunden, im Ganzen höchstens 3 Stunden.

Am 4. September früh nach 8 Uhr empfand die Operirte Harndrang, konnte aber den Urin nicht lassen. Ich entleerte daher mit dem Catheter circa 9 Unzen dunkelgelb gefärbten Urins. Aus dem Stumpf des Ovariums ergoss sich eine ganz geringe Menge Bluts. Ich legte daher dicht über der Clay'schen Klammer eine starke Ligatur an, entfernte die Klammer, spiesste den Stiel des Ovariumstumpfs mit einer langen Lanzennadel unterhalb der Ligatur zwischen den unteren Wandungen der Bauchwunde fest, und vereinigte den unteren Wundwinkel eng mit dem Stiel mittelst der umwundenen (in Achtertouren geführten) Naht; die Bauchwunde war hermetisch geschlossen. Die Operirte befand sich übrigens ganz gut. Sie hatte keinen Schmerz mit Ausnahme eines geringen Kopfschmerzes in der Stirn, der Durst war gering, der Puls 88 in der Minute, Respiration 25. Patientin trank eine Tasse Wasser und Milch mit Behagen. Sie wurde in ein anderes Bett gebracht. Die Eisumschläge wurden fortgesetzt.

Der Tag verlief übrigens im Ganzen wie der gestrige. Gegen Abend jedoch trat ein bedeutender Durst ein, der Puls hob sich auf 115 Schläge in der Minute, die Operirte klagte zuweilen über einen flüchtigen, stechenden Schmerz in dem Operationsgebiete. Ihr Habitus blieb aber gut, die Wunde hatte ein gutes Aussehen, der Ovarialstumpf schrumpfte mumienartig zusammen. Der Urin wurde Nachmittags 6 Uhr und Abends gegen 10 Uhr mit dem Catheter entleert, seine Menge schien mir auffallend gering, die Farbe desselben immer noch dunkelgelb. Patientin hatte aber stets in gesunden Tagen auch nur selten und in geringeren Quantitäten als Andere urinirt, wie sie zuversichtlich angab. Schlaf hatte sich im Laufe des Tages nur sehr wenig eingestellt, kaum 1 Stunde im Ganzen. Auch in der folgenden Nacht schlief die Operirte nur kurze Zeit, im Ganzen etwa 2 Stunden, mit Unterbrechungen.

Am 5. September, Morgens. Die Operirte sieht ganz gut aus, wie gestern. Ihr Puls hat 110 Schläge in der Minute, der Kopfschmerz ist nur unbedeutend. Der mit dem Catheter entleerte Urin ist etwas heller als gestern, seine Menge (seit 12 Stunden) beträgt 7—8 Unzen. Das Wundgebiet sieht ganz gut aus, die Wunde scheint prima intentione verklebt, der Ovarialstumpf ist schwarz, theilweise zerfliessend; er wird mit Liquor ferri sesquichlorati von Neuem bestrichen. Der Durst der Operirten ist geringer, Appetit nicht vorhanden, die Zunge weiss belegt. Die Haut schwitzt mässig. Im Laufe des Vormittags schlief Patientin einige Mal kurze Zeit. Mittags sank die Frequenz des Pulses auf 105 in der Minute. Im Laufe des Nachmittags schlief die Operirte eine gute Stunde. Abends 7 Uhr hatte der Puls 118 Schläge in der Minute; die Hitze hatte sich im Laufe des Nachmittags vermehrt, eben so der Durst. Der um 7 Uhr mit dem Catheter abgelassene Urin war noch wie der am Morgen. Im Laufe der folgenden Nacht war gegen 4 Stunden unterbrochener Schlaf eingetreten.

Am 6. September, Morgens 9 Uhr, fand ich die Operirte wieder in einem befriedigenden Zustande. Puls 112, Hautwärme normal, Durst gering, Zunge noch weisslich belegt; nirgends Schmerz oder Beschwerde. Mit dem Catheter wurden 10 Unzen Urin ausgeleert, der weniger dunkel tingirt war als gestern. Vom Stiel wurden die schwarzen lederartigen Massen mit der Scheere abgeschnitten. Die Operirte trank heute 2 Tassen Hühnerbouillon. Eisumschläge fortgesetzt. Der Tag verlief gut; mehrmals trat Schlaf ein, im Ganzen 2 Stunden. Abends 9 Uhr fand ich sie fest schlafend und profus schwitzend. Der Puls hatte 95 Schläge. Die Operirte bemerkt, dass nach Entfernung des Eisbeutels das Operationsgebiet viel weniger rasch heiss werde als diess bisher der Fall war. In der folgenden Nacht schlief Patientin besser als in den vorausgegangenen, 4—4½ Stunden.

Am 7. September dauerte der günstige Zustand fort. In dem durch den Catheter abgelassenen helleren Urin zeigte sich ein weisser flockiger Bodensatz. Es wurde das oberste Fadenbändchen der Bauchnaht entfernt. Der Puls hatte gegen 100 Schläge. Schweiss fortwährend allgemein. Nirgends Schmerz. Die Operirte wurde in ein anderes Bett gebracht. Der Puls sank in der Mitte des Tages auf 94, stieg Abends wieder auf 108—110. Abends trat auf kurze Zeit geringer Kopfschmerz ein. Schlaf war nur wenig heute eingetreten (1 Stunde im Ganzen), desto mehr schlief sie in der folgenden Nacht, welche besser als die vorausgegangene war. Die Operirte schlief mehrere Male 1½ bis 2 Stunden ohne Unterbrechung und sehr erquickend.

Am 8. September, Morgens 9 Uhr, fortwährend günstiger Zustand. Urin viel heller und copiöser als bisher (wohl 14 Unzen wurden mit dem Catheter entleert), Puls 86, Haut schwitzend. Es wurde heute das letzte Fadenbändchen der Bauchnaht entfernt, die umwundenen Nähte blieben (mit Ausnahme einer, deren Nadel einzuschneiden drohte) liegen, vom Stiel des Ovariums wurden die brandigen Theile mit der Scheere entfernt. Die Zunge ist noch immer belegt, Appetit fehlt, Durst ist mässig; Stuhlgang seit der Operation noch nicht eingetreten. Verordnet: Bouillon, gekochtes Obst, Sodawasser, Milch. Der Tag verlief ohne weitere Störung. In der folgenden Nacht schlief Patientin mit nur wenigen Unterbrechungen sehr gut. Sie liess zum ersten Male seit der Operation den Urin freiwillig.

Am 9. September, Morgens 9 Uhr. Befinden trefflich, Puls 86. Urin, mit dem Catheter entleert, enthält (einen Esslöffel voll circa) faserstoffartiges, rosarothes (blutiges) Gerinnsel. Die Blasenwandung ist wahrscheinlich sehr mit Blut überfüllt, welches theilweise exsudirt. Zunge noch belegt. Die letzten Nadeln der Bauchnaht werden heute entfernt. Die Patientin liess heute wieder freiwillig Urin, schlief 1½ bis 2 Stunden, ass Bouillon und Apfelcompot. Abends 8 Uhr hatte der Puls 82 Schläge. Ich entleerte den Urin absichtlich mit dem Catheter, um allenfalls ergossenes Blut sich nicht anhäufen zu lassen. Die letzten Reste des sehr trüben, mit zahlreichen, weissen Flocken gemischten Urins waren blutig gefärbt. Die folgende Nacht war sehr gut.

Am 10. September. Fortschreitende Besserung. Puls 72. Urin fast nicht mehr blutig in den letzten Tropfen. Auch die letzte Nadel der Bauchnaht wird entfernt. Die Narbe mit Heftpflastern geschützt. Der Stumpf des Ovarialstiels sondert nur wenig schwarze Brandjauche ab. Die Zunge ist noch belegt. Stuhlgang fehlt. Es wird daher ein Decoct. Tamarindorum (ex ℥iβ) ℥jv mit Cremor. Tart. (ʒij) und Syr. rub. idaei ℥β, alle 2 Stunden 1 Esslöffel voll verordnet, die Patientin frisch umgebettet, Bouillon und Compot erlaubt. Der Tag verlief gut, es fand ein zweistündiger Schlaf statt; Abends 8 Uhr Puls 72. Urin hell, ohne Blut. In der folgenden Nacht weniger Schlaf als in der vorhergehenden.

Am 11. September. Zustand wie gestern. Noch ist kein Stuhlgang eingetreten. Es wird daher, die Aq. laxativa Viennensis, alle 2 Stunden 1 Esslöffel voll zu nehmen, verordnet. Der Tag verlief gut; der Ovarialstiel zerfliesst in eine schwarze, schmierige, übelriechende Masse. Im Laufe der Nacht erfolgt mehrmals reichliche Stuhlentleerung, wobei gleichzeitig der Urin gelassen wird. Schlaf im Ganzen gut.

Am 12. September. Der günstige Zustand dauert fort. Die Bauchhöhle ist völlig geschlossen; um die Basis des brandigen Stieles sieht man schon rothe Granulationen hervorwachsen. Puls 75. Zunge noch belegt. Appetit gering. Verordnung: Sodawasser, täglich 1 bis 2 Flaschen zu verbrauchen, leichte Bouillon, gekochtes Obst. Einfacher Charpieverband. Seit gestern wird die Eisblase weggelassen, welche der Operirten nicht mehr angenehm ist. Stuhlgang erfolgt heute noch 2 Mal freiwillig und reichlich; auch war Nachmittags ein zweistündiger Schlaf eingetreten. In der folgenden Nacht schlief Patientin fast ohne Unterbrechung, wie in gesunden Tagen.

Am 13. September. Fortschreitende Besserung. Puls 64. Zunge weniger belegt. Die Lanzennadel wird aus dem fest verwachsenen Stiele ausgezogen. Die rings um den Stiel noch eiternde Bauchwunde sondert nur mässige Mengen guten Eiters ab. Die am Stiele befindliche lose Ligatur wird gleichfalls entfernt. Ein einfacher Charpieverband wird angelegt. Tag und folgende Nacht sehr gut.

Am 14. September. Puls 58. Zustand vortrefflich. Wäre die Zunge rein, so wäre nichts zu wünschen übrig. Seit vorgestern ist kein Stuhlgang eingetreten. Die Pat. nimmt deshalb alle 3 Stunden 1 Theelöffel voll T. Rhei vinosae.

Am 15. September. In der vorigen Nacht sehr guter Schlaf. Die Wunde granulirt sehr schön, verkleinert sich. Die Zunge reinigt sich von den Rändern her; noch immer kein Stuhlgang. Befinden trefflich.

Am 16. September. Vorige Nacht wieder sehr gut, 7—8 Stunden guter Schlaf. Befinden und Aussehen vortrefflich. Puls 52—54. Eiterung der Wunde mässig. Noch kein Stuhlgang. Die T. Rhei vinosa wird daher ausgesetzt, und statt deren wird von einem Infusum sennae compositum alle 2 Stunden 1 Esslöffel voll verordnet. Die Operirte geniesst täglich 2 Mal Milchkaffee, Mittags und Abends einen Teller Rindsbouillon und gekochtes Obst; von festen Speisen nur 1—2 Zwieback höchstens. Im Laufe der Nacht trat 2 Mal Durchfall ein, daher auch der Schlaf gestört war.

Am 17. September. Die Wunde füllt sich mehr und mehr mit Granulationen, Eiterung mässig, Zustand sehr gut; Zunge noch immer belegt. Der Puls hat aber 100 Schläge, die Operirte spürt Schmerz unter dem rechten Schulterblatt, wenn sie tief Athem holen will. Jedoch ist durchaus kein Husten vorhanden. Die Kranke scheint in der Nacht bei dem Stuhlgang während des Aufsitzens oder Aufliegens auf der Bettschüssel sich erkältet zu haben. Der Tag verläuft im Ganzen gut, der Appetit kommt aber nicht. In der folgenden Nacht schlummert Patientin viel, aber es ist nicht ein erquickender Schlaf. Urin freiwillig.

Am 18. September. Patientin sieht im Gesichte etwas verfallen aus; sie fühlt sich nicht so gut als in den vorhergegangenen Tagen, sondern matt und angegriffen. Der Puls hat 85—86 Schläge. Der Schmerz unter dem rechten Schulterblatt tritt noch ein, wenn die Operirte tief zu athmen versucht, doch ist kein Husten, keine Oppression vorhanden. Appetit noch immer nicht da, Durst unbedeutend. Die unteren Extremitäten sind mit Miliaria alba bedeckt, die Zunge noch immer belegt. Die Wunde hat ein sehr gutes Aussehen, verkleinert sich mehr und mehr, die Granulationen füllen sie täglich mehr aus, die Eiterung ist sehr gering und gut.

Bis zum vorgestrigen Tage schien die Kranke über alle Gefahr hinaus zu sein. Da scheint plötzlich wieder der ganze Erfolg der Operation in Frage gestellt. Indess ist der Unterleib weich und flach, und die gestern Abend etwas von Gas aufgetriebenen Gedärme sind es heute nicht mehr. Ob der den Athem beengende Schmerz ein rheumatischer ist, oder ob eine beschränkte Pleuritis vorhanden ist, lässt sich augenblicklich nicht entscheiden. Die physicalische Exploration, so weit ich sie vornehmen konnte (an Vorder- und Seitenfläche des Thorax), ergab keine Abnormität in Lunge und Pleura. Jedoch fürchtete ich eine genauere Untersuchung des Rückens, um nicht die Operirte durch Bewegung und Anstrengung einer neuen Schwächung auszusetzen, um so mehr, als ihr Puls heute ruhiger war als gestern Abend.

Im Laufe des Nachmittags erzählt die Operirte, dass sie vorgestern, gestern und heute je ein Mal Blut ausgeräuspert habe. Die Gedärme sind gegen Abend entschieden etwas von Gas aufgetrieben; der Urin ist auffallend trübe und molkig. Der Puls hat Abends 6 Uhr 84 Schläge, die Operirte fühlt sich besser als gestern und am heutigen Vormittage.

Die Kranke verbrachte eine sehr gute Nacht, mit Ausnahme einer halbstündigen Unterbrechung (durch Urinlassen) schlief sie von Abends 9 Uhr bis Morgens 6 Uhr.

Am 19. September Morgens 10 Uhr fand ich die Operirte wiederum in jeder Beziehung zufriedenstellend. Sie fühlte sich wohl, ihr

Gesichtsausdruck war gut, der Schmerz im Rücken sehr gering und nur bei tiefem Athmen vorhanden. Die Inspiration war aber heute übrigens ganz unbehindert. Der Unterleib war nicht mehr aufgetrieben. Der Puls auf 58 Schläge in der Minute gesunken; die Patientin hatte ein Mal Blut ausgehustet; Zunge reiner, Appetit besser, die Wunde sehr gut. Im Laufe des Tags tritt wiederholt ein allgemeiner starker Schweiss ein. Der ganze Körper ist mit Miliaria bedeckt. Die Operirte hat heute zum ersten Mal etwas Hühnerfleisch mit Appetit verzehrt. Die folgende Nacht war recht gut.

Am 20. September. Der gute Zustand dauert fort; die Zunge ist fast rein. Nur ein Mal wurde ein wenig Schleim mit einer Blutspur ausgeräuspert. Patientin verlangt und erhält etwas Wein zu trinken. Sonst Alles wie gestern. Die Wunde wird täglich nur ein Mal verbunden. Die folgende Nacht gut.

Am 21. September. Fortschreitende Besserung. Puls 58. Die physicalische Untersuchung des Rückens ergiebt ein pleuritisches Exsudat oberhalb der drei untersten Rippen und Knisterrasseln im unteren Drittel des unteren rechten Lungenlappens. Patientin hat heute zum ersten Male seit der Operation genieset. Im Laufe des Tags gähnte dieselbe mehrmals (auch zum ersten Male seit der Operation). Sie räuspert noch immer ein- oder mehrmal täglich ein wenig Blut aus. Nachts sehr guter Schlaf.

Am 22. September. Die Inspiration fast normal. Sonst Alles wie gestern. Wunde im besten Zustande. Patientin sitzt heute eine halbe Stunde im Bette.

Am 24. September verliess die Operirte zuerst das Bett und brachte den Tag auf dem Sopha zu. Bis zum 28. September war kein weiterer Stuhlgang eingetreten. Die Operirte glaubte zu fühlen, dass eine harte Kothmasse vorläge, wegen zu grossen Umfangs aber nicht austreten könne. Eine Manualuntersuchung ergab, dass der Mastdarm durch umfangreiche Kothmassen in hohem Grade ausgedehnt war. Es wurden mehrere erweichende Clystiere gegeben, die aber wenig Excremente zu Tage förderten, es mussten ganze Massen mit dem Finger hervorgeholt werden.

Am 29. September wurde dies Manöver wiederholt und darauf von Neuem Clystiere applicirt. Diese hatten bedeutende Ausleerungen zur Folge, nach denen Patientin sich erleichtert fühlte. Dieselbe konnte jetzt als geheilt betrachtet werden. Die Wunde (im unteren Winkel) eiterte noch, indess bildete dieselbe eine mit der vorderen Bauchoberfläche in gleichem Niveau liegende, egale, etwa einen Quadratzoll grosse Fläche, die mit den schönsten Granulationen bedeckt war und deren

Vernarbung in ganz kurzer Zeit zu erwarten stand. Die Operirte war den ganzen Tag ausser Bette und ging ohne Beschwerden im Zimmer umher. Die physicalische Untersuchung der Brust (des Rückens) ergab, dass Lungen und Pleurahöhle wieder in den normalen Zustand zurückgekehrt waren.

Am 30. September trat die Menstruation in ganz normaler Weise, jedoch in geringerer Menge ein als früher; sie dauerte 6 Tage.

Die Vernarbung der granulirenden Fläche war erst gegen Ende des folgenden Monats vollständig, und am 30. October reiste die glückliche Operirte in ihre Heimath zurück.

Epicritische Bemerkungen.

Im vorstehend erzählten Fall sehen wir einen jener günstigen Operationsfälle, bei welchem nicht durch vorausgegangene Punctionen die Ovariotomie erschwert worden war, obgleich die Kranke durch unpassende Behandlung eines von falscher Diagnose geleiteten Landarztes um einen guten Theil ihrer trefflichen Constitution durch starke Laxanzen u. dgl. gebracht worden war. Die Operirte hatte mir wiederholt angegeben, wie sie sich durch die Arznei des betreffenden Arztes in hohem Grade elend gefühlt habe. Ich glaube es auch diesem Umstande allein zuschreiben zu müssen, dass die hartnäckige Stuhlverstopfung nach der Operation eintrat. Die ohne alle bekannte Veranlassung eingetretene Pleuropneumonie könnte vielleicht einer Erkältung bei dem Umbetten der Operirten zugeschrieben werden; jedoch muss ich betonen, dass dies kaum wahrscheinlich ist, da die Umbettung stets in meiner Gegenwart und unter meiner und meines Collegen Lambert Beihülfe vorgenommen wurde, das Werk von 2—3 Secunden war, und dass alle Vorsichtsmaassregeln gegen Erkältung dabei getroffen wurden. War trotzdem die momentane Abkühlung während des kurzen Transports Ursache der Erkältung, so würde ich auch diese leichte Geneigtheit zur Erkrankung auf Rechnung der Schwächung der Constitution durch die vorausgegangene schwächende Behandlung des früheren Arztes zu setzen mich veranlasst fühlen. Ich kann meine Stimme nicht laut genug erheben, um gegen alle innerliche Medication bei Cystovarien Protest einzulegen. Es sollte ein heiliges Gesetz für jeden Arzt sein, bei Cystovarien niemals sogenannte auflösende u. dgl. Arzneimittel innerlich oder äusserlich anzuwenden, in der Absicht, die Geschwulst zu heilen. Man erreicht durch kein Arzneimittel nur irgendwie den beabsichtigten Zweck; man wird durch Abführungsmittel, Jod- und Quecksilberpräparate nichts anderes erreichen, als dass man die Prognose in jeder Hinsicht trübt, die Kraft der Kranken schwächt, ihre Constitution gründlich untergräbt, das Uebel steigert, und die einzige hülfreiche Heilmethode, d. h. die Radicaloperation, erschwert und oft unmöglich macht. Ist man mit der Diagnose nicht ganz im Reinen, so thut man jedenfall besser, ruhig abzuwarten, den Verlauf des Uebels so lange genau zu beobachten, bis man Klarheit über sein Wesen erlangt, als dass man durch Anwendung differenter Arzneimittel die Kranke solchen Gefahren aussetzt, wie ich sie oben bezeichnet habe, und die bei differenter Behandlung unausbleiblich sind.

Ich habe nun noch einige Bemerkungen zu machen über die Anwendung der Clay'schen Klammer. Der Leser ersieht aus der Operationsgeschichte, dass ich den Stiel der Ovarialgeschwulst so kurz fand, dass es mir unmöglich war, denselben kurz vor Beendigung der Operation in der von mir gewünschten Weise im unteren Wundwinkel zu befestigen. Vielmehr konnte ich erst 2 Tage nach der Operation den Ovarialstiel mittelst der Lanzennadel zwischen den Wundrändern der Bauchwand im unteren Wundwinkel festspiessen, die Clay'sche Klammer entfernen und jetzt erst die Bauchwunde hermetisch schliessen. Hieraus ergeben sich folgende Betrachtungen, deren Wichtigkeit von keinem denkenden Chirurgen verkannt werden dürfte:

1) Die Extraperitonäalmethode nach den von mir aufgestellten Principien lässt sich auch in solchen Fällen von Ovariotomie in Anwendung bringen, in denen ein nur ganz kurzer Stiel des Cystovariums vorhanden ist; ja, diese Methode lässt sich selbst da in Anwendung bringen, wo gar kein Stiel vorhanden ist, wo die Geschwulst mit breiter Basis unmittelbar auf dem Uterus aufsitzt, resp. von diesem ausgeht, ein Umstand, über welchen ich genauer in der nächstfolgenden Operationsgeschichte reden werde.

2) Die Anwendung der Clay'schen Klammer in den ersten Tagen nach der Ovariotomie kann dazu benutzt werden, den kurzen Stiel des Cystoids zwischen den Rändern der Bauchwunde (in deren unterem Winkel) festzuhalten, Verwachsungen des Stiels mit allen ihn berührenden organischen Theilen zu veranlassen, und eine Verlängerung desselben zu bewirken, indem durch die Traction, welche auf den Stiel von dem Uterus aus in der Richtung nach innen geübt wird, und durch den grossen Widerstand, welchen die (quer auf den Bauchdecken liegende und von letzteren zurückgehaltene) Klammer im entgegengesetzten Sinne der Traction ausübt, der festweiche, mehr oder minder nachgiebige Stiel nothwendiger Weise mechanisch ausgedehnt, d. h. verlängert werden muss. Ist diese Verlängerung bewirkt worden, sind die Adhäsionen des Stiels gebildet, haben sich die betreffenden Nach-

bargebilde des Stiels (Uterus) erst einmal während 2—3 Mal 24 Stunden an die gespannte Lagerung gewöhnt, resp. sich ihr mehr oder minder accommodirt, alsdann ist die Clay'sche Klammer überflüssig, und der Stiel des Ovariums kann durch die einfache Lanzennadel, ohne Gefahr des Zurückschlüpfens in die Bauchhöhle, zwischen den Wundrändern der Bauchdecken befestigt, und alsdann auch der untere Winkel der Bauchwunde hermetisch durch die Naht geschlossen werden, was während der Anwesenheit der Clay'schen Klammer unmöglich ist.

Zehnter Fall.

Grosses einkammeriges Cystovarium complicirt mit colloider Degeneration, welche das ganze kleine Becken ausfüllte. Zweijährige Dauer der Krankheit. Sieben Mal wiederholte Punction vergeblich. Ovariotomie nach der Extra-Peritonäal-Methode des Autors. Anscheinend bevorstehende Heilung; Tod am zwölften Tage nach der Operation durch Trismus und partiellen Tetanus.

„Johanna Anschütz, 45 Jahre alt, aus Westhausen bei Hildburghausen, von gesunden Eltern abstammend, erkrankte[1]) vor 1½ Jahren (Frühling 1864) an einer prallen, der Lage des Uterus entsprechenden Geschwulst, ohne dass die Menstruen unregelmässig wurden. Die Geschwulst wuchs langsam, ohne dass sich anfangs eine Fluctuation in derselben nachweisen liess, bis dieselbe nach einem halben Jahre fast die ganze Bauchhöhle einnahm und dann leicht als ein Hydrovarium erkannt wurde. Bis jetzt ist die Punction 7 Mal wiederholt worden. Es scheint eine einfache Cyste zu sein. Der Inhalt ist serös albuminös, gelblich, und wurden bei jeder Punction circa 10—11 Maass Flüssigkeit entleert. Das Allgemeinbefinden der Patientin ist noch ziemlich gut, namentlich ist die Verdauung eine gute zu nennen, Abmagerung noch nicht zu weit vorgeschritten, Hände und Füsse nicht ödematös.

[1]) Hr. Amtsphysicus Dr. Jacob in Heldburg bei Hildburghausen theilte mir diese anamnestischen Notizen mit, welche ich mit seinen eigenen Worten wiedergebe.

So viel ich mich erinnere, ist keine Erkrankung eines wichtigen Organs nachweisbar."

So weit berichtete der Hausarzt der Kranken. Die letztere traf am 2. Nov. 1865 in Cassel ein. Dieselbe war eine hochgewachsene, magere und blasse Frau, von starkem Knochen- und Muskelbau, die Haut war schon welk, die Zähne aber noch gut, der dunkelschwarze Haarwuchs stark, der ganze Habitus drückte noch Kraft und Energie aus. Die Brustdrüsen (Mammae) waren total geschwunden; dagegen war ein bedeutender Kropf vorhanden. Aus dem Krankenexamen ging hervor, dass sie in ihrer Jugend stets gesund war, im 20. Lebensjahre menstruirt wurde, im 23. Jahre sich verheirathete, vier gesunde Kinder geboren hatte, das letzte vor 12 Jahren, im Frühling 1864 zuerst die Anschwellung des Unterleibes bemerkte. Die bis dahin regelmässigen Menses blieben im Winter (von 1864 zu 1865) ein Vierteljahr lang aus, wurden später wieder regelmässig und waren vor 6 Wochen zum letzten Male vorhanden. Die Kranke ist seit 10 Jahren Wittwe. Die Anschwellung des Leibes wuchs und verursachte lästige Spannung und Schwächegefühl.

Die erste Punction machte Dr. Harnisch in Hildburghausen im Januar 1865. Nach 8 Wochen war die zweite, nach abermals 8 Wochen die dritte, nach 7 Wochen die vierte, nach 6 Wochen die fünfte, nach 5 Wochen die sechste und nach 25 Tagen die siebente Punction (am 21. Octbr. 1865) nothwendig.

Als ich die Kranke am 3. Novbr. untersuchte, fand ich den Umfang des Unterleibes wie bei einer Hochschwangeren, in der Höhe des Nabels = 99 Centimeter, den Raum zwischen Processus ensiformis und Symphyse = 47 Centimeter. Der Unterleib bot überall die entschiedenste Fluctuation. Bei dem Versuche, die Geschwulst hin und her zu schieben, empfand die Hand ein eigenthümliches Knirschen unter der Haut, wie solches als Zeichen von Adhäsionen bekannt ist. Eine Verschiebung der Geschwulst war nicht möglich. Die hintere Wand der Vagina war prolabirt. Die Vaginalportion war bedeutend herabgetreten und stand nahe über dem Scheideneingang, etwa ½ Zoll von demselben entfernt. Der untersuchende Finger fühlte im vorderen wie im hinteren Laquear vaginae theils harte, sehr pralle, theils weichere Massen, welche das kleine Becken ausfüllten und sich kaum verschieben liessen; eben solches fand der durch den Mastdarm untersuchende Finger. Nur undeutlich vernahm der Finger in Scheide und Mastdarm Fluctuation, wenn der Unterleib von oben nach unten angeschlagen wurde. Die Uterussonde drang nur dann in die Höhle des Uterus ein, als ich ihre Spitze nach hinten und nach rechts wandte; sie drang einen Zoll tiefer ein als im Normalzustande. Dabei empfand die Patientin einen heftigen Schmerz im rechten Oberschenkel, der sogleich verschwand, als ich die Sonde wieder entfernt hatte. Der Uterus konnte mit der Sonde durchaus nicht von der Stelle bewegt werden, und obgleich ich mit Bestimmtheit sagen konnte, dass der Uteruskörper nach rechts gebogen und retroflectirt war, so konnte ich denselben doch weder durch das Laquear vaginae, noch durch den Mastdarm hindurch genau von den übrigen harten Massen unterscheiden, welche das kleine Becken ausfüllten. Ein einziger Umstand schien mir bei allen diesen unangenehmen Befunden günstig zu sein, der Umstand nämlich, dass die Kranke durchaus keine Schmerzen in den Geschwülsten des Beckens empfand, selbst nicht bei sehr starkem Druck gegen dieselben, indem ich versuchte, vom Mastdarm oder von der Scheide aus dieselben im kleinen Becken emporzuheben, was mir aber durchaus nicht gelang.

Ich stellte aus dem mitgetheilten Befunde die Diagnose auf eine Entartung des linken Eierstocks, theils cystoide Degeneration, theils sarcomatöse oder colloide; die Möglichkeit, dass der Uterus fibroide Degenerationen in seiner Substanz enthalte, welche den Beckenraum einnahmen, konnte nicht ausgeschlossen werden.

Da die Kräfte der Patientin noch gut waren, so hielt ich die Operation für indicirt; die Adhäsionen der Cysten schienen mir das geringste Hinderniss. Das übelste Ereigniss wäre eine Degeneration des Uterus gewesen, und ein solches hätte die Ausrottung des ganzen inneren Genitalapparats nothwendig gemacht; auch vor diesem wäre ich um so weniger zurückgeschreckt, wenn die Tumoren im kleinen Becken nicht auffallende Verwachsungen darboten.

Nachdem ich diese Diagnose in Gegenwart aller zu der Operation zugezogenen Collegen gestellt und alle Maassregeln zur Begegnung der verschiedenen Eventualitäten vorbereitet hatte, beschloss ich die Ausführung der Ovariotomie.

Am 6. November 1865, Mittags 12½ Uhr, Ovariotomie, in Gegenwart und unter gütiger Assistenz der Herren DDr. Ober-Medicinalrath Lambert, Endemann, Schwarzenberg, Bartsch, Ober-Stabsarzt Fröhlich und des Zahnarztes Bender. Nach Entleerung der Blase und des Mastdarms und nach eingeleiteter Chloroformnarcose wurde ein Schnitt im untersten Drittel der Linea alba, dicht oberhalb der Symphyse beginnend, 2½—3 Zoll lang durch die Bauchdecken bis auf das Peritonäum gemacht, dann letzteres vorsichtig durchgeschnitten und in einer Länge von 1½ — 2 Zoll gespalten. Der atlasglänzende bläulichweisse Tumor präsentirte sich jetzt in unzweideutiger Weise, und sobald ich durch das Gefühl mich überzeugt, dass entschiedene

Fluctuation unter der glänzenden Membran vorhanden war, stach ich den dicken Troikart (8 Millimeter Durchmesser) in den Tumor ein. Es entleerte sich in dickem Strahle eine gelblichweisse trübe Flüssigkeit, welche einen grossen Eimer füllte, im Ganzen wohl 25 — 30 Pfund. Ich setzte, nachdem der Ausfluss aufgehört hatte, scharfe Haken in die Wandungen des entleerten Sackes und zog denselben unter fernerer Anwendung der Muzeux'schen Zange allmälig aus der Bauchhöhle hervor, wobei das Zerreissen mehrerer Adhäsionen selbst von den die Bauchdecken comprimirenden Herren Collegen gefühlt wurde. Der grösste Theil der Cyste war nun zwar aus der Bauchhöhle herausgezogen, die Basis derselben aber konnte nicht zum Vorschein gebracht werden, weil an letzterer eine kindskopfgrosse fest-weiche Geschwulst festsass, welche ich zwar in die Nähe der Bauchwunde ziehen, nicht aber durch dieselbe herausfördern konnte. Diese Geschwulst bot an einigen Stellen Fluctuation dar. Ich stach daher mehrmals einen dünnen, dann einen dicken Troikart in dieselbe, in der Absicht, diesen Tumor durch Entleerung seines Inhalts zu verkleinern und so zum Austritt aus der Bauchwunde passend vorzubereiten. Es entleerte sich aber nur eine ganz geringe Menge zäher, gelatinöser, theils eiterartiger Masse, und die Geschwulst liess sich auf solche Weise nicht entleeren noch viel weniger entfernen. Ich ging daher mit drei Fingern meiner Hand in die Bauchhöhle ein, untersuchte genau den Sitz und Umfang dieser Geschwulst und fand, dass dieselbe das ganze Becken ausfüllte, jedoch nirgends als mit dem linken und oberen Rande des Uterus verwachsen war. Diese Geschwulst durch die Bauchwunde hervorzuziehen, blieb ein vergebliches Bemühen. Ich verlängerte daher den Schnitt durch die Bauchwandungen nach oben um 1—1½ Zoll, und zog dann so kräftig, als es ohne Zerreissung möglich war, den Tumor an und aufwärts, jedoch vergebens. Ich ging deshalb mit vier Fingern meiner linken Hand in die Bauchhöhle resp. in das kleine Becken unter die Geschwulst, hob letztere kräftig aus dem kleinen Becken heraus, während ich mit der anderen vollen Hand die entleerte grosse Cyste fasste und anzog, und so gelang es mir, während einige der Herren Assistenten noch mit scharfen Haken, die an verschiedenen Stellen eingesetzt wurden, nachhalfen, endlich den Tumor aus der Bauchhöhle heraus zu fördern. Er ging unmittelbar von dem linken Horne des Uterus aus. Letzterer erschien grösstentheils in der Wunde, zum Theil ausserhalb der Bauchhöhle; er zeigte eine dunkelrosenrothe Farbe, übrigens erschien er normal. Eben so normal fand ich das rechte Ovarium und Anhängsel (Tuba etc.). Der jetzt in die Vagina eingeführte Finger fand — nach hervorgezogenem Tumor — die Vaginalportion ganz hoch stehend, so dass sie eben mit der Fingerspitze noch erreicht werden konnte. Die im Becken vor der Operation wahrzunehmenden harten Massen waren jetzt nicht mehr fühlbar, vielmehr fühlte sich jetzt das ganze kleine Becken von der Vagina aus wie leer an. Nachdem der Tumor aus der Bauchhöhle herausgetreten war, erschien oberhalb desselben ein kleiner Theil des Netzes und eine Dünndarmschlinge. Beide wurden vorsichtig reponirt.

Alsdann legte ich eine Hutchinson'sche Klammer von doppelter Grösse als die gewöhnliche an, denn die Basis des Tumors hatte mindestens einen Durchmesser von 2—2½ Zoll. Es war daher auch mit nicht geringen Schwierigkeiten verbunden, die Klammer anzulegen und zu schliessen. Letzteres gelang endlich nach vieler Mühe unter bedeutender Quetschung der Geschwulstbasis. Ein eigentlicher Stiel der Geschwulst war gar nicht vorhanden. Dicht unterhalb der Klammer lag der Uterus. Die Geschwulst wurde von letzterem also unmittelbar gleichsam abgequetscht. Nachdem die Klammer geschlossen war, wurde ein apfelgrosses Stück des Tumors diesseits (oberhalb) der Klammer sitzen gelassen und dann der Tumor sammt der grossen Cyste mit einigen Messerschnitten entfernt. Nachdem dies geschehen war, sah man, dass der Tumor aus zahllosen Colloidcysten bestand, von Haselnussgrösse oder Erbsengrösse, kleiner und grösser. Einige enthielten durchsichtige Gallertmassen, andere enthielten käseartige, eiterähnliche Massen. Der ganze Geschwulstrest glich auf den ersten Blick einem kleinen Blumenkohlkopf.

Jetzt schritt ich zur Vereinigung der Bauchwunde. Die getrennten Bauchdecken oberhalb der Klammer wurden möglichst stark aufwärts gezogen, um denjenigen Theil der Bauchwunde, welcher von der Klammer bedeckt wurde und also nicht durch Naht geschlossen werden konnte, weil er für die Hand inaccessibel war, auf das Minimum zu verringern. Drei Knopfnähte und eben so viele umwundene Nähte schlossen die Bauchwunde hermetisch. Die Knopfnähte fassten das Peritonäum mit. Der untere Wundwinkel blieb natürlich unvereinigt, weil von der Klammer bedeckt. Trotzdem war auch hier die Bauchhöhle hermetisch geschlossen, indem der Körper des Uterus auf das Innigste unmittelbar an die Bauchwandung hinter dem unteren Wundwinkel durch die Klammer angepresst gehalten wurde. Die Blutung war sehr gering gewesen. Die ganze Operation hatte eine halbe Stunde gedauert.

Die Operirte wurde in das erwärmte Bett gebracht und Eisumschläge auf den Unterleib applicirt. Die Operirte trank ein halbes Glas Wein mit Behagen, klagte aber über heftige Schmerzen. Alsbald nach dem Hinlegen in's Bette wurde eine geringe Blutung aus dem Geschwulstrest entdeckt. Die blutende Stelle wurde umstochen, die Klammer fester zugequetscht, der Geschwulstrest mit Liq. ferri sesquichlorati bestrichen. Wegen fortdauernder heftiger Schmerzen wurde $\frac{1}{6}$ Gran Morphium acet. gegeben. Nach einer Viertelstunde begann die Blutung von Neuem. Ich drückte die Klammer nochmals fester zusammen und legte dicht oberhalb derselben eine starke Ligatur um den Geschwulstrest. Jetzt stand die Blutung. Zwei Stunden nachher wurde ich eilig zur Operirten berufen. Sie hatte wieder eine Blutung und bereits 5—6 Unzen Blut verloren. Ich quetschte die Klammer abermals so stark es nur ging zusammen. Die Blutung stand. Die Operirte klagte noch fortwährend über Schmerzen und hatte Drang zum Urinlassen. Ich entleerte mit dem Catheter (4 Uhr) ungefähr 1 Pfund klaren strohgelben Unrins. Die grösste Ruhe wurde anempfohlen, Wasser zum Getränk, Eisumschläge auf das Operationsgebiet.

Nach einer Stunde (5 Uhr) stellte sich wiederholt heftiger Harndrang ein, den die Operirte nicht befriedigen konnte. Der Catheter wurde von Neuem applicirt und entleerte eine grosse Quantität sehr hellen Urins (1 Pfund). Die Anwendung des Catheters musste Abends 9 Uhr wiederholt werden, mit gleichem Erfolge.

Gegen 6 Uhr liessen die Schmerzen allmälig nach. Von 8—9 Uhr schlief die Operirte sehr sanft und erquickend. Der Puls der Operirten, vor der Operation 75 in der Minute, hob sich auf 95 Schläge. Im Uebrigen war der Habitus der Operirten ganz zufriedenstellend.

Bis vor Mitternacht schlief die Operirte in öfteren Unterbrechungen, von 12 Uhr Nachts bis folgenden Morgens 4 Uhr ohne Unterbrechung, später noch mehrmals $\frac{1}{2}$—$\frac{3}{4}$ Stunden, im Ganzen wohl sieben Stunden seit der Operation.

Am 7. November, Morgens 9 Uhr, fand ich die Operirte in sehr befriedigendem Zustande. Sie sah sehr wohl aus im Gesicht, ganz wie vor der Operation; sie hatte durchaus keine Klagen. Die Hauttemperatur war normal, die Haut leicht schwitzend, der Puls hatte 90 Schläge in der Minute, die Zunge war rein, der Durst nur gering, Appetit nicht vorhanden. Der mit dem Catheter entleerte Urin war hell und klar. Das Operationsgebiet sah sehr gut aus. Nachblutung hatte nicht mehr stattgefunden, der Geschwulstrest diesseits der Klammer war bedeutend verkleinert und mumienartig zusammengeschrumpft. Der Unterleib war schmerzlos, weich, ganz platt. Die vereinigten Wundränder schienen per primam intentionem verklebt. Die Eisumschläge thaten der Operirten wohl und wurden fortgesetzt. Sie hatte seit der

Operation nichts genossen und erhielt auch heute keine Nahrung, nur Wasser zum Getränk.

Die Operirte schlief fast den ganzen Vormittag mit wenigen Unterbrechungen. Eben so den übrigen Theil des Tages hindurch. Abends 9 Uhr fand ich den Puls voll, 86 Schläge in der Minute. Der Urin enthielt weissliche Flocken (Epithelien).

Die nun folgende Nacht war keine gute. Die Operirte brachte die ganze Nacht schlaflos zu, indem sich ein Husten einstellte, welcher häufig wiederkehrte und Schmerzen im Unterleibe verursachte. Die Operirte hatte gegen 6 Uhr Abends kalte Füsse; nach 10 Uhr stellte sich Hitze und grosse Unbehaglichkeit ein, welche die ganze Nacht fortdauerte.

Am 8. November, Morgens 9 Uhr, fand ich die Kranke zwar ganz gut aussehend, aber missvergnügt, oft kurz und trocken hustend. Sie gab an, früher häufig ähnliche Hustenanfälle gehabt zu haben. Die Operirte konnte ganz tief inspiriren, ohne Schmerz. Der Puls hatte 105 Schläge in der Minute; der Durst war mässig; eine Tasse Wasser und Milch war mit Behagen getrunken worden. Die Zunge war feucht und etwas weisslich belegt. Die Haut schwitzte nicht mehr, war trocken. Der mit dem Catheter entfernte Urin war dunkel tingirt, dessen Menge nicht so copiös als früher. Der Unterleib war platt und weich, schmerzlos beim Druck auf denselben. Die vereinigte Wunde hatte ein ganz gutes Aussehen. Der Geschwulstrest war noch mehr als gestern zusammengeschrumpft. Ich liess die Operirte $\frac{1}{6}$ Gran Morphium nehmen, um den Hustenreiz zu mildern, den ich von einer Erkältung beim Wechsel der Eisbeutel oder beim Catheterisiren abzuleiten Grund hatte. Die Operirte befand sich hiernach besser, schlief $\frac{1}{2}$ Stunde lang und der Hustenreiz milderte sich bedeutend. Jedoch stieg die Frequenz des Pulses Nachmittags 2 Uhr auf 115 Schläge in der Minute, ein Umstand, der mich durchaus nicht in Verwunderung setzen konnte; denn dass nach einer so tief eingreifenden Operation eine entsprechende Reaction folgen würde, das war vorauszusehen. Im ferneren Verlaufe des Nachmittags und Abends schlief die Operirte noch 3 Mal, jedes Mal $\frac{1}{2}$ Stunde. Abends 8 Uhr fand ich sie in zufriedenstellendem Zustande. Der Puls hatte 105 Schläge in der Minute, der Harn war dunkel tingirt und seine Menge (nach 8 Stunden) betrug nur 6 Unzen. Der Unterleib war weich und schmerzlos. Neben der vereinigten Bauchwunde nach rechts fühlte ich über der Symphyse eine ziemlich derbe Geschwulst von der Grösse einer Kinderfaust durch die Bauchdecken hindurch; es schien mir dies der angeschwollene Uterus zu sein. Druck auf dieselbe war nicht auffallend empfindlich. Auch dieser Umstand hatte nichts Unerwartetes.

Ich konnte vielmehr voraussetzen, dass der Uterus, in dessen unmittelbarer Nähe von der Klammer die Tuber Fallopii u. s. w. abgequetscht worden war, sich mehr oder minder entzünden musste. Für die Nacht wurde wieder Morphium verordnet, falls der Schlaf nicht freiwillig eintrat. Um 11 Uhr Nachts nahm die Operirte $\frac{1}{6}$ Gran Morphium. Sie schlief mehrmals 2 Stunden anhaltend, im Ganzen 6 — 7 Stunden in der Nacht.

Am 9. November, Morgens 9 Uhr. Die Operirte sieht recht gut aus, klagt über keinen Schmerz im Unterleib; nur zuweilen fühlt sie Schmerz in den Oberschenkeln, bald in dem rechten, bald im linken, in Folge des Drucks, welchen die beiden Enden der Clay'schen Klammer dicht über dem Poupart'schen Bande ausüben. Weiche Leinwandcompressen, unter die Klammer gelegt, beseitigen diese Schmerzen. Das Wundgebiet sieht ganz gut aus. Der Geschwulststumpf, abgestorben, theilweise zerfliessend, übelriechend, wird mit der Scheere grösstentheils abgeschnitten, so dass nur noch ein mandelgrosser Rest (diesseits der Klammer) übrig bleibt. Unter der Klammer, im untersten Wundwinkel, sieht man die glatte Fläche des Uterus, blassroth, die Wunde ausfüllen und hermetisch schliessen. Die hier blossliegende Fläche des Uterus ist über $\frac{1}{2}$ Quadratzoll gross. Die Geschwulst links der Bauchwunde (der übrige und grosse Theil des Uterus) fühlt sich noch ebenso an, wie gestern Abend. Der Puls hat 120 Schläge in der Minute, die Zunge ist feucht und nur ganz leicht weisslich belegt, der Durst gering. Pat. hat mehrmals eine Tasse Wasser und Milch genossen, hat aber ausserdem keinen Appetit. Der Urin ist dunkel tingirt und spärlich, die Haut trocken.

Im Laufe des heutigen Vormittags schlief die Operirte $1\frac{1}{2}$ Stunden. Um 1 Uhr Nachmittags hatte der Puls noch immer 120 Schläge. Im weiteren Verlaufe des Nachmittags und Abends schlief die Operirte wiederholt, im Ganzen 3 Stunden, recht erquickend. Abends gegen 10 Uhr hatte der Puls 110 Schläge in der Minute. Der Urin war heute etwas copiöser und minder dunkel tingirt. Die Haut war meist trocken. Die Operirte gab an, dass sie nur selten im Leben geschwitzt habe. Vor dem Ablassen des Urins mittelst des Catheters hatte die Operirte über Harn- und Stuhldrang geklagt. Beides schwand, nachdem der Catheter applicirt worden war.

Die folgende Nacht war keine ganz gute. Es trat wiederholt ein starker Reizhusten ein, die Operirte konnte aber den Schleim, den sie in den Bronchien fühlte, nicht aushusten. Sie nahm um Mitternacht $\frac{1}{6}$ Gran Morphium, schlief aber nur $1\frac{3}{4}$, dann nochmals $\frac{1}{2}$ Stunde, im Ganzen nicht einmal 3 Stunden.

Am 10. November, Morgens 9 Uhr, als ich die Operirte mit Ober-Medicinalrath Lambert besuchte, fand ich sie eben so gut aussehend wie gestern. Ihr Puls hatte 110 Schläge in der Minute. Der Hustenreiz bestand fort, man hörte auch Schleim in den Bronchien rasseln, die Operirte konnte ihn aber nicht aushusten, weil starkes Husten ihr Schmerzen im Unterleib verursachte. Die Percussion der vorderen Thoraxwand gab überall normale Töne, die Operirte konnte auch ganz tief inspiriren, und es schien also nur ein Bronchialcatarrh vorhanden zu sein. Das Wundgebiet sah sehr gut aus; von der ehemaligen Geschwulst waren nur noch einige ganz unbedeutende Reste, kleine Fetzen, diesseits der Klammer sichtbar. Die sichtbare Partie der freien Oberfläche des Uterus war blass, wie gestern, ziemlich glatt. Der Urin war dunkel tingirt. Der Durst war gering. Die Operirte hatte eine Tasse Wasser und Milch getrunken. Sie wurde heute Morgen, nachdem die Wunde gehörig gereinigt war, in ein frisches erwärmtes Bett gebracht. Gegen 1 Uhr Nachmittags war der Puls auf 118—120 gestiegen, die Haut war wieder etwas feucht. Der Durst gering. Die Operirte verspürte dagegen Appetit. Jedoch wollte sie die ihr erlaubte Hühnerbouillon erst morgen geniessen und sich heute mit Milch begnügen. Zur Milderung des Hustenreizes nahm sie alle Stunden einen Theelöffel voll von folgender Mischung: ℞ Aq. Laurocerasi ʒj, Aq. destill., Syr. Althaeae āā ℥jβ. M. Der Unterleib war flach, weich, schmerzlos beim Druck. Es stand in den nächsten Tagen die Lösung der Clay'schen Klammer zu erwarten. Damit träte die Befürchtung auf, dass sich der Uterus mit der durch die Clay'sche Klammer verursachten brandigen Stelle in das kleine Becken zurückziehen könnte. Ich dachte daher daran, ob es nicht räthlich sein dürfte, den Uterus mittelst einer Lanzennadel an die Bauchwandung festzuspiessen, und denselben auf solche Weise zu verhindern, sich in die Höhle des kleinen Beckens zurückzuziehen, damit die Brandjauche auch ferner von dem Cavo peritonaei abgehalten würde. Ich schob jedoch die Ausführung dieser Maassregel vorerst noch auf und gedachte die Klammer liegen zu lassen, so lange sie überhaupt noch haftete.

Die Patientin verbrachte den Tag in einem zwar leidlichen Zustande, indem der Hustenreiz nach der Arznei gänzlich schwand, jedoch war sie entschieden matter, minder zuversichtlich als bisher, verdriesslich, niedergeschlagen. Sie schlief im Laufe des ganzen Tages nur zwei Mal, jedes Mal eine halbe Stunde. Im Laufe des Nachmittags schwand auch das Gefühl des Appetits, welches sie gehabt, der Puls hob sich Nachmittags und Abends auf 120 Schläge in der Minute. Die Quantität des abgesonderten Urins war auffallend geringer als bisher (den ganzen Tag über kaum 12 Unzen). Der Urin selbst dunkel tingirt mit vielen weisslichen Flocken vermischt. Die Haut blieb — mit Ausnahme einiger Stunden, wo sie warm und weich und ein wenig duftend war — fast den ganzen Tag trocken und kühl. Abends schienen mir die Gesichtszüge etwas schlaffer, die Nasenspitze war kühl. Mit einem Worte, die Operirte machte mir am heutigen Abende (10 Uhr) einen viel weniger guten Eindruck als vorher. Ich verordnete für die Nacht, wenn nicht freiwillig Schlaf eintreten sollte, eine bis zwei Dosen Morphium aceticum. Die andere Arznei wurde ausgesetzt. Das Morphin wurde um 11 Uhr und um 1 Uhr Nachmitternacht genommen. Erst von 3 Uhr an trat anhaltender Schlaf ein, der bis dahin sehr unterbrochen war. Im Ganzen hatte die Operirte 4—4½ Stunde leidlich guten Schlafes. Vor Mitternacht klagte sie über bedeutende Hitze; nach Mitternacht trat Schweiss ein.

Am 11. November, Morgens 9 Uhr, fand ich die Operirte wieder entschieden besser aussehend als gestern, die Züge waren weniger schlaff, die Augen klarer, der Blick kräftiger. Der Puls hatte 118 bis 120 Schläge. Nirgends war Schmerz vorhanden. Der Urin sehr dunkel tingirt, sparsam. Es waren viele Blähungen abgegangen. Der Unterleib war fast concav eingefallen. Das Wundgebiet sah sehr gut aus. Nur wenig Brandjauche zeigte sich unter der Clay'schen Klammer; der Uterus, so weit er bloss lag, war heute röther, trocken, wie mit einer vertrockneten, krustenartigen Epidermis bedeckt. Die Jauche wurde sorgfältig entfernt, alle wunden blossliegenden Stellen mit Liquor ferri sesquichlorati bepinselt. Die Operirte hatte ziemlich viel Durst, aber keinen Appetit. Zur Unterstützung der Kräfte gestattete ich Mittags einen Teller voll Kalbsbouillon mit Gries. Patientin fand solche sauer schmeckend. Im Laufe des Vormittags hatte zwei Mal eine halbe Stunde lang Schlaf stattgefunden.

Als ich, Abends 9 Uhr, die Operirte wieder besuchte, fand ich eine bedeutende Veränderung. Sie klagte über Schmerzen in beiden unteren Extremitäten, über ungeheure Schwäche, ihr Gesicht war verfallen und bot den Ausdruck grosser Niedergeschlagenheit und Angst. Die Zunge war ganz trocken, eben so die Zähne und die übrigen Theile der Mundhöhle. Sie hatte einen quälenden Durst. Der Puls hatte 125 Schläge in der Minute. Im ganzen Körper empfand sie grosse Hitze, ohne dass eine objective Temperaturerhöhung wahrnehmbar war (mit der Hand; ein Thermometer hatte ich in dem Augenblick nicht bei mir). Der Unterleib war dabei eingefallen, wie am Morgen, weich, schmerzlos beim Druck. Das Wundgebiet sah noch eben so gut aus wie seither. Unter der Klammer hatten sich nur 4—5 Tropfen der

Brandjauche gesammelt. Der Urin war dunkel tingirt und spärlich wie seither. Die Haut war trocken. Das Sensorium war frei. An den schmerzenden Extremitäten konnte nirgends Geschwulst noch eine sonstige Abnormität entdeckt werden. Der üble Zustand hatte Nachmittags um 4 Uhr mit allgemeiner Hitze begonnen.

Offenbar war die Operirte noch kein Mal in so traurigen Verhältnissen seit der Operation gewesen. Offenbar schwebte sie in grosser Lebensgefahr. Wodurch ward aber dieser gefahrvolle Zustand herbeigeführt? War eine Peritonitis eingetreten? Dagegen sprach die Weichheit, Flachheit und Schmerzlosigkeit des Unterleibs. Bildete sich im Uterus oder in der Beckenhöhle ein Abscess? Auch hiergegen sprach die Schmerzlosigkeit des durch die Bauchwandungen deutlich hindurchzufühlenden Uterus und die anderen eben berührten Symptome. War eine Blutinfection durch Absorption von Brandjauche eingetreten? Ich gestehe, dass diese Ansicht mir wahrscheinlicher war als eine andere; und dennoch musste ich mir sagen, dass so wenig Brandjauche vorhanden war, resp. sich bildete, und dass diese so rasch und so oft entfernt wurde, auch von dem Cavo peritonaei ausgeschlossen war, dass ich eine Absorption derselben von der Bauchwunde aus kaum für wahrscheinlich hielt. Und doch blieb kaum eine andere Annahme statthaft. Denn wollte man noch die eine Möglichkeit statuiren, dass die am Mittage genossene Kalbsbouillon die Ursache der bedeutenden Fieberreaction gewesen wäre, so würde man doch eine zu geringfügige Ursache für so bedeutende Krankheitserscheinungen anzunehmen sich gestehen müssen.

Ich bekenne, dass diese ungeahnte Verschlimmerung im Zustande der Operirten mich durchaus überraschte. Da ich über die ursächlichen Verhältnisse im Unklaren blieb, so konnte ich begreiflicher Weise keinen directen Heilplan in's Werk setzen. Ich musste mich mit dem Temporisiren begnügen. Ich entfernte alle Brandjauche auf das Sorgfältigste aus dem Wundgebiete. Ich verordnete Eispillen in den Mund zu nehmen, um den brennenden Durst zu löschen. Die Eisbeutel auf den Unterleib, welche der Operirten immer noch sehr angenehm waren, wurden fortgesetzt, die grösste Körperruhe wurde anempfohlen, und wenn kein Schlaf freiwillig einträte, sollte das Morphium in 2—3 Mal wiederholten Dosen gegeben werden.

Von 10—11 Uhr Abends trat ein profuser Schweiss ein. Die Operirte nahm um 11 und um 12 Uhr Nachts je eine Dosis Morphium. Sie schlief anfangs unterbrochen, später von 3—5 Uhr anhaltend, im Ganzen mindestens 4 Stunden in dieser Nacht.

Am 12. November, Morgens 9 Uhr, fand ich die Operirte entschieden besser; ihr Aussehen war gut, die Züge drückten Zufriedenheit aus, der Blick war kräftig, die Augen klar. Der Puls hatte 120 bis 122 Schläge in der Minute, und während gleicher Zeit machte die Operirte 32 Respirationen. Die Zunge, die Zähne und die Schleimhaut der Mundhöhle waren nicht mehr so trocken wie gestern Abend. Die Schmerzen in den Oberschenkeln waren verschwunden. Nur von den Waden nach den Fersen hin bestanden noch geringe Schmerzen, in Folge der gestreckten Lage der Beine, wie die Operirte meinte. Das Sensorium war ganz frei. Der Durst war bedeutend geringer als gestern. Das Wundgebiet sah recht gut aus. Unter der Klammer zeigte sich schwarzbraune Jauche in etwas grösserer Menge als gestern, ausserdem auch etwas Eiter. Der Unterleib war ganz eingefallen und seine vordere Fläche bildete eine tiefe Concavität über der Symphyse. Um nicht zu einer Senkung von Jauche und Eiter Anlass zu geben, nahm ich jetzt die Clay'sche Klammer vorsichtig ab und legte zum Ueberfluss eine Ligatur um die von der Klammer umfasst gewesenen brandigen Theile, die nur aus wenigen faserigen Massen noch bestanden. Nach entfernter Klammer sah man jetzt eine quer ovale Wunde über der Symphyse, von etwa $1\frac{1}{2}$ Zoll Breite und 1 Zoll Länge, in welcher der Uterus einen Theil seiner oberen (und vorderen) Fläche darbot. Diese blossliegende Uterusfläche war trocken, roth, wie mit einer hornartigen Epidermis resp. Schicht bedeckt. Oberhalb des Uterus war die brandige Stelle resp. der abgeklemmte Rest der Geschwulst des Ovariums zwischen den Rändern der Bauchwandwunde sichtbar. Ich reinigte die Wunde auf das Sorgfältigste von der Jauche und dem Eiter, legte trockene Charpie auf die Wunde, darüber her wieder den Eisbeutel, den die Operirte sehnlich wünschte.

Mittags 1 Uhr hatte der Puls wieder 125 Schläge, die Respiration fand 40 Mal in der Minute statt. Die Operirte fühlte ziemlich viel Durst, hatte mehrere Tassen Milch getrunken. Der Urin war spärlich und dunkel tingirt. Der Verband, die Charpie, welche nur ganz wenig von Brandjauche getränkt war, wurde erneuert, mit feinen Schwämmchen und einem Pinsel möglichst alle Brandjauche entfernt. Um 5 Uhr Nachmittags wurde der Verband und die Reinigung der Wunde abermals erneuert, und von jetzt an wurde der Eisbeutel weggelassen, weil eine Indication zu seiner Anwendung nicht mehr vorlag. Als ich Abends 9 Uhr den Verband wiederum erneuerte und die Wunde reinigte, löste sich eine wallnussdicke, gallertartige Masse brandigen Gewebes, die eigentliche Basis der Colloidgeschwulst am Uterus resp. die Wurzel des Colloids im Uterusgewebe, ganz los, mit ihm die anhängenden vertrockneten Reste, welche zwischen den Branchen der Clay'schen Klammer gesessen hatten, und die von mir am heutigen Morgen angelegte Ligatur. Ich konnte jetzt hinter dem Uterus und theilweise an seiner rechten Seite herab in einen trichterartigen Schlund gleichsam, wohl etwa 1 Zoll tief, in die Höhle des kleinen Beckens hineinfassen. Der Uterus hatte sich seit der Abnahme der Klammer ein wenig zurückgezogen. Ich reinigte den eben bezeichneten Schlund von aller Brandjauche, so gut es ging, mit einem Pinsel und feinen Schwammstückchen, legte dann ein loses Bourdonnet (von glatten Charpiefäden), so tief es anging, in die Wundhöhlung, und über dasselbe eine Hand voll lockerer Charpie, befestigte alles dieses mit Heftpflasterstreifen, und so hoffte ich, die ebenfalls in das kleine Becken ergossene Brandjauche von der Charpie theilweise aufgesaugt zu sehen, so wie die neu hinzukommende Brandjauche gleichsam durch die Charpie (wie durch einen Schwamm) aufzunehmen und von dem Hineinfliessen in's Becken abzuhalten. Es liess sich übrigens erwarten, da nichts Brandiges von Bedeutung mehr am Uterus befindlich war, dass die Quelle der Brandjauche nun versiegt sei und dass nunmehr eine gutartige Eiterung eintreten würde. Immerhin befand sich die Operirte in der grössten Lebensgefahr; sie hatte 130 Pulsschläge und 40 Respirationen in der Minute, fühlte sich sehr schwach, hatte grossen Durst. Jedoch waren ihre Gesichtszüge gut, eben so der Blick; das Wundgebiet und der Unterleib schmerzfrei, weich, nicht aufgetrieben. Es blieb also immerhin noch einige Hoffnung. Für die Nacht wurde wieder Morphium verordnet, falls nicht Schlaf eintreten sollte. Die Operirte hatte übrigens am Abende zwei Mal jedes Mal eine halbe Stunde gut geschlafen.

Bald nach 10 Uhr verfiel die Operirte in einen starken allgemeinen Schweiss, welcher die ganze Nacht hindurch fortdauerte. Sie schlief nur wenige Minuten, trotzdem sie drei Mal eine Dosis Morphium bekommen hatte. Seit Mitternacht war sie nämlich wieder von dem heftigen Reizhusten befallen, der erst am Morgen um 6 Uhr aufhörte.

Am 13. November, kurz vor 9 Uhr Morgens, fand ich die Operirte mit glühend rothen Wangen, noch in einem profusen allgemeinen Schweisse liegend. Ihre Augen waren klar, ihr Blick kräftig, ihre Züge gehalten. Ihr Puls schlug 120 Mal und die Zahl ihrer Respirationen betrug 24 in der Minute. Sie versicherte, sich frei von allen Schmerzen zu fühlen. Ich entblösste vorsichtig das Wundgebiet und fand die Charpie nur mässig von Flüssigkeit durchtränkt, auf der untersten Lage nur wenig schwarze, schmierige, brandige Masse. Ich reinigte mit feinen Schwammstückchen das Wundgebiet auf das Sorgfältigste von aller Jauche und allem Eiter. Der Uterus hatte sich noch ein wenig mehr als gestern in das Becken zurückgezogen, und ich konnte an seiner seitlichen und hinteren Fläche wohl in einer Tiefe von 1½ Zoll die brandige, zum Theil eiternde Fläche sehen und mit den Schwammstückchen reinigen. Ich erneuerte den Verband genau so wie ich es oben beschrieben, und empfahl der Operirten, nachdem ich den noch immer sehr dunkel tingirten Urin mit dem Catheter abgelassen hatte, die grösste Ruhe und die Unterhaltung des Schweisses.

Im Laufe des Vormittags schlief die Operirte einmal eine halbe Stunde. Um 1 Uhr erneuerte ich den Verband. Es war nur sehr wenig Brandjauche und Eiter vorhanden. Die Operirte fühlte Jucken in dem Wundgebiete. Sie genoss eine Tasse voll Kalbsbouillon mit grossem Behagen. Ihr Puls und ihre Respiration war noch wie am Morgen. Der Zustand der Operirten hatte sich ganz entschieden im Vergleich zu gestern um ein Bedeutendes gebessert. Es liess sich nicht leugnen, dass sie noch immer in grosser Gefahr schwebte; da aber die Abstossung alles Brandigen fast beendet war, da eine Eiteranhäufung im Becken jetzt weniger zu befürchten stand, so liess sich hoffen, dass der Zustand täglich ein besserer werden würde. Der Uterus hatte entschieden mit seiner vorderen und hinteren Fläche an verschiedenen Stellen des Bauchfells Adhäsionen eingegangen. Es trat daher auch aus der Bauchwunde kein Darm hervor, und das Cavum peritonaei schien (oberhalb des kleinen Beckens) von der Berührung mit der atmosphärischen Luft abgeschlossen. Die Höhle des kleinen Beckens war allerdings der atmosphärischen Luft vorerst noch in sehr auffallender Weise zugänglich. Im Laufe des Nachmittags schwoll der bis dahin ganz flache, concave Unterleib etwas an in Folge von Gasen in den Gedärmen. Die Kranke hatte seither wiederholt den Abgang von Blähungen per anum gehabt. Es liess sich daher erwarten, dass dieses Symptom nicht von übler Bedeutung sein würde. Die Gedärme mussten begreiflicher Weise um so mehr sich etwas füllen, als nun seit 8 Tagen kein Stuhlgang eingetreten war.

Der Nachmittag und Abend verlief im Ganzen ohne weitere Störung. Der Schweiss hatte gegen 1 Uhr aufgehört. Der Verband war heute alle 4 Stunden gewechselt worden. Es war mehrmals eine halbe Stunde lang Schlaf eingetreten. Der Urin war am Nachmittag und Abend weniger dunkel tingirt als bisher. Am Spätabend stellte sich der Reizhusten wieder ein. Es wurde der Operirten das Morphium in verstärkter Dosis verordnet. ℞ Morphii acet. gr. jβ, Aq. destill. ℥j, Acet. vin. gtt. iv. Mds., davon alle Stunden 1—2 Theelöffel voll, bis Ruhe und Schlaf eingetreten sei.

Es wurde von dieser Arznei drei Male im Laufe der Nacht gegeben und die Operirte schlief mehrmals 1½—2 Stunden, im Ganzen mindestens 5 Stunden in der Nacht. Gestern Abend spät hatte die Operirte zum ersten Male seit der Operation gegähnt [1]). Sie schwitzte die ganze Nacht hindurch über den ganzen Körper profus.

Am 14. November, früh Morgens, fand ich den Zustand der Operirten in jeder Beziehung zufriedenstellend. Habitus gut, Haut schwitzend und warm, mit Ausnahme der Nase und Vorderarme sammt Händen, an denen die Haut wie an einem Frosche sich kalt anfühlte. Der Puls hatte 115 Schläge und die Zahl der Respirationen betrug 22 in einer Minute. Der Unterleib war mässig von Gas in den Gedärmen aufgetrieben; es waren mehrmals Flatus abgegangen. Das Wundgebiet sah sehr gut aus. Nur wenig Jauche und Eiter war an der Charpie befindlich, der brandige Geruch nur unbedeutend wahrnehmbar. Die Knopfnähte hatten ein wenig eingeschnitten und es zeigte sich Eiter in den Stichpunkten. Sämmtliche Knopfnähte wurden daher heute entfernt; statt ihrer wurden die Bauchdecken, von beiden Seiten der Wunde her, durch quer übergelegte und festgeklebte lange Charpiefäden (in bandartige Massen zusammengelegt, dann mit Collodium übergossen und so an die Bauchhaut befestigt) vor jeder Auseinanderzerrung geschützt. Die umwundenen Nähte liess ich vorerst noch liegen. Der Verband der Wunde wurde wie gestern besorgt. Man sah immer noch an der hinteren und seitlichen Fläche des Uterus grosse, schwarze Flecke, die brandige Basis des ehemaligen Colloids. Der Grund der Wunde war etwas gehoben, die ganze Trichteröffnung etwas kleiner als gestern. Um 1 Uhr Mittags wurde der Verband abermals erneuert; der Urin war etwas weniger dunkel als in den vorigen Tagen. Der Puls hatte jetzt nur 111 Schläge in der Minute, die Zahl der Respirationen betrug in gleicher Zeit nur 20. Die Operirte genoss mit grossem Appetit eine Tasse voll Hühnerbouillon mit Gries. Am Morgen hatte sie Milch genossen. Sie schwitzte noch immer. Der Durst war noch ziemlich stark. Stuhlgang war noch immer nicht erfolgt.

Als ich Abends 8 Uhr die Operirte wieder sah, fand ich die Scene zu meiner grossen Ueberraschung bedeutend verändert. Die Operirte hatte seit 6 Uhr Abends eine bedeutende Hitze über den ganzen Körper gefühlt; die Haut war dabei trocken. Dabei empfand sie eine grosse allgemeine Abgeschlagenheit, ein Unbehagen und eine bedeutende Schwäche. Ihre Mienen drückten Angst und Niedergeschlagenheit aus. Ihr Puls hatte wieder 130 Schläge bei 36 Respirationen in der Minute.

---

[1]) Dass ich diesen Umstand als ein sehr wichtiges und günstiges Zeichen betrachte, habe ich früher schon wiederholt zu bemerken Gelegenheit genommen.

Der Durst war brennend, die Mundhöhle trocken. Ich erneuerte alsbald den Verband, wobei ich das Wundgebiet in einem unveränderten Zustande fand, verglichen mit demjenigen am Mittag. Der abgelassene Urin war dunkel und spärlich. Der Unterleib war schmerzlos, weich, von Gas in den (einzeln durchscheinenden, resp. sich wurstförmig durch die Bauchwand hindurch sich abgrenzenden) Gedärmen mässig aufgetrieben. Es war also wiederum ein Zustand eingetreten wie am 11. und 12. November Abends. Ich konnte trotz genauesten Examens keine äussere veranlassende Ursache dazu ergründen. Das Infectionsfieber schien mir den Charakter einer Febris intermittens angenommen zu haben und ich beschloss daher die Anwendung des Chinins von der nächsten Remission an. Für die bevorstehende Nacht verordnete ich einige Dosen Morphium, bis Schlaf eingetreten sei. Die Operirte wurde ausserdem, auf ihren ausdrücklichen Wunsch, auf die linke Seite gelegt. Sie erwartete von der ihr gewohnten Seitenlage einen leichteren Abgang der Flatus, und ich durfte einen erleichterten Abfluss des Eiters aus der Bauchwunde davon hoffen. Nach bewirkter Lageveränderung sah ich, dass die Operirte keinen Decubitus am Kreuze hatte, ein Umstand, welcher unter obwaltenden Verhältnissen als ein ganz günstiger bezeichnet werden musste. Alle Symptome erwogen, konnte ich nicht anders als mir eingestehen, dass die Operirte augenblicklich wieder in grosser Lebensgefahr stand. Ich war unerwartet vom Gipfel meiner Hoffnungen für die Kranke wieder in die bangste Besorgniss um ihr Leben herabgestürzt. Doch war noch nicht alle Hoffnung aufzugeben, es waren noch viele günstige Symptome vorhanden, und wenn die Operirte die Nacht überlebte, so liess sich morgen von der Anwendung des Chinins noch das Beste hoffen.

Die Operirte nahm um 9 Uhr und um 12 Uhr Nachts eine Dosis Morphium, und schlief vor Mitternacht unruhig, nach Mitternacht anhaltend 3 Stunden, im Ganzen 5—6 Stunden.

Am 15. November, Morgens 9 Uhr, besuchte ich die Operirte mit Dr. Schwarzenberg. Ihr Zustand hatte sich seit gestern Abend eher verschlimmert als verbessert. Sie war entschieden schwächer geworden, ihre Gesichtszüge noch mehr collabirt, die Haut schwitzend, der Puls schlägt 140 Mal in der Minute, zu gleicher Zeit fanden 36 Respirationen statt. Die Patientin gab an, nicht schlingen zu können, wenigstens nicht ohne die grösste Anstrengung. Das Wundgebiet sah ganz gut aus; nur wenig Eiter war abgesondert, der auch weniger dunkel gefärbt war als bisher. Der Unterleib war weich und weniger aufgetrieben als gestern. Es waren Flatus abgegangen und Trieb zum Stuhlgang vorhanden. Die Mundhöhle war feucht, die Zunge ebenfalls und nur schwach weisslich belegt. Nach erneuertem Verband wurde die Operirte in ein frisches, wohl erwärmtes Bett gebracht und alle halbe Stunde 2—3 Gran Chininum sulphuricum gegeben, in folgender Form: ℞ Chinin. sulphuric. ʒβ, Aq. cort. aur. ℥vj, Elix. acid. Haller. ℈j. M. D. S. Halbstündlich 1 Esslöffel voll, bis zum Eintritt von Ohrensausen zu nehmen. Die Operirte nahm die Arznei begierig und schluckte sie ganz gut; Bouillon wollte sie durchaus nicht nehmen. Mittags 12 Uhr gab ich der Operirten einen Esslöffel voll guten Wein; sie nahm denselben mit Widerwillen und wünschte nicht mehr davon zu nehmen. Die Operirte hatte wohl jetzt 12 Gran Chinin genommen, und sagte, sie höre schwer. Da dies mir offenbar eine Wirkung des Chinins zu sein schien, ich also annehmen konnte, dass das Chinin jetzt seine volle Wirkung entfalten würde, so liess ich das Chinin vorerst aussetzen.

Als ich nach anderthalb Stunden (1½ Uhr) die Operirte in Begleitung des Obermedicinalraths Lambert wiedersah, fand ich ihren Zustand nicht gebessert. Der Puls war kleiner geworden, das Athmen war mit Schleimrasseln verbunden, übrigens noch Alles wie am Morgen. Die Operirte hatte ein Mal Stuhlgang gehabt, in geringer Quantität, aber von normaler Beschaffenheit und hatte eben noch die Bettschüssel unter sich, weil sie einen nochmaligen Stuhlgang erwartete. Um das Aushusten des Schleims zu erleichtern, verordnete ich: ℞ Flor. Benzoës ℈j, Liq. ammon. anis. ʒj, Aq. foeniculi ℥jβ, Syrup. Alth. ℥β. M. D. S. Alle 2 Stunden einen Theelöffel voll zu nehmen. Ich verliess die Operirte in einem fast hoffnungslosen Zustande. Als ich sie 2 Stunden später wieder sah, fand ich sie wesentlich unverändert. Sie hatte 3 Mal copiöse Stuhlausleerung von normaler Beschaffenheit gehabt. Der Puls war entschieden weniger frequent, 125 Schläge in der Minute bei 36 Respirationen. Sie klagte über Beklemmung im Halse, über dem Sternum, und wollte weder Bouillon noch Wein geniessen, weil sie fest behauptete, solches nicht schlucken zu können. Ich liess einen Senfteig auf die Gegend des Sternums legen und die Arzneien weiter nehmen. Abends 8 Uhr sah ich die Operirte abermals. Sie hatte zwei Mal je eine halbe Stunde geschlafen, hatte noch ein Mal weiche, breiige, normal gefärbte Stuhlentleerung gehabt. Der Puls hatte 123 Schläge bei 36 Respirationen. Die Beklemmung auf der Brust und im Halse dauerte fort. Ich liess deshalb ein grosses Vesicator auf die obere Sternalgegend legen, um durch Gegenreiz die paralytische Affection des Schlundes zu mildern. Ich glaubte nämlich, dass vielleicht in Folge des Morphium die Schlundaffection eingetreten sei. Ausserdem liess sich auch das Visicator wegen der drohenden Lungenlähmung rechtfertigen. Die Arznei wurde von der Kranken gut genommen. Ich liess das Chinin von Neuem nehmen, und verordnete, dass auch die Nacht hindurch, wenn die Kranke wachte, alle 2 Stunden ein Esslöffel von der Arznei fortgegeben werden sollte. Der Linctus mit Benzoë sollte abwechselnd dazwischen gegeben werden; Bouillon und Wein, wenn die Kranke solche nehmen wollte, ebenfalls. Das Wundgebiet bot nichts anderes dar als am Morgen. Der Unterleib war nach den Ausleerungen viel kleiner und ganz weich und schmerzlos. Die Operirte stöhnte und ächzte fast anhaltend und sprach ihre völlige Hoffnungslosigkeit wiederholt aus. Ich ermuthigte sie — obwohl gegen meine Ueberzeugung — so viel ich vermochte, und liess sie in dem Gefühle, dass ihr Leben mit jedem Augenblick erlöschen könnte, und nicht ohne ein schwaches Fünkchen von Hoffnung, dass sie möglicher Weise wieder sich erholen könnte.

Die Kranke verweigerte im Laufe der Nacht jede Nahrung und jedes Getränk zu nehmen. Nur die Arznei (Chinin) hatte sie mehrmals genommen, bis sie zu Ende war. Sie schlief in der ganzen Nacht nicht; nur gegen Morgen 2 Mal je eine halbe Stunde. Sie hatte im Laufe der Nacht mehrmals Stuhlgang, der unwillkürlich und der Kranken unbewusst abging. Derselbe war breiig und von hellgelber Farbe.

Am 16. November, Morgens um 9 Uhr, fand ich die Kranke in einem entschieden gebesserten Zustande. Die Haut war warm und in einem allgemeinen Schweisse. Der Puls war wieder voll, regelmässig, und machte 114 Schläge in der Minute, während zu gleicher Zeit 28 Respirationen stattfanden. Die Kranke hatte einen besseren Blick, sprach aber nur mit grossen Anstrengungen einzelne Worte oder ganz kurze Sätze. Sie konnte die Kiefer nicht von einander bewegen; es fand Trismus statt. Die Hals- und Nackenmuskeln waren gespannt und schmerzten bei jeder Kopfbewegung. Nur mit äusserster Anstrengung und unter Schmerzen konnte die Kranke die Zungenspitze bis zwischen die Mundlippen bringen. So weit ich hierbei sehen konnte, war die Zunge feucht und die Spitze ziemlich rein. Das Gefühl, nicht schlingen zu können, hatte die Operirte noch immer, eben so, als ob die ganze obere Brusthälfte zusammengeschnürt sei. Die Respirationen waren nur ganz oberflächlich, eine tiefe Inspiration war nicht möglich. Ein tetanischer Zustand hatte sich der Muskeln des Unterkiefers, der Muskeln des Halses und Nackens und der meisten Muskeln der oberen Thoraxhälfte bemächtigt. Die Operirte konnte ihre Arme nicht in die Höhe heben, und ihre Hand nicht unter den Hinterkopf legen, wie sie gerne wollte, weil die Musculi deltoidei etc. ebenfalls von dem tetanischen Zustande afficirt waren. Alle diese bezeichneten Muskeln fühlten sich hart und gespannt an. Der Unterleib war dabei klein und weich, die Gedärmumrisse weniger sichtbar, der ganze Unterleib war schmerzlos. Das Wundgebiet sah sehr gut aus, die abgesonderte Materie war weniger jauchig, vielmehr gutem Eiter ähnlicher. Von Brand- oder Jauchegeruch kaum noch eine Spur. Der Urin war dunkel tingirt, spärlich, nicht ganz klar. Der Husten war verschwunden, seitdem die Kranke in voriger Nacht eine grosse Menge Schleim auf ein Mal ausgeräuspert hatte. Durst war gross, Appetit nicht vorhanden. Der Vesicator hatte eine Blase gezogen.

Aus den mitgetheilten Umständen erhellte also, dass die schon gestern bestandene Schwierigkeit zu schlucken nicht eine Folge des Morphiums war, sondern der Beginn des tetanischen Zustandes. Wie dieser aber entstand und unterhalten wurde, das liess sich wohl vermuthen, nicht aber mit Evidenz nachweisen. Es schien mir nicht unwahrscheinlich, dass im oberen Theile des Rückenmarks, in der Medulla oblongata und zum Theil im Pons Varolii eine krankhafte Affection stattfand, welche die motorischen Nervenwurzeln vorzugsweise betraf und den Tetanus in allen davon versorgten Muskeln bedingte. War eine Eiter-Metastase von dem Wundgebiete aus in das Centralnervensystem erfolgt? Hatte eine Embolie in die Medulla oblongata stattgefunden, war ein entzündlicher oder exsudativer Process in diesem Gebiete eingetreten? Ich gestehe, dass ich mir eine genaue Rechenschaft über die Ursachen und das Zustandekommen des Trismus nnd partiellen Tetanus nicht zu geben vermochte. Am wahrscheinlichsten schien es mir, dass Infection des Bluts mit Jauche von den Uterinvenen aus, und eine Ablagerung dieser krankhaften Materie im oberen Theile des Wirbelcanals oder des Rückenmarks stattgefunden hatte.

Es war nicht leicht zu entscheiden, welche Heilmittel nunmehr anzuwenden seien. Narcotica, wie Opium oder Curare, wagte ich bei der grossen Schwäche der Operirten nicht mehr anzuwenden. Warme Bäder konnten auch schon wegen der Unterleibswunde nicht in Anwendung gebracht werden, denn ich hätte befürchten müssen, dass das Wasser in's kleine Becken eindrang. Das Chloroform schien mir ebenfalls nicht räthlich, denn ich entsann mich, dass die Patientin während der Chloroformnarcose und während der ganzen Operation vom heftigsten Trismus befallen gewesen war. Als nämlich der Athem einige Male zu stocken schien und meine Collegen die Zunge aus dem Munde der Narcotisirten hervorziehen wollten, fanden sie die Kiefer fest auf einander geschlossen, so dass sie mit keiner Gewalt auseinander gebracht werden konnten. Ich entschloss mich daher, das Chinin weiter zu geben. Die Operirte hatte seit gestern Morgen bereits eine ganze Drachme davon genommen. Zum Einnehmen und Schlucken dieses

Mittels war die Kranke nicht mehr zu bewegen. Ich liess daher eine Drachme Chininum sulphuricum mit einer Unze Wasser und 10 Tropfen verdünnter Schwefelsäure mischen, und machte von dieser Mischung alle 4 Stunden eine hypodermatische Injection am rechten Vorderarm, etwa 5—6 Gran Chininsalz jedes Mal. Die Operirte wurde verbunden, gehörig gereinigt und in ein frisches, warmes Bett gebracht.

Sie schlief im Laufe des Vormittags einmal 1½ Stunden, dann eine halbe Stunde, war aber sehr muthlos. Mittags 1 Uhr hatte der Puls wieder 136 Schläge bei 28 Respirationen in der Minute. Noch immer ging dünner, breiiger, gelber Stuhlgang unwillkürlich ab; Trismus noch unverändert. Die letzte Nadel (der umwundenen Bauchnaht) wurde heute ausgezogen. Die Haut schwitzte allgemein. Um 4 Uhr Nachmittags hatte der Puls wiederum 130 Schläge bei 30 Respirationen in der Minute. Am Abend schlief die Operirte wiederum eine volle Stunde. Als ich um 9 Uhr die Operirte wieder sah, schien die Steifheit in den Nacken- und Rückenmuskeln geringer. Das Schlucken aber war noch eben so erschwert, resp. unmöglich als bisher. Die Kranke hatte sich, gegen mein oft wiederholtes Verbot, während sie im Bette aufrecht gesetzt gehalten ward um zu trinken, stark mit den Armen bewegt und hatte sich wiederholt von einer Seite auf die andere gelegt. Als ich den Verband erneuern wollte, fand ich denselben mit Blut getränkt, und ausserdem in der Bettwäsche viel Blut. Es hatte eine starke Blutung aus der Bauchwunde stattgefunden. Das ganze noch offene Wundgebiet war mit geronnenem Blut ausgefüllt. Die Blutung stand gerade augenblicklich und mochte noch eine halbe Stunde vor meiner Ankunft stattgefunden haben. Evident hatte die Kranke durch Körperbewegung die neuen Adhäsionen zerrissen (mehr oder minder); sie mochte 3—4 Unzen Blut verloren haben. Ob das Blut aus einem der grossen Gefässe der Ovariumbasis kam, konnte ich vorerst nicht ermitteln. Ich mochte die Coagula aus der Tiefe der Wunde nicht sämmtlich herausnehmen, um nicht eine neue Blutung zu veranlassen, und füllte die Wunde mit Charpie lose aus, befestigte letzte mit Heftpflaster und empfahl die grösste Ruhe. Ich machte die vierte subcutane Injection von Chinin, und empfahl, die Kranke, wenn möglich, durch Bouillon zu restauriren. Ein Narcoticum zu geben wagte ich nicht bei der grossen Schwäche, die ohnedies den Tod mit jedem Augenblick herbeiführen konnte.

Die folgende Nacht verbrachte die Kranke durchaus ohne Schlaf und in übrigens unverändertem Zustande.

Am 17. November, 9 Uhr Morgens, bot die Operirte noch den nämlichen Zustand dar, in welchem ich sie gestern Abend verlassen hatte. Sensorium ganz frei, Trismus unverändert, der tetanische Zustand der Muskeln am Halse und oberen Rumpfe noch eben so wie gestern Abend. Der Puls hatte 140 Schläge in der Minute bei 36 Respirationen im gleichen Zeitraum. Der Puls war aber klein und weich Das Gesicht verfallen. Das Wundgebiet sah ganz gut aus. Eine Blutung hatte nicht wieder stattgefunden. Der Unterleib war ganz zusammengefallen, weich und überall schmerzlos. Der Urin war dunkel tingirt, klar, aber spärlich. Die Haut schwitzte mässig. Der Durst war gross. Die Kranke schluckte mit grosser Anstrengung einige Theelöffel voll Wasser. Bouillon und Wein verweigerte sie. Ich verordnete halbstündlich Einreibungen von warmem Oleum Hyoscyami coctum in die Wangen, den Hals und Rücken. Der älteste Sohn der Operirten, welcher angekommen war, um die sterbende Mutter noch einmal zu sehen, wurde mit lebhafter Freude von ihr empfangen. Sie nahm seine Hand, hielt sie fest, küsste ihn und nach zwei Stunden starb sie, ohne irgend welchen Todeskampf, ganz ruhig.

Vier Stunden nach dem Tode, als die Leichenstarre schon eingetreten war, unternahm ich, in Gegenwart und unter Assistenz meines Freundes Dr. Endemann und unter Beihülfe des Zahnarztes Bender die

Section des Leichnams[1]. Zuerst wurden die Bedeckungen des Bauches mittelst eines ovalen Schnittes, welcher von der rechten Crista ossis ilium herauf zu dem unteren Rande der Rippen der entsprechenden Seite, von da quer zur Herzgrube, dann längs der Gegend des Colon descendens abwärts zur linken Crista ossis ilium wieder herabgeführt wurde, durchgetrennt und hiernach wurde die ganze vordere Bauchwand wie eine Schürze herabgeschlagen. Auf solche Weise kam die ganze Bauchhöhle und die ganze Peritonäalfläche, welche die vordere Bauchwand bekleidet, in grosser Ausdehnung zum Vorschein, und man erblickte das Operationsgebiet, so weit es die Bauchwandung betraf, von seiner hinteren Fläche. Die Wunde (resp. deren Ränder) in der Bauchwandung war fest (mit einander) verwachsen, in den Stichcanälen fanden sich noch einige Tropfen Eiter, der aber mit der Höhle des Peritonaei durchaus in keine Berührung kam. Das Peritonaeum zu beiden Seiten der ehemaligen Bauchwunde war wohl 1 Zoll breit auseinandergewichen; zwischen diesen ehemaligen Wundrändern war eine ganz feine, glatte, sehnenartig glänzende, bindegewebige Membran neugebildet, ein neues Stück Peritonaeum regenerirt, welches die hintere

[1]) Den Sectionsbefund habe ich unmittelbar nach beendeter Section niedergeschrieben.

Wand der ehemaligen Bauchwunde glatt überzog und die ehemaligen Schnittränder des (dickeren und weniger durchsichtigen) Peritonaei mit einander verband. Am unteren Rande der Bauchwunde war das Netz auf das Innigste mit der Bauchwand, resp. dem Peritonaeum verwachsen. Die Contenta der Bauchhöhle fanden sich in jeder Hinsicht in einem normalen Zustande. Keine Spur von Serumerguss, nirgends eine Spur von Entzündung. Der ganze Tractus intestinalis, Magen, Leber, Milz u. s. w. befanden sich in einem völlig normalen Zustande. Die noch offene Partie des Wundgebiets war von der Bauchhöhle gänzlich abgeschlossen durch die Verwachsung des Netzes mit den Bauchwandungen in dem mittleren Drittel der ehemaligen Bauchwunde.

Der Uterus war von normaler Grösse und Beschaffenheit; er war mit dem unteren Drittheil der Bauchwunde beiderseits ziemlich fest verwachsen; nur auf seiner hinteren Fläche, nächst dem linken Rande konnte man mit dem kleinen Finger in die Beckenhöhle eindringen, jedoch nicht ohne einige Verwachsungen zu zerreissen. An den nicht verwachsenen Stellen war der Uterus, d. h. seine hintere Fläche, der rechte Seitenrand und der grössere Theil seiner vorderen Fläche glatt, glänzend, weich, von normaler Farbe und Consistenz; am linken Seitenrande und zum Theil dem oberen Rande und dem oberen Theil seiner vorderen Fläche entdeckte man einige mit Thrombis gefüllte Lumina von Blutgefässen (anscheinend venösen), aus welchen die letzte Blutung stattgefunden hatte; die grössten Lumina zeigten stecknadelkopfgrosse (1—1½ Millimeter) dicke Thrombi.

An diesen Stellen des Uterus sah man auch noch hie und da einen der schwarzen Flecke, die in Folge der Bepinselung mit Liquor ferri sesquichlorati entstanden waren. Von Tuba Fallopii, Mutterbändern der linken Seite war keine Spur mehr vorhanden; an der Stelle dieser Annexa des Uterus war eine feste, derbe, sehnige Masse von der Grösse einer Bohne.

Im kleinen Becken fand sich durchaus kein Erguss von Flüssigkeit. Die Blase, der Mastdarm, das rechte Ovarium sammt Tuba Fallopii waren gesund.

Bei Eröffnung der Brusthöhle fand sich der untere Lappen der rechten Lunge im zweiten Stadium der Entzündung (rothe Hepatisation), die Ränder dieses Lappens ödematös. Die oberen Lappen dieser Lunge vollkommen normal. Die Schleimhaut der Bronchien etwas geröthet. Die linke Lunge zeigte einige alte Adhäsionen mit der Pleura, übrigens aber fand sie sich durchaus gesund. In der Luftröhre war viel schaumige Flüssigkeit. Im Cavum pleurae weder rechts noch links irgend eine Spur von Erguss. Das Herz war durchaus normal. In den grossen Blutgefässen fand sich nichts Abnormes. Eben so wenig in dem Schlunde.

Bei Eröffnung der Kopfhöhle fanden sich die Blutgefässe der Meningen stark gefüllt; die Arachnoidea an mehreren Stellen etwas getrübt, doch kein sulziges Exsudat unter ihr. Das Gehirn war von normaler Consistenz. In den Hirnhöhlen nur sehr wenig Flüssigkeit. Weder im grossen noch im kleinen Gehirn konnte die mindeste Abnormität aufgefunden werden. An sämmtlichen Nervenwurzeln des Gehirns fand sich nichts Abnormes. Die Medulla oblongata wurde möglichst tief im Halswirbelcanal vom Rückenmarke getrennt (bis zum 4. Halswirbel). Es fand sich nicht die mindeste Abnormität an ihr und am oberen Theile des Rückenmarks und den Nervenwurzeln. An den Blutgefässen des Gehirns, der Arteria basilaris und ihren Verzweigungen, dem Circulus Willisii, konnte nichts Abnormes gefunden werden. Eben so wenig in den grossen Blutleitern. Als ich, nach herausgenommenem Gehirn, den Rumpf der Leiche neigte, so dass der Liquor cerebrospinalis aus dem Wirbelcanale abfloss, erschien derselbe trübe, das einzige Auffallende, resp. Abnorme, was ich bei der Section des Central-Nervensystems finden konnte. Die Eröffnung des Wirbelcanals unterliess ich, weil ich doch nur, nach dem Vorausgegangenen, ein negatives Resultat erwarten konnte.

Epikritische Bemerkungen.

Der vorstehende Fall gehört eigentlich weniger in die Kategorie der Ovariotomien als in diejenige der Exstirpation von Colloiden des Uterus, resp. der Beckenhöhle durch den Bauchschnitt. Die Ovariotomie war eigentlich dabei mehr Nebensache. Dass solche Operationen nur unter der zweifelhaftesten Prognose unternommen werden können, sieht ein jeder denkende Leser von selbst ein. Es bedarf dazu nicht erst einer ausführlichen Deduction. Dass ich die Operation in dem vollen Bewusstsein ihrer Schwierigkeit in der Ausführung und mit der vollen Würdigung der Gefahr für die Kranke unternommen habe, war von mir vor Beginn der Operation, in Gegenwart der sämmtlichen assistirenden Collegen, erklärt worden. Fragt nun der Leser, warum ich die Operation überhaupt unternommen, warum ich nicht geradezu in dem von mir vermutheten Colloid des Beckens eine Contraindication der Operation anerkannt habe, so muss ich diesen Einwurf in so fern als ganz gerechtfertigt bezeichnen, als die colloide u. dgl. Degeneration im Becken eine Contraindication gegen Ovariotomie sein muss. Ich habe aber die Operation nicht der Ovariotomie allein wegen unternommen;

ich wollte die Kranke von dem kranken Ovarium und von den Geschwülsten im Becken heilen, und hatte selbst die Exstirpation des ganzen inneren Genitalapparats in Aussicht gestellt, wenn es nöthig gewesen wäre. Dass eine solche Operation nur bei extremer Nothwendigkeit gewagt werden darf, ist selbstverständlich, und dass sie nur einen höchst geringen Hoffnungsstrahl des Gelingens darbietet, ist nicht minder klar. Dieser beiden Umstände war ich mir vor Beginn der Operation klar bewusst, und ich habe es, meinen Collegen gegenüber, auseinandergesetzt. Demohnerachtet hielt ich die Operation für indicirt und hielt ich mich zu ihrer Ausführung für berechtigt, weil die Kranke — ohne Operation — mit aller Sicherheit binnen kurzer Zeit dem Tode verfallen war. Die so auffallend rasche Wiederanfüllung der Cyste nach jeder Punction hatte bereits Abmagerung herbeigeführt und den colloiden Process am Uterus gesteigert, und dass diese krankhaften Vorgänge keinem Stillstand unterworfen sind, weiss ein Jeder, welcher den Gang dieser Krankheiten nur einigermaassen kennt. Es wird mir also nicht zum Vorwurf gereichen können, dass ich die Operation wagte, unter sehr ungünstigen Verhältnissen, mit sehr geringen Chancen für das Gelingen, aber in dem sicheren Bewusstsein, ein zweifelhaftes Mittel gegen den sicheren Tod zu versuchen; remedium anceps melius quam nullum.

Der Verlauf der Operation beweist nun, dass die Extraperitonäalmethode der Ovariotomie auch in solchen Fällen anwendbar und ausführbar ist, wo ein eigentlicher Stiel des Cystovariums gar nicht vorhanden ist. Das Colloid ging unmittelbar vom Uterus, resp. der Insertionsstelle der Tuba Fallopii und ihrer Umgebung aus, seine Basis war eine sehr breite und ausgedehnte. Dennoch gelang es, die Trennungsfläche im unteren Wundwinkel ganz ausserhalb der Bauchhöhle zu verlegen, zu einer extraperitonäalen zu machen. Hierdurch allein war es möglich, die drei Mal sich wiederholende Nachblutung in den ersten Stunden nach der Operation alsbald zu erkennen und zu beseitigen, einen Bluterguss in das Becken und das Cavum peritonaei zu verhüten, hauptsächlich aber die nachfolgende Eiterung und Eliminirung der brandigen Massen ebenfalls zu einer extraperitonäalen zu machen. Hätte man die Wundfläche der Colloidbasis nicht unmittelbar unter Augen gehabt, wäre, statt der Klammer, die Metallligatur oder eine andere Ligatur angewendet worden, und hätte man nach Beendigung der Abtragung des Colloids den Uterus in das kleine Becken zurückgehen lassen, so ist es unzweifelhaft, dass die Operirte in den ersten Tagen nach der Operation an einer Verblutung aus der Colloidbasis gestorben wäre; denn man hätte die Existenz einer Nachblutung erst entdeckt, wenn das ganze kleine Becken vom Bluterguss erfüllt war, und hätte man, nach Entdeckung der Nachblutung, die letztere stillen wollen, so wäre man gezwungen gewesen, die Bauchwunde wieder zu öffnen, resp. zu erweitern, den Uterus aus der Beckenhöhle herauszuziehen und die Ligaturen fester zu schliessen, resp. von Neuem anzulegen. Und solche Vorgänge wären in unserem Fall drei Mal nach einander nothwendig gewesen. Ich brauche wohl nicht viel Worte zu machen, um dem Leser zu beweisen, dass die wiederholten bedeutenden Blutverluste, die wiederholten Manipulationen zur festeren Schliessung der Ligaturen, nicht eben zum Wohle der Operirten beigetragen hätten. Und selbst wenn man Metallligaturen mit Hülfe von Constrictoren nach Köberle's Methode in Anwendung gebracht hätte, so würden die Nachblutungen erst nach starken Blutverlusten entdeckt worden sein. Die Basis des Colloids war eben zu dick, als dass die — auch noch so stark zusammengezogene — Ligatur dauernd auf alle die in derselben enthaltenen Arterien hätte genügend verschliessend wirken können. Die Arterien waren von zu vielen mehr oder minder nachgiebigen Weichgebilden umgeben, welche letztere allmälig dem Drucke der Schlinge auswichen und alsdann den Druck der Schlinge auf die Arterien verminderten, so dass in letzteren die Kraft des Blutstroms wieder die Uebermacht über den äusseren Druck der Ligaturschlinge gewann und so eine Hämorrhagie ermöglichte. In diesem Falle war es also eine Lebensfrage für die Operirte, dass in den ersten Stunden und Tagen nach der Operation die Wundfläche am Uterus eine extraperitonäale war, dass der operirende Arzt die gemachte Wundfläche jeden Augenblick für Auge und Hand zugänglich behielt. Ich halte es für überflüssig, noch specieller auseinander zu setzen, dass es ein durch Nichts zu ersetzender Vortheil ist, bei Operationen dieser Art die Extraperitonäalmethode in Anwendung zu ziehen.

Ich gehe nun zur Besprechung eines anderen Punktes über, welcher im vorliegenden Falle unser Interesse erwecken muss. Es ist dieses die Einlagerung des Uterus im unteren Wundwinkel, die Benutzung des Uterus zur hermetischen Schliessung der Bauchwunde, resp. des Cavum peritonaei. Ich gestehe, dass ich anfangs eine bedeutende Metritis von diesem Umstande befürchtete, und dass ich die Zeit herbeisehnte, in welcher es mir möglich gemacht werden konnte, den Uterus in das kleine Becken sich zurückziehen zu lassen. Ich gestehe, dass ich es gerne vermieden hätte, den Uterus mit der atmosphärischen Luft in bleibender Berührung zu erhalten, dass ich lieber die Ränder der Bauchwandungen über ihm her vereinigt hätte. Es war dies aber im vorliegenden Falle platterdings unmöglich, wollte ich nicht alle die Vortheile der Extra-Peritonäal-Methode mir aus den Händen reissen. Ich musste es also darauf ankommen lassen, ob die Gefahren einer nachfolgenden (vielleicht aber ausbleibenden) Metritis grösser werden würden, als die Gefahren einer mit aller Bestimmtheit vorauszusehenden Nachblutung aus der Wundbasis in das Cavum peritonaei, die den Tod mit höchster Wahrscheinlichkeit, ja mit Sicherheit, zur Folge gehabt haben würde. Die Erfahrung hat aber in diesem Falle bewiesen, dass die Berührung des Uterus mit der atmosphärischen Luft nur eine ganz mässige Anschwellung dieses Organs bedingte, die nach wenig Tagen wieder verschwand, und dass die nicht geringe Lageveränderung und Zerrung, welche der Uterus erdulden musste, nicht den mindesten nachtheiligen Einfluss geübt haben. Ich kann selbst sagen, dass die beobachtete Anschwellung des Uterus vielleicht nicht einmal zum geringsten Theile von der Berührung mit der atmosphärischen Luft herrührte, indem die traumatische Einwirkung auf denselben durch die Abquetschung des Colloids als genügende Ursache seiner Anschwellung dasteht. Es scheint mir überflüssig, noch länger bei diesem wichtigen Umstande zu verweilen, der jedem Wundarzte genug zu denken giebt.

Ich wende mich nun zur specielleren Betrachtung der eigentlichen Todesursachen, der Ursachen, welche den unglücklichen Ausgang dieses Falls bedingten. Ein jeder Leser wird zugeben, dass der Verlauf in den ersten fünf Tagen nach der Operation ein so über alle Erwartung günstiger war, dass man volle Ursache hatte, einen definitiv günstigen Erfolg dieser Operation zu erwarten. Der geringe Hustenreiz, — nach den Ergebnissen der Section — Folge einer sehr beschränkten Entzündung in dem hinteren Theil des untersten Lungenlappens der rechten Seite (schon vom ersten Tage nach der Operation her), war ein so wenig bedeutendes Moment, diese Entzündung war eine Complication von so geringem Gewicht, dass ein Jeder mir zugeben wird, dass viele Menschen, die mit solcher Affection behaftet sind, sich kaum für krank halten würden. Ich glaube daher, dass wir diese Affection, als unschuldig an dem Tode, von den eigentlichen Todesursachen ausschliessen können.

Das heftige Fieber, welches am 5. Tage nach der Operation auftrat (11. November Abends), und welches ich für ein Infectionsfieber damals hielt, war durch die starken Schweisse an den beiden folgenden Tagen (12. und 13. November) entschieden vermindert, resp. verschwunden, denn die Pulsfrequenz am 6. und 7. Tage nach der Operation hatte sich bedeutend verringert, der allgemeine Zustand war gebessert, die Schweisse schienen eine günstige Krise gewesen zu sein. Will man die stattgehabte Blutinfection nicht zugeben, so könnte man allenfalls eine Erkältung der Operirten durch das wiederholte Entblössen eines grösseren oder geringeren Theils ihrer Körperoberfläche bei dem im Laufe des Tages und der Nacht mehrmals wiederholten Catheterisiren, oder bei dem Wechsel des Verbandes, als Ursache des Fiebers, resp. der Steigerung der geringen Pneumonie annehmen. Indessen wird man diese Ursachen für minder wahrscheinlich erklären, wenn ich dem Leser sage, dass bei dem Wechsel des Verbandes, wie bei Anwendung des Catheters stets die grösste Sorgfalt gegen Erkältung genommen und die Kranke möglichst wenig entblösst wurde. Dass die acht Tage lang bestehende Stuhlverstopfung mit dem Fieber nicht in ursächlicher Verbindung stand, werde ich wohl nicht erst ausführlicher zu begründen nöthig haben.

Jedenfalls wird ein Jeder, der den Verlauf der Krankheit aufmerksam verfolgte, zugeben, dass am 8. Tage nach der Operation (am 14. November) die Kranke sich in einem so günstigen Zustande befand, dass man die vollste Hoffnung haben konnte, sie würde glücklich geheilt werden. Das Wundgebiet liess nichts zu wünschen übrig, der Puls hatte 111 Schläge in der Minute, bei 20 Respirationen in gleichem Zeitraum, der Appetit war wiedergekehrt. Wie erklärt sich dabei das um 4 Uhr Nachmittags plötzlich sich einstellende Fieber und die totale Verschlechterung des Allgemeinbefindens? Ich gestehe, dass ich darüber gänzlich im Unklaren geblieben bin. Die Kranke war unter der Aufsicht einer guten Wärterin, die von einer Verwandten unterstützt wurde. Ein Diätfehler hatte nicht stattgefunden, eine Erkältung eben so wenig; vom Wundgebiet aus war keine Schädlichkeit mehr abzuleiten, die Stuhlverhaltung konnte nicht als Krankheitsursache betrachtet werden. — Eben so unklar wie diese unverhoffte urplötzliche Verschlimmerung ist mir der Trismus und der partielle Tetanus in Bezug auf seine ursächlichen Verhältnisse geblieben.

Die Einlagerung eines Theiles des Uterus in den unteren Wundwinkel kann wohl nicht angeklagt werden; denn sonst wären vom 1. Tage nach der Operation an die schlimmen Folgen eingetreten, während doch am 8. Tage noch Alles die grösste Hoffnung bot. Die Stuhlverhaltung kann auch nicht als Krankheitsursache bezeichnet werden, denn der Trismus trat erst ein, nachdem reichliche Darmentleerungen erfolgt waren (am folgenden Tage).

Was nun die Sectionsresultate betrifft, so tragen diese noch mehr dazu bei, die eigentlichen Todesursachen in ein unerklärliches Dunkel zu hüllen. Das Wundgebiet fand sich im Zustande fast völliger Heilung; alle Organe (mit Ausnahme eines kleinen Theils der einen Lunge) völlig normal. Die geringe Trübung der Cerebrospinal-Flüssigkeit (aus dem Wirbelcanal) ist ein zu wenig bedeutendes Moment, um hierauf genügende Schlüsse zu basiren. Welche Veränderung im Organismus hatte also im vorliegenden Falle den Tod bewirkt? Die Anwort fällt negativ aus[1]. Ich muss es Erfahreneren überlassen, weitere Aufklärungen zu geben; ich vermag es nicht. —

Eine genauere Beschreibung des Cystoids und Colloids (des exstirpirten Ovariums) zu geben halte ich für überflüssig, da ich bei Erzählung der Operationsgeschichte darüber genügende Mittheilung gemacht habe. Das Cystoid verhielt sich so, wie man solches in der Mehrzahl der Fälle findet. Eine minutiöse mikroskopische Untersuchung desselben und des Colloids anzustellen habe ich bis jetzt noch nicht Zeit gefunden.

Die chemische Beschaffenheit der in der Cyste enthaltenen Flüssigkeit verhielt sich, nach der gütigen Mittheilung des Hrn. Obermedicinalassessors Dr. Wild, wie folgt:

„Specifisches Gewicht bei 14° R. = 1,019. Reaction: vollkommen neutral. Farbe: weingelb, etwas opalescirend und zur Trübung neigend. Consistenz: wie Althäasyrup. Ein sehr geringer Bodensatz besteht aus Schleim und einigen Epithelzellen. Crystalle und Blutkörperchen durch das Mikroskop nicht wahrzunehmen.

Die Flüssigkeit giebt 5,903 pCt. festen, bei 80° R. eingetrockneten Rückstand.

An Albumin enthielt dieselbe 4,531 pCt.

An **Harnstoff** fanden sich 0,655 pCt. Derselbe zeigte mikroskopisch und chemisch alle Kriterien vollkommener Reinheit.

An Aschenbestandtheilen fanden sich 0,781 pCt. Dieselben enthielten:

a) An Basen: viel Kalk und Natron, geringe Mengen Magnesia und Kali.

b) An Säuren: viel Phosphorsäure, Salzsäure und Kohlensäure, geringe Mengen Schwefelsäure. Hieraus ergeben sich die betreffenden Salze in der Asche.

Eisenoxyd fand sich nicht vor. Ausserdem ward auf Ammoniaksalze gesucht; ich habe dieselben mit Bestimmtheit nicht nachweisen können, obwohl anzunehmen ist, dass deren darin sind.

---

[1]) Mancher wird im Sectionsprotocoll vielleicht eine genauere Untersuchung der Uterusvene u. s. w. vermissen. Ich hatte aber nur kurze Zeit zur Section, da die Leiche alsbald aus dem Gasthof in das Leichenhaus transportirt werden musste.

Ausser den Genannten fand ich nichts Bemerkenswerthes als eine geringe Menge osmazomartigen, röthlichbraunen Extractivstoffes. Namentlich fand ich die (in früher untersuchten Cystenflüssigkeiten gefundene) leimartige Substanz nicht, welche ich als ein Zersetzungsprodukt bezeichnete. Dr. R. Wild."

Ich schliesse meinen diesjährigen Bericht mit einer historischen Controverse, um mir wiederholt mein Eigenthum zu vindiciren, welches mir abzuerkennen Ausländer und Landsleute noch auf den heutigen Tag fortfahren.

In seinem neuesten grossen Werke hat Spencer Wells gesagt[1]), dass der Vorschlag, den Stiel des cystoid degenerirten Ovariums, nach Trennung des Tumors bei der Ovariotomie, nach aussen, ausserhalb der Bauchhöhle zu lagern und zu befestigen, in England im Jahre 1850 und 1851 von Duffin gemacht und dort als eine neue Aera der Operation einleitend bezeichnet worden sei.

Ich mache hiermit Hrn. Spencer Wells darauf aufmerksam, dass diese seine Angabe eine falsche ist. Ich habe im Jahre 1841 in Holscher's hannoverschen Annalen, 3. Heft, p. 281—311, und 4. Heft, p. 393—448, ausführlich die Extra-Peritonäal-Methode (p. 306 ff.) beschrieben; ob Hr. Duffin davon Kenntniss gehabt hat oder nicht, darüber habe ich keinerlei Meinung. Bei Holscher's vielfachen literarischen Verbindungen und Beziehungen mit englischen Chirurgen und der englischen medicinisch-chirurgischen Literatur glaube ich aber annehmen zu dürfen, dass seine Annalen in England nicht unbekannt geblieben sind. So viel für heute zur Revindication meiner Erfindung, die ich 1837 gemacht, 1841 genau beschrieben und veröffentlicht und nun acht Mal an Lebenden ausgeführt habe.

---

[1]) Spencer Wells, Geschichte und Fortschritte der Ovariotomie in Grossbritannien, mit fünfzig eigenen Beobachtungen, in: Medico-chirurgical Transactions, Vol. 46. p. 33; ausgezogen in: Monatsschrift für Geburtskunde etc. von Credé, Hecker, Martin, Ritgen, Berlin 1864. XXIV. Bd., 6. Heft, p. 475.

Am Schlusse dieser Decade halte ich es für passend, einen Bericht über das spätere Schicksal der von mir Operirten und geheilt Entlassenen in Kürze mitzutheilen.

Die Operirte No. 2 (Frau Bartholdus) lebte noch sechs Jahre nach der Operation in voller Gesundheit, starb aber während einer Cholera-Epidemie unerwartet rasch an genannter Krankheit.

Die Operirte No. 3 (Eva Plaut) lebt noch und ist blühend gesund; noch vor Kurzem (1866) machte sie mir einen Besuch und gab mir die Versicherung ihres völligen Wohlbefindens.

Die Operirte No. 4 (Fräulein K. in Einbeck) lebt ebenfalls in voller Gesundheit.

Die Operirte N. 6 (Caroline Gerang aus Georgenthal bei Gotha) erfreut sich gleichfalls einer guten Gesundheit. Im vorigen Jahre theilte mir Dr. Thomas in Ohrdruf mit, dass es ihr wohl gehe.

Die Operirte No. 7 (Frau Hermann aus Ohrdruf) hatte nur etwa ein halbes Jahr das Glück, von ihrem Uebel befreit das Leben zu geniessen. Sie starb an einer, mit dem Cystovarium und der von mir unternommenen Operation durchaus in keiner Beziehung stehenden Krankheit. Herr Dr. Thomas, Hausarzt der Operirten, schrieb mir am 28. Juni 1865 folgendes:

„Unsre Frau Hermann litt in letzterer Zeit an heftigen Kreuzschmerzen. Es traten häufige Blutungen aus dem Rectum ein, worauf die Kreuzschmerzen leichter wurden. Am Sonntag Abend entstanden wieder heftige Leibschmerzen, am Montag früh fand ich heftige Peritonitis; eine subcutane Morphin-Injection brachte bedeutende Linderung; indessen trat dennoch am 27. Juni, früh 8 Uhr, der Tod ein. Trotz der nicht geringen Abmagerung stellte sich rasche Fäulniss ein. Heute Morgen (28. Juni), 7 Uhr, Section: Die sämmtlichen Unterleibseingeweide mit breiigem Koth wie überstrichen, also Perforation des Darms; ich habe aber die Perforationsstelle nicht aufgefunden. Beifolgend erhalten Sie 1) den Uterus mit dem ehemaligen Geschwulststiel und der betreffenden Hautparthie; an denselben befindlich die Blasenschleimhaut. 2) Ein Stück Colon descendens, an dessen äusserer Fläche eine halbwallnussgrosse, frische Markschwamm-Wucherung, dem entsprechend auf der Schleimhaut ein grosses Geschwür, als wahrscheinliche Ursache der Blutungen. Zwischen Mastdarm und Uterus befand sich eine melanotische, nicht scharf umgränzte Geschwulst, die ich bei'm Touchiren gefühlt hatte. Wegen der weit vorgeschrittenen Fäulniss und der Masse von Koth und Entzündungsexsudat in der Beckenhöhle konnte ich nicht genauer untersuchen."

So weit Herr Dr. Thomas. Ich fand den Uterus selbst in ganz normalem Zustande; von dessen linkem Horn ging aber keine Fortsetzung mehr aus (Tuba etc.), sondern dasselbe endete stumpf, in der Dicke eines Mannsdaumens, und ging in einen dünnen, ligamentösen Bindegewebsfaden (Rabenfederdick) von $1\frac{1}{2}$—2″ Länge über, welcher mit der Bauchwand (Peritonaeum, Muskeln und Cutis) eng zusammenhängt.

Das Operationsgebiet war also durchaus nicht in erkranktem Zustande, und der Tod ging nicht vom Uterus oder dem Ovariumrest aus, sondern war lediglich Folge des Darmgeschwürs, der Darmperforation.

Die Operirte No. 9 (Arend aus Hadamar) stellte sich mir am 11. Juli 1866 vor. Sie war blühend gesund, und hatte niemals so wohl ausgesehen als jetzt. Die Narbe am Unterleib hatte die Gestalt eines verkehrten T, also ⊥, war 1 Zoll hoch und ihre Basis 1 Zoll lang. Sie hatte nirgends Schmerz. In den ersten Monaten nach der Heilung war bei jeder Menstruation eine haarfeine Oeffnung in dem linken Narben-Ende der Basis entstanden, aus welchem sich Blut ergoss, so lange die Periode dauerte. Seit den drei letzten Menstruations-Perioden hat aber dieser Bluterguss sich nicht gezeigt. Wenn die Menstruation verschwand, war auch von der feinen Oeffnung und dem Bluterguss aus derselben nicht die leiseste Spur mehr zu entdecken.

Ich glaube, dass die in die Narbe eingewachsene Tuba Fallopii während der Menstruation sich mit Blut überfüllte, eben so, wie die Schleimhaut des Uterus, und die erwähnte Blutabsonderung bedingte.

Eine Exploration per vaginam ergab einen ganz normalen Stand und ganz normale Beschaffenheit der Vaginalportion.

FSC
www.fsc.org
MIX
Papier | Fördert gute Waldnutzung
FSC® C083411

Zeitfracht Medien GmbH
Ferdinand-Jühlke-Straße 7
99095 Erfurt, Deutschland
produktsicherheit@kolibri360.de